数理計画法による最適化

実際の問題に活かすための考え方と手法

Optimization by mathematical programming

Ways of thinking and solving actual problems

北村　充 著

JN183470

森北出版株式会社

●本書の補足情報・正誤表を公開する場合があります．当社 Web サイト（下記）で本書を検索し，書籍ページをご確認ください．
https://www.morikita.co.jp/

●本書の内容に関するご質問は下記のメールアドレスまでお願いします．なお，電話でのご質問には応じかねますので，あらかじめご了承ください．
editor@morikita.co.jp

●本書により得られた情報の使用から生じるいかなる損害についても，当社および本書の著者は責任を負わないものとします．

JCOPY 〈(一社)出版者著作権管理機構 委託出版物〉
本書の無断複製は，著作権法上での例外を除き禁じられています．複製される場合は，そのつど事前に上記機構（電話 03-5244-5088，FAX 03-5244-5089，e-mail: info@jcopy.or.jp）の許諾を得てください．

まえがき

筆者は，広島大学の船舶・海洋工学に関係する教育・研究組織に所属しています．船舶は，非常に多くの部品から構成される，複雑で大規模な構造物です．人や貨物のための大きな空間をもちながら，荷物や波などによる力を受けても壊れない，しかも，できる限り軽い船体構造の設計が求められています．このような環境のもと，船舶を中心とする輸送機器の構造解析と最適設計に関する教育・研究に携わっています．

船舶を魚にたとえるなら，船体構造設計は，魚の骨の数，位置，太さ，外皮の厚さなどを適切に決めることに似ています．頑張れば数えられる魚の骨と異なり，全長 300 m にもなる船舶の構造設計は，数万のオーダーの鉄骨や鉄板（正確には，鉄ではなく，鋼です）の数，位置，形状，寸法などを決定しなければなりません．

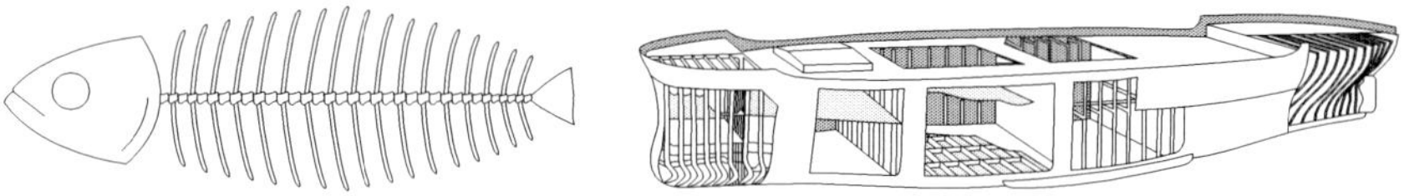

図　魚の骨格と船舶の構造

実際の船体構造最適設計では，問題を簡易化して，百のオーダーの諸量の決定にとどめていますが，許容できる時間内に最適な解を得ることが重要です．このような問題を解くための数理的な計算方法を，数理計画法といいます．数理計画法は，問題に合わせて，適切に使用しなければなりません．

本書は，数理計画法の基本となる線形計画法と非線形計画法を理解して，最適化問題を解くことを，おもな役割としています．「何を意味するのだろう」，「なぜ，こうなるのだろう」という疑問に対して，数理計画法で使用する式の意味や，それらの式が成立する理由を，複雑にならない程度に説明しています．一方で，「実際の最適化問題に適用して，解を求めることができる」という観点から，適切な使用方法にも言及しています．大学授業で初めて学ぶ学部生から，最適化問題を解きたい大学院生，研究者，技術者にも，利用していただければ幸いです．

まず，第 1 章で，最適化問題と数理計画法とは何か説明します．第 2 章は，最適化の基礎的事項を説明しながら，線形最適化問題の特徴と解法を説明します．第 3 章は，非線形最適化問題の基礎的事項を説明しながら，制約条件をもたない非線形問題の特徴と解法を説明します．第 4 章は，制約条件が付加された非線形最適化問題の特徴と解法を説明します．

本書の出版が計画されてから，6 年もの長い期間が経過しました．その間，丁寧に対応してくださった，森北出版株式会社の皆様，とくに，出版部の小林巧次郎氏，太田陽喬氏に，厚く御礼申し上げます．

2015 年 2 月

著　者

目　次

1 最適化問題とは

システムとは，「関連する多数の構成要素が有機的な秩序を保ち，同一の目的に向かって行動するもの」の総称です．例として，図 1.1 にトラス橋を示します．トラス橋は，自動車や車両が川を渡ることを目的とする構造物であり，何本かの部材により構成されるシステムです．各部材が構成要素であり，部材を十分に太くすればトラスの安全性が確保され，システムの目的が達成されます．しかし，太すぎる部材はトラス橋を必要以上に重くしてしまい，よい設計ではありません．

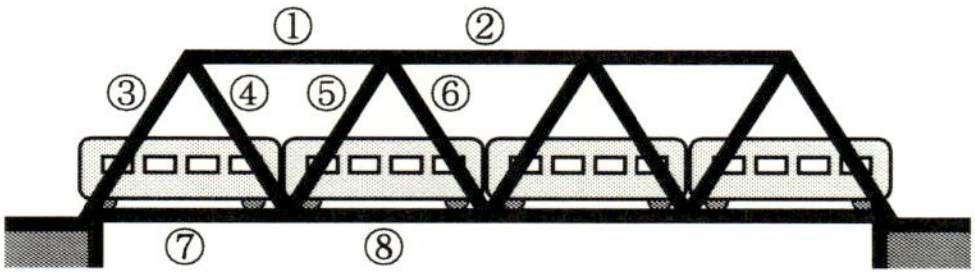

図 1.1　トラス橋の設計

最適な設計

各部材に作用する応力が，ある基準値よりも小さい場合，トラス橋は十分な強度をもつと判断します．応力 σ は次式で計算されるように，部材に作用する力 P を部材の断面積 A で割った値，つまり，単位面積あたりに作用する力です（図 1.2 参照）．

$$\sigma = \frac{P}{A} \tag{1.1}$$

各部材の応力 σ が，材料により決められている許容値 σ_a よりも小さい場合，トラス橋は壊れないとします．

トラス橋は左右対称な構造とし，部材番号①～⑧の断面積を決める設計問題を考えます．車両がトラス橋を通過する際に加わる荷重と橋の自重により，応力が発生します．応力の許容値を $\sigma_a = 400\,\mathrm{MPa}$（メガ・パスカル）とし，その範囲内で軽量化す

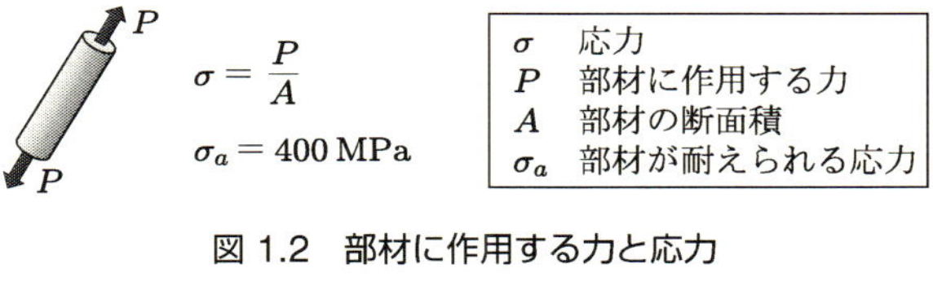

図 1.2　部材に作用する力と応力

ることを考えましょう．

表 1.1 の設計案 1 は，全部材の断面積を $A = 200\,\mathrm{cm}^2$ とした設計であり，構造計算により，部材②に最大応力 $\sigma = 430\,\mathrm{MPa}$ が発生すると予測されました．部材 ② の応力は許容値よりも大きくなり，設計案 1 は安全ではないと判断されます．この結果を踏まえて，設計案 2 では，全部材の断面積を $A = 240\,\mathrm{cm}^2$ に変更すると，部材 ② の応力は 397 MPa になりました．設計案 2 は安全と判断されますが，この変更でよいのでしょうか．

表 1.1　トラス橋の各部材の断面積 A と作用する応力 σ（絶対値で表示）

部材		①	②	③	④	⑤	⑥	⑦	⑧	重量 [ton]
設計案 1	A [cm^2]	200	200	200	200	200	200	200	200	100
	σ [MPa]	321	430	384	334	155	89	172	390	
設計案 2	A [cm^2]	240	240	240	240	240	240	240	240	120
	σ [MPa]	296	397	356	306	146	80	159	361	
設計案 3	A [cm^2]	240	240	240	240	120	120	120	240	95.6
	σ [MPa]	258	343	313	263	240	142	280	311	

設計案 2 の重量は，設計案 1 よりも 2 割も増えています．重量を小さくするほうが材料費の削減になり，橋梁メーカーにとって都合がよいです．部材 ⑤～⑦ の応力は許容値の半分以下であるため，これらの部材を細くすることは可能です．

この観点から，部材 ⑤～⑦ の断面積を半分にした設計案 3 を作成したところ，この部材の応力が高くなるだけでなく，ほかの部材の応力が小さくなりました．これは，橋の自重が減ったためです．全部材の応力が許容値よりも小さいため安全と判断され，さらに，重量は設計案 1 よりも小さくなっています．しかし，多くの部材に余裕があり，さらなる軽量化が可能です．

最適化問題と数理計画法

このような設計案の変更と構造計算を何度も繰り返すと，全部材の応力を許容値ぎりぎりまで近づけることができますが，大変な作業です．必要な条件を満足しながら都合のよい解を求めることを**最適化**とよび，そこで取り扱う問題を**最適化問題**とよびます．

部材の断面積と応力とトラス橋の重量の間には，理に適った関係があります．この関係を上手に考慮すると，よい設計案を手間をかけずに作ることができます．

試行錯誤ではなく，数理的理論に基づいて最適な案を求める方法を，**数理計画法**とよびます．数理計画法には，いくつかの方法がありますが，本書は，線形計画法と非線形計画法の特徴と使用方法について説明します．

2 最適化問題の基礎と線形計画法

最適化問題を線形関数で表現できるか，非線形関数になるかによって，解析方法は大きく異なります．この章では，最適化問題の定式化と基本的用語を説明し，線形関数で表現された最適化問題を解くための線形計画法を紹介します．線形計画法で解く最適化問題を，線形計画問題とよぶこともあります．

2.1 最適化問題の定式化

赤・白・ロゼの 3 種類のワインを製造するワイン工場を考えます．これらのワインは，3 種類のぶどう「赤ぶどう」，「黒ぶどう」，「白ぶどう」を単独，あるいは配合することにより製造されます．一つのタンクを満杯にするワインを製造するために必要なぶどうの量とその販売による利益が，表 2.1 のように与えられると仮定します．

表 2.1　1 タンクのワインの製造に必要なぶどうの量と販売による利益

ワインの種類	使用するぶどうの量（トン）			利益（万円）
	赤ぶどう	黒ぶどう	白ぶどう	
赤ワイン	2	2	0	30
ロゼワイン	0	1	3	20
白ワイン	0	0	4	40

たとえば，赤ワインでは，表 2.1 は以下のことを意味します．

- 1 タンクの赤ワインの製造には，2 トンの赤ぶどうと 2 トンの黒ぶどうが必要である．
- 1 タンクの赤ワインを製造・販売すると，30 万円の利益がある．

あなたがワイン工場の経営者から「利益が最も多くなるようにワインの種類と製造量を決めたいのだが…」と相談を受けたら，どのようなアドバイスをしますか？ この問題を例にして，最適化問題の定式化を考えましょう．定式化において，**設計変数** (design variable)，**目的関数** (objective function)，**制約条件** (constraint condition) を理解することが重要です．

設計変数

最適化問題を解くために何を求めればよいかを考えます．各種のワインの 1 日の製造量を求めることにし，それらを x_1, x_2, x_3 と表しましょう．

x_1　：　赤ワインの1日の製造量
x_2　：　ロゼワインの1日の製造量
x_3　：　白ワインの1日の製造量

$x_1 \sim x_3$ の単位は「タンク」とし，$x_1 = 0.5$ はタンク半分の赤ワインの製造を意味します．各種ワインの1日の製造量を決定すれば，この問題が解決されます．このような物理量は設計変数とよばれます．

目的関数

各種ワインを1タンク製造・販売した際の利益として表2.1の数値を用いると，ワイン工場の1日の利益は次式で表現できます．

$$\text{ワイン工場の1日の利益} = 30x_1 + 20x_2 + 40x_3 \tag{2.1}$$

式(2.1)によって求められる値を最大にすることを，この最適化問題の目的とし，目的関数と定義します．図2.1は，設計変数を $x_1 = 1.0, x_2 = 2.0, x_3 = 3.0$ とした場合です．これは，赤ワインを1タンク，ロゼワインを2タンク，白ワインを3タンク，製造・販売した状況を意味し，2トンの赤ぶどう，4トンの黒ぶどう，18トンの白ぶどうを使用して，190万円の利益を生みます．なお，$x_1 = 1.0, x_2 = 2.0, x_3 = 3.0$ を $\boldsymbol{x} = (1.0,\ 2.0,\ 3.0)$ と表記する場合もあります．

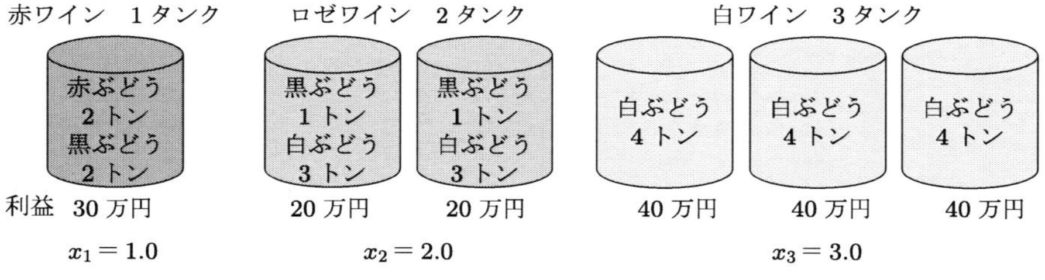

図2.1　1タンクの赤ワイン，2タンクのロゼワイン，3タンクの白ワインの場合

制約条件

ワイン工場が仕入れるぶどうの量にも限界があり，その最大値を表2.2に示します．3種類のワインを多く製造すれば利益も増えますが，1日の最大供給量より多いぶどうを使用できません．表2.1と2.2に基づくと，各種ワインを x_1, x_2, x_3 タンクずつ製造した際に使用する各種ぶどうが最大供給量以下であるためには，次の不等式が満た

表 2.2　ワイン工場への各種ぶどうの最大供給量

ぶどうの種類	最大供給量（トン/日）
赤ぶどう	4
黒ぶどう	8
白ぶどう	18

されなければなりません．

$$\left.\begin{array}{lllllll} \text{赤ぶどうの制約} & : & 2x_1 & & & -4 & \leq 0 \\ \text{黒ぶどうの制約} & : & 2x_1 & +x_2 & & -8 & \leq 0 \\ \text{白ぶどうの制約} & : & & +3x_2 & +4x_3 & -18 & \leq 0 \end{array}\right\} \tag{2.2}$$

各種ワインの製造量は負にならないので，以下の条件も要求されます．

$$x_1 \geq 0, \quad x_2 \geq 0, \quad x_3 \geq 0 \tag{2.3}$$

式 (2.2) は，この最適化問題において満足するべき条件であり，制約条件とよばれます．式 (2.3) も一種の制約条件（設計変数の非負条件）です．

以上より，ワイン生産工場における最適化問題は，次のようにまとめられます．

- 制約条件の式 (2.2) と設計変数の非負条件の式 (2.3) を満足し，
- 目的関数の式 (2.1) が最大になるように，
- 設計変数 x_1, x_2, x_3 の値を求める．

改めて，ワイン生産工場の最適化問題をまとめると，次のようになります．

最適化問題 2.1（赤ワイン，ロゼワイン，白ワイン製造の 3 変数問題）

設計変数　x_1　:　赤ワインの製造量
　　x_2　:　ロゼワインの製造量
　　x_3　:　白ワインの製造量

目的関数　$f(\boldsymbol{x}) = 30x_1 + 20x_2 + 40x_3 \quad \rightarrow$　最大

制約条件　$g_1(\boldsymbol{x}) = 2x_1 \quad -4 \leq 0$　:　赤ぶどうの制約
　　$g_2(\boldsymbol{x}) = 2x_1 + x_2 \quad -8 \leq 0$　:　黒ぶどうの制約
　　$g_3(\boldsymbol{x}) = \quad 3x_2 + 4x_3 - 18 \leq 0$　:　白ぶどうの制約
　　$x_1 \geq 0, \quad x_2 \geq 0, \quad x_3 \geq 0$　:　設計変数の非負条件

このように，目的関数と制約条件が設計変数の線形関数で表現される問題を，**線形最適化問題**といいます．これに対し，目的関数と制約条件に一つでも非線形関数が含まれる問題を，**非線形最適化問題**といいます．

2.2　線形最適化問題のイメージ

線形最適化問題の全体像を把握するために，図を用いて，その特徴を説明します．

2.2.1　2 変数の場合

最適化問題 2.1 には，設計変数が三つもありイメージしにくいので，白ワイン製造量の x_3 を除き，設計変数が二つの最適化問題に縮小します．白ワインを製造しない，つまり，$x_3 = 0$ とすると，設計変数，制約条件，目的関数は，次の最適化問題 2.2 のようになります．

最適化問題 2.2（赤ワイン，ロゼワイン製造の 2 変数問題）

設計変数　x_1　：　赤ワインの製造量

x_2　：　ロゼワインの製造量

目的関数　$f(\boldsymbol{x}) = 30x_1 + 20x_2 \quad \rightarrow$　最大　(2.4)

制約条件　$g_1(\boldsymbol{x}) = 2x_1 - 4 \leq 0$　：　赤ぶどうの制約

$g_2(\boldsymbol{x}) = 2x_1 + x_2 - 8 \leq 0$　：　黒ぶどうの制約　(2.5)

$g_3(\boldsymbol{x}) = x_2 - 6 \leq 0$　：　白ぶどうの制約

$x_1 \geq 0, \quad x_2 \geq 0$　：　設計変数の非負条件　(2.6)

実行可能領域

この問題の制約条件を満足する領域を図 2.2 に示します．縦軸は x_1 を，横軸は x_2 を表しています．実線は制約条件の境界，つまり，$g_1(\boldsymbol{x}) = 0$, $g_2(\boldsymbol{x}) = 0$, $g_3(\boldsymbol{x}) = 0$, $x_1 = 0$, $x_2 = 0$ の直線です．$g_1(\boldsymbol{x}) = 0$ の直線の下側では，制約条件 $g_1(\boldsymbol{x}) \leq 0$ が満足され，上側では満足されません．ほかの制約条件も同様に，直線の片側で満足され，他側で満足されません．制約条件が満足される側を，図 2.2 上に矢印で示しています．この 5 本の直線に囲まれた五角形の陰影部は，式 (2.5), (2.6) により与えられるすべての制約条件を満足する領域であり，**実行可能領域**とよばれます．これらの条件を満足するために，設計変数はこの領域内に存在する必要があります．なお，制約条件が線形の場合，実行可能領域は凸多角形（へこみのない多角形．2.5 節参照）になります．

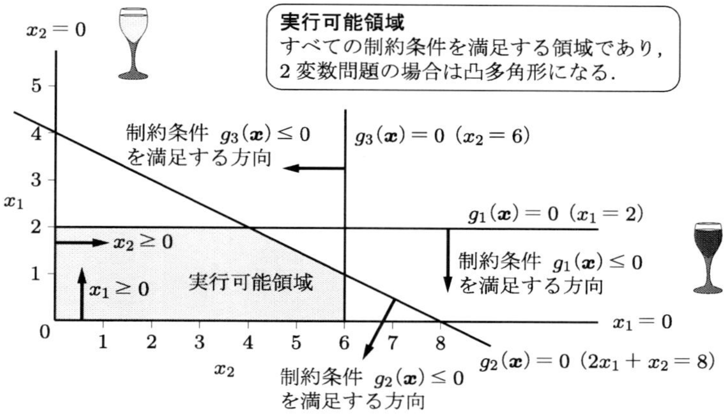

図 2.2　ワイン製造問題（最適化問題 2.2）の制約条件と実行可能領域

最適解

図 2.3 は，実行可能領域に目的関数を重ねた図です．3 本の平行な破線は，$f(\boldsymbol{x}) = 120$, $f(\boldsymbol{x}) = 150$, $f(\boldsymbol{x}) = 180$ を与える目的関数の等高線です．$f(\boldsymbol{x}) = 120$ の等高線上には，$\boldsymbol{x}^A = (4, 0)$ などの制約条件を満足しない点や，$\boldsymbol{x}^B = (2, 3)$, $\boldsymbol{x}^C = (0, 6)$ などの制約条件を満足する点が存在します．目的関数値を大きくすると，等高線は右上方向に移動し，$f(\boldsymbol{x}) = 150$ の等高線は，実行可能領域ぎりぎりの点 $\boldsymbol{x}^D = (1, 6)$ を通ります．これが，制約条件を満足して利益を最大にする点であり，**最適解**とよばれます．このとき，白ワインが 1 タンク，ロゼワインが 6 タンク製造され，利益は 150 万円です．

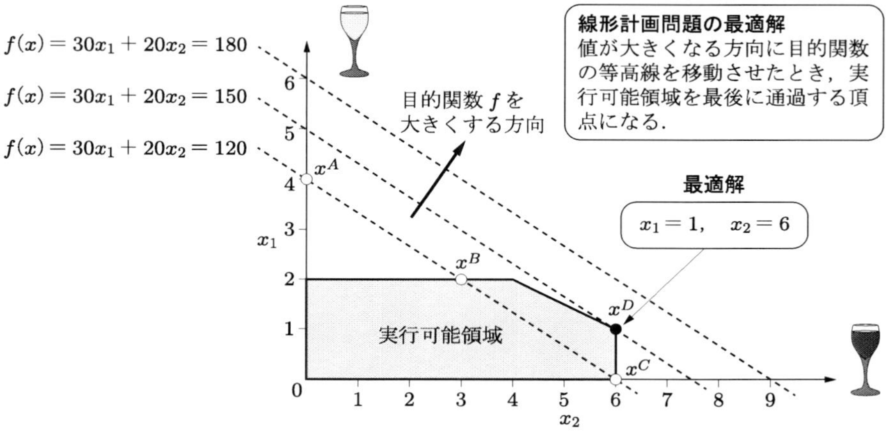

図 2.3　ワイン製造問題（最適化問題 2.2）の目的関数と実行可能領域

実行可能領域が凸多角形で，その境界が直線であり，さらに，目的関数の等高線も直線であるため，最適解は実行可能領域の頂点に存在します．これは，線形最適化問題の最大の特徴です．目的関数の等高線と境界線が平行になる特殊な場合，両端の頂点を含む境界線上のすべての点が最適解になります．

アクティブな制約条件

最適解 $\boldsymbol{x}^* = (1, 6)$ を制約条件式 (2.5) に代入すると，以下を得ます．

$$\left.\begin{array}{lll} \text{赤ぶどう} & : & g_1(\boldsymbol{x}^*) = 2 - 4 = -2 < 0 \\ \text{黒ぶどう} & : & g_2(\boldsymbol{x}^*) = 2 + 6 - 8 = 0 \\ \text{白ぶどう} & : & g_3(\boldsymbol{x}^*) = 6 - 6 = 0 \end{array}\right\} \tag{2.7}$$

$g_1(\boldsymbol{x}^*) = -2 < 0$ であるため，赤ぶどうの使用量は最大供給量まで2トンの余裕があります．一方，$g_2(\boldsymbol{x}^*) = 0$ と $g_3(\boldsymbol{x}^*) = 0$ であるため，黒ぶどうと白ぶどうの使用量は最大供給量に到達しています．このように，限界値に到達している制約条件は**アクティブな状態**（有効な状態）といわれ，$g_i(\boldsymbol{x}) = 0$ のように等号が成立します．

ポイント　不等式制約条件をもつ2変数の線形最適化問題の特徴と解法

- すべての制約条件を満足する実行可能領域は，制約条件の境界線（$x_i = 0$, $g_j(\boldsymbol{x}) = 0$）の直線で形成される凸多角形の境界とその内部になる．
- 目的関数も線形であるため，最適解は凸多角形のいずれかの頂点に存在する．その頂点は，アクティブな二つの制約条件の直線（$g_2(\boldsymbol{x}) = 0$, $g_3(\boldsymbol{x}) = 0$ など）の交点である．
- よって，凸多角形で与えられる実行可能領域のすべての頂点で目的関数を確認し，最大または最小になる点を見つければ，その点が最適解である．
- なお，二つの制約条件の境界線の交点が実行可能領域外に存在する場合もある．この場合，ほかの制約条件を満足していない．

2.2.2　多変数の場合

2変数の場合，線形最適化問題の制約条件や目的関数は $a_1x_1 + a_2x_2 = b$ の形式で示される直線になり，3変数の場合，$a_1x_1 + a_2x_2 + a_3x_3 = b$ の形式で示される平面になります．x_3（白ワインの製造量）も考慮した3設計変数問題の実行可能領域は，平面で囲まれた3次元空間の凸多面体（へこみのない多面体）であり，最適解はその頂点に存在します．図2.4に示される6面体が実行可能領域であり，頂点の一つ $\boldsymbol{x} = (2, 0, 4.5)$ が最適解です．斜線が描かれている三角形は，$f(\boldsymbol{x}) = 30x_1 + 20x_2 + 40x_3 = 200$ で与えられる平面，つまり，目的関数値が 200 万円の等高面です．この平面が，x_1, x_2, x_3 が増える方向に平行移動すると目的関数の値は大きくなり，実行可能領域の 6 面体を最後に通過する点 $\boldsymbol{x} = (2, 0, 4.5)$ が $f = 240$ の最適解を与えます．3 次元空間で生活する私たちが 4 次元以上の空間（4 設計変数以上の問題）を描くことは不可能ですが，数学的には 2 次元空間や 3 次元空間（2 設計変数問題や 3 設計変数問題）と同様に考えます．

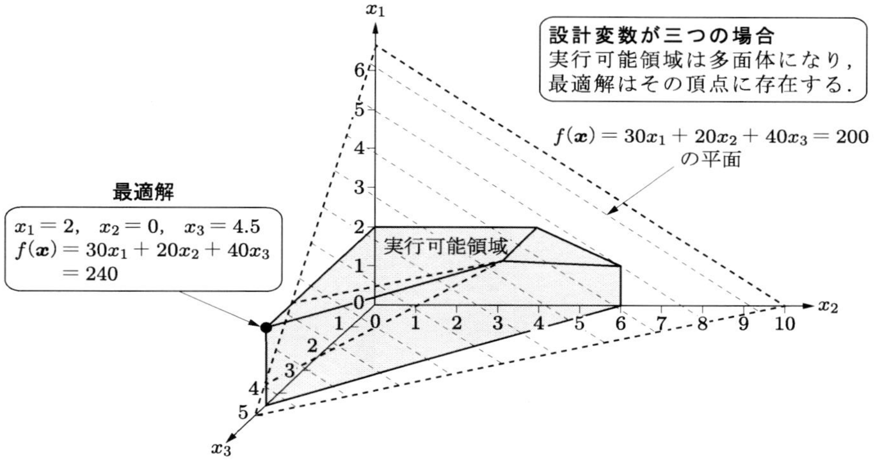

図 2.4　3 変数の線形最適化問題（最適化問題 2.1）の場合

線形最適化問題の設計変数と解析空間の関係は，次のようにまとめられます．

- 設計変数の数は，空間の次元数と同じ．
  例：2 設計変数→ 2 次元空間，3 設計変数→ 3 次元空間
- 実行可能領域は，凸性をもつ空間（へこみのない空間）になる．
  例：2 設計変数→凸多角形，3 設計変数→凸多面体
- 実行可能領域の頂点は，設計変数と同じ数の制約条件の境界の交点である．
  例：2 設計変数→二つの境界線の交点，3 設計変数→三つの境界面の交点

練習問題 2.1

システム工学と流体力学の期末試験が，同日に重なった．試験勉強に使用できる合計時間は，最大で 22 時間である．現時点では，システム工学の理解は浅く，流体力学の理解は深いと思っている．これより，システム工学の試験勉強に x_1 時間，流体力学に x_2 時間を費やした場合，以下の点を獲得できると仮定する．

$$\text{システム工学の点：} T_\mathrm{s} \;=\; 30 + 5x_1, \qquad \text{流体力学の点：} T_\mathrm{r} \;=\; 40 + 4x_2$$

成績は，テストの点のみで評価され，60 点未満は落第になる．上記の計算式では 100 点超も計算されるが，実際にはそのような点はない．両科目の単位を取得し，かつ，T_s と T_r の合計点が多いほどよいとする．このとき，両科目の試験勉強に費やす時間を決定したい．この勉強時間を設計変数 (x_1, x_2) とし，以下の最適化問題を考えなさい．

(1)　目的関数 $f_1(\boldsymbol{x})$ を設計変数 x_1 と x_2 で表現しなさい．

(2)　次のような制約条件 $g_i(\boldsymbol{x}) \leq 0$ を設計変数で表現しなさい．

総勉強時間に関する条件 $g_1(\boldsymbol{x})$
システム工学を合格するための条件 $g_2(\boldsymbol{x})$
流体力学を合格するための条件 $g_3(\boldsymbol{x})$
システム工学の点が 100 点を超えないための条件 $g_4(\boldsymbol{x})$
流体力学の点が 100 点を超えないための条件 $g_5(\boldsymbol{x})$

(3)　上記の制約条件の境界線を描き，実行可能領域を示しなさい．

(4)　設問 (3) の図を参考にしてこの問題を解き，設計変数と目的関数の値を求めなさい．

(5)　どちらの科目も，80 点以上で優の成績が得られるとする．両科目で優を取得しながら，勉強時間をできる限り少なくしたい．このような考えに適切と思われる目的関数 $f_2(\boldsymbol{x})$ と制約条件 $q_i(\boldsymbol{x}) \leq 0$ を作成しなさい．また，最適解を求めなさい．

2.3　スラック変数

スラック変数を用いると，不等式制約条件を等式制約条件に変更することができ，線形計画問題の数値計算が容易になります．ここでは，スラック変数の意味，不等式制約条件から等式制約条件への変更方法，スラック変数と等式制約条件を使った最適解の求め方を説明します．

2.3.1　スラック変数の導入

不等式制約条件の等式化

関係式 $h_i(\boldsymbol{x}, \boldsymbol{s}) = g_i(\boldsymbol{x}) + s_i = 0$ が成立する場合，$g_i(\boldsymbol{x}) \leq 0$ と $s_i \geq 0$ は等価です．つまり，s_i を新たに加えた非負の変数とすると，$h_i(\boldsymbol{x}, \boldsymbol{s}) = 0$ は等式制約条件になります．

変数 $\boldsymbol{x}$ の不等式制約条件	⇨	等式制約条件と変数 s_i の非負条件
$g_i(\boldsymbol{x}) \leq 0$		$h_i(\boldsymbol{x}, \boldsymbol{s}) = g_i(\boldsymbol{x}) + s_i = 0$　ただし　$s_i \geq 0$

$h_i(\boldsymbol{x}, \boldsymbol{s}) = 0$ の状態では $s_i = -g_i(\boldsymbol{x})$ であるため，実行可能領域の内部では $s_i \geq 0$ になり，境界上では $s_i = 0$ になります．s_i はスラック変数とよばれ，不等式制約条件 $g_i(\boldsymbol{x})$ の余裕を表す量と考えられます．$s_i = 0$ のとき，$g_i(\boldsymbol{x})$ はアクティブとなり，こ

の制約条件に余裕はありません．一方，$s_i > 0$ のとき，$g_i(\boldsymbol{x})$ はアクティブな状態に到達しておらず，この制約条件にはまだ余裕があります．

$s_1 \sim s_3$ を導入して，前節で使用した最適化問題 2.2 の三つの不等式制約条件を，三つの等式制約条件に変更した次の最適化問題 2.2′ を考えます．表現方法は違いますが，これは前述の最適化問題 2.2 と等しい問題です．

最適化問題 2.2′（スラック変数により最適化問題 2.2 を等式制約条件化した問題）

変数　x_1：設計変数（赤ワインの製造量）

x_2：設計変数（ロゼワインの製造量）

s_1：スラック変数（制約条件 $g_1(\boldsymbol{x})$ に対するスラック変数）

s_2：スラック変数（制約条件 $g_2(\boldsymbol{x})$ に対するスラック変数）

s_3：スラック変数（制約条件 $g_3(\boldsymbol{x})$ に対するスラック変数）

目的関数　$f(\boldsymbol{x}) = 30x_1 + 20x_2 \quad \rightarrow \quad$ 最大

制約条件

$$\left.\begin{aligned} h_1(\boldsymbol{x},\boldsymbol{s}) &= g_1(\boldsymbol{x}) + s_1 = 2x_1 \qquad + s_1 \qquad\qquad -4 = 0 \\ h_2(\boldsymbol{x},\boldsymbol{s}) &= g_2(\boldsymbol{x}) + s_2 = 2x_1 + x_2 \qquad + s_2 \qquad -8 = 0 \\ h_3(\boldsymbol{x},\boldsymbol{s}) &= g_3(\boldsymbol{x}) + s_3 = \qquad x_2 \qquad\qquad + s_3 -6 = 0 \end{aligned}\right\} \tag{2.8}$$

$$x_1 \geq 0, \quad x_2 \geq 0, \quad s_1 \geq 0, \quad s_2 \geq 0, \quad s_3 \geq 0 \tag{2.9}$$

図 2.5 に示されるように，実行可能領域の境界は，$x_1 = 0$, $x_2 = 0$, $s_1 = 0$, $s_2 = 0$, $s_3 = 0$ の直線であり，この 5 変数が 0 以上の領域が実行可能領域です．

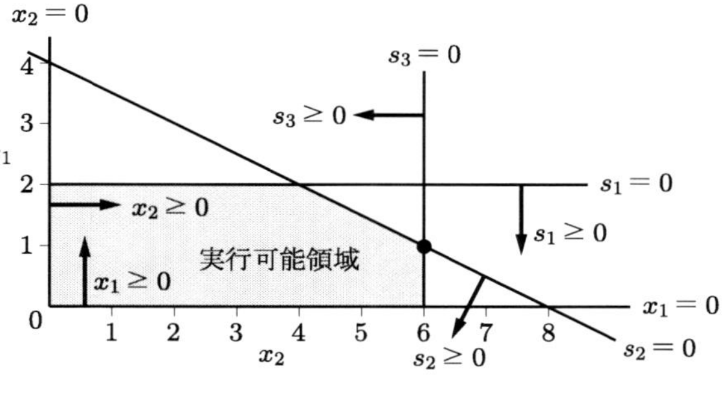

図 2.5　実行可能領域と変数 x_1, x_2 およびスラック変数 s_1, s_2, s_3 の関係

実行可能領域の頂点と変数の関係

設計変数 (x_1, x_2) とスラック変数 (s_1, s_2, s_3) は，数学的に同じように取り扱われます．変数の非負条件はあるものの，式 (2.8) は，五つの変数により，三つの等式を満足することを要求しています．変数の数が等式の数よりも多いため，解を一意に決定

できません．しかし，二つの変数に何らかの数値を与えると，等式を満足するように残りの三つの変数を決定できます．実行可能領域の頂点は，二つの制約条件の境界線の交点であるため，二つの変数を 0 とすることにより，頂点を与える変数を決定できます．たとえば，$s_2 = 0$ と $s_3 = 0$ にすると $x_1 = 1, x_2 = 6, s_1 = 2$ が得られ，これは図 2.5 中の●に対応します．このようなスラック変数の導入と解法の特徴は，以下のようにまとめられます．

- 本来の不等式制約条件が三つあるため，三つのスラック変数を導入する．
- これにより，本来の 2 設計変数と 3 スラック変数の合計で 5 変数の問題になる．
- スラック変数と同数の三つの関係式（方程式）を満足する必要がある．
- 変数の数 > 満足すべき方程式の数（5 > 3）のため，一意な解を得られない．
- 二つの変数に数値を与えると変数と方程式の数が等しくなり，解を決定できる．
- 二つの変数を 0 にすると，制約条件の境界線の交点，つまり，実行可能領域の頂点になるので，線形最適化問題の求解に都合がよい．

2.3.2　変数の個数の変換

図 2.6 に，s_1 と s_2 に任意の数値を与えて 5 変数から 3 変数に変換する様子を行列形式で示します．最終的に 3×3 のサイズの行列をもつ方程式となり，解 x_1, x_2, s_3 が算出できます．$s_1 = s_2 = 0$ にすると，等式制約条件の連立 1 次方程式は以下のようになります．

$$
\begin{aligned}
h_1(\boldsymbol{x}) &= 2x_1 - 4 = 0 \\
h_2(\boldsymbol{x}) &= 2x_1 + x_2 - 8 = 0 \\
h_3(\boldsymbol{x}) &= x_2 + s_3 - 6 = 0
\end{aligned}
\quad \text{または} \quad
\begin{bmatrix} 2 & 0 & 0 \\ 2 & 1 & 0 \\ 0 & 1 & 1 \end{bmatrix}
\begin{bmatrix} x_1 \\ x_2 \\ s_3 \end{bmatrix}
=
\begin{bmatrix} 4 \\ 8 \\ 6 \end{bmatrix}
\tag{2.10}
$$

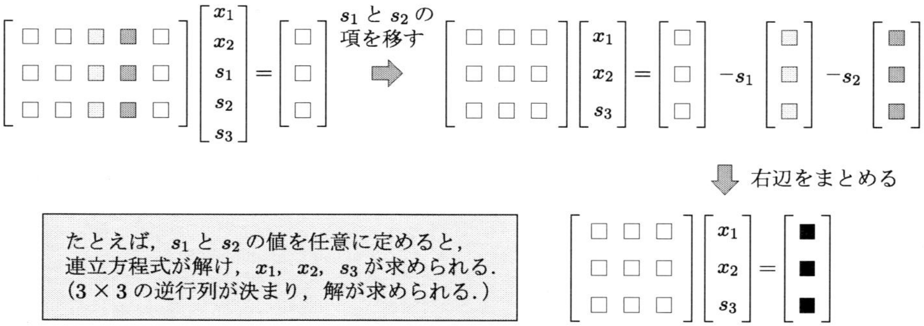

x_1 x_2 s_1 s_2 s_3
s_1 と s_2 の項を移す
x_1 x_2 s_3
$-s_1$
$-s_2$
右辺をまとめる
たとえば，s_1 と s_2 の値を任意に定めると，
連立方程式が解け，x_1，x_2，s_3 が求められる．
（3 × 3 の逆行列が決まり，解が求められる．）

図 2.6　5 変数問題から 3 変数問題への変換

これより，$x_1 = 2, x_2 = 4, s_3 = 2$ が求められます．これは，図 2.7 中の P_4，つまり，$s_1 = 0$ と $s_2 = 0$ の二つの直線の交点です．

基底解と実行可能基底解

5 変数のうちの 2 変数を 0 にして求めた解（図 2.7 に●と○で示される $P_1 \sim P_8$ の 8 点）は，**基底解**とよばれます．さらに，実行可能領域内に存在する基底解（●で示される 5 点）は**実行可能基底解**とよばれます．また，0 に設定した変数は**非基底変数**，0 に設定されなかった変数は**基底変数**と定義されます．表 2.3 より，この実行可能基底解のうちで目的関数を最大にする点 P_3 が，最適解であると判断できます．

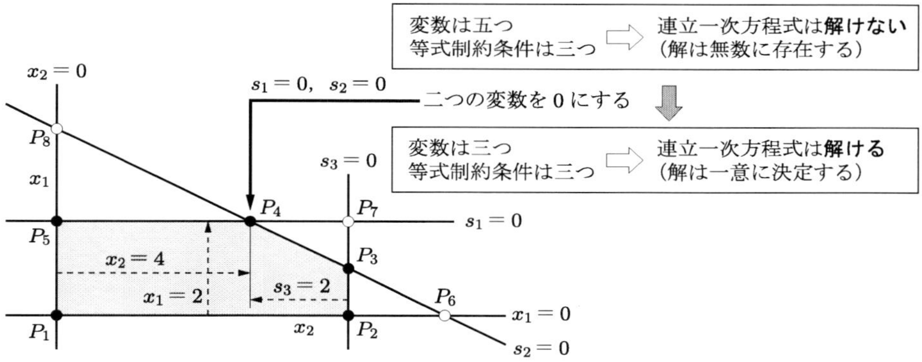

図 2.7 二つの変数（s_1 と s_2）を 0 にした場合の解

表 2.3 等式制約条件の交点（基底解）

点	0 に設定した変数		x_1	x_2	s_1	s_2	s_3	$f(\boldsymbol{x}, \boldsymbol{s})$	実行可能基底解
P_1	x_1	x_2	0	0	4	8	6	0	○
P_2	x_1	s_3	0	6	4	2	0	120	○
P_3	s_2	s_3	1	6	2	0	0	150	○
P_4	s_1	s_2	2	4	0	0	2	140	○
P_5	x_2	s_1	2	0	0	4	6	60	○
P_6	x_1	s_2	0	8	4	0	−2	160	×
P_7	s_1	s_3	2	6	0	−2	0	180	×
P_8	x_2	s_2	4	0	−8	0	6	120	×

ポイント スラック変数の導入と線形最適化問題の特徴

- n 個の設計変数と m 個の不等式制約条件をもつ最適化問題に m 個のスラック変数を導入して，$n + m$ 個の非負変数からなる m 個の方程式を作成する．

- 変数の数が方程式の数より多いため，方程式を満足する解が無限にある．
- n 個の変数を 0 に設定すると，方程式と未知変数の数が同数 $(= m)$ になる．
- この方程式を解き，基底解を得る．

2.4　シンプレックス法

スラック変数を導入して，すべての基底解を求め，目的関数と制約条件の値をチェックすることにより，最適解が求められます．しかし，設計変数や制約条件の数が増加すると，基底解の数も多くなり，その計算は莫大になります．効率よく最適解を探索する方法として，**シンプレックス法**が考えられました．

2.4.1　シンプレックス法の考え方

シンプレックス法は，実行可能領域の境界に沿って，一つの実行可能基底解から，ほかのよりよい実行可能基底解へ移動し，最適解を求める方法です．目的関数が改善される限り，この移動を続けます．P_1 から移動を開始し，「$P_1 \to P_5 \to P_4 \to P_3$」および「$P_1 \to P_2 \to P_3$」のルートで最適解の P_3 に到達する移動を，図 2.8 に示します．各点における目的関数の値には，「$f_1 < f_5 < f_4 < f_3$」および「$f_1 < f_2 < f_3$」の関係があり，どちらのルートを辿っても，**実行可能領域の境界線に沿って目的関数の値が大きくなる方向に進むことにより，最適解に到達できます**．「$P_1 \to P_5 \to P_4 \to P_3$」の移動により，非基底変数は以下のように更新されます．

$$
\begin{array}{ccccccc}
P_1 & \to & P_5 & \to & P_4 & \to & P_3 \\
x_1, x_2 & & \underline{s_1}, x_2 & & s_1, \underline{s_2} & & \underline{s_3}, s_2
\end{array}
$$

ここで，下線は，新たに非基底変数になった変数を意味します．このように，実行可

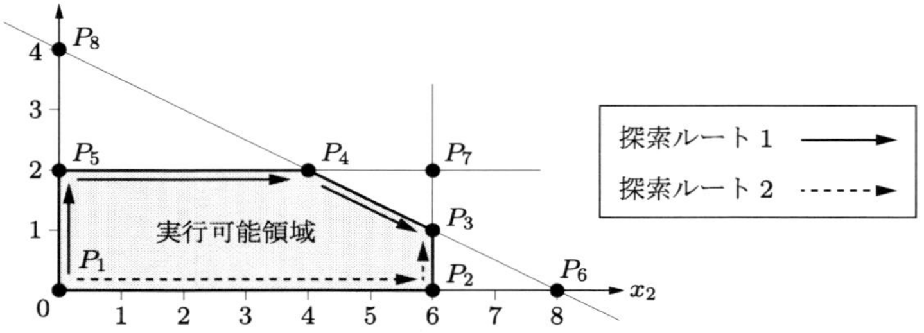

図 2.8　シンプレックス法による境界線上の探索

能領域の境界に沿って解を更新する場合，一つの変数が非基底変数から外れ，一つの変数が非基底変数になります．一回の移動において，二つ以上の変数が非基底変数から外れることはありません．この基底変数と非基底変数の入れ替えを，シンプレックス法で行います．

2.4.2 シンプレックス・タブローによる計算

スラック変数導入後の方程式と目的関数を行列表現し，最適化問題 2.2″ と定義します．最適化問題 2.2′ と同様に，等式制約条件 $h_i(\boldsymbol{x}) = 0$ が与えられていますが，$h_i(\boldsymbol{x}) = 0$ は，制約条件というよりも，解かれる方程式と捉えるほうが理解しやすいです．ただし，変数の数が方程式の数よりも二つ多いので，二つの変数を 0 にして，この方程式を解きます．つまり，最適化問題 2.2″ は，どの変数を 0 にすればよいかを決める問題と考えられます．

最適化問題 2.2″（非基底変数を定めて解くように，最適化問題 2.2′ を変更した問題）

等式制約条件（解かれる方程式）／目的関数

$$\left[\begin{array}{ccccc} 2 & 0 & 1 & 0 & 0 \\ 2 & 1 & 0 & 1 & 0 \\ 0 & 1 & 0 & 0 & 1 \\ \hdashline 30 & 20 & 0 & 0 & 0 \end{array}\right] \begin{bmatrix} x_1 \\ x_2 \\ s_1 \\ s_2 \\ s_3 \end{bmatrix} = \left[\begin{array}{c} 4 \\ 8 \\ 6 \\ \hdashline f \end{array}\right] \tag{2.11}$$

変数の条件　$x_1 \geq 0,\ \ x_2 \geq 0,\ \ s_1 \geq 0,\ \ s_2 \geq 0,\ \ s_3 \geq 0$

最適解の条件　$f \longrightarrow$ 最大

解き方　5 変数のうちの 2 変数を 0 にして方程式を解く

式 (2.11) の第 1～3 行は，式 (2.8) で与えられた方程式であり，最終行は式 (2.4) で与えられた目的関数です．これを，表 2.4 の**シンプレックス・タブロー**によって表現します．行列の各成分を a_{ij}，右辺のベクトル成分を b_i とします．

表 2.4 シンプレックス・タブロー

	x_1	x_2	s_1	s_2	s_3	b_i
a_{1j}	2	0	1	0	0	$= 4$
a_{2j}	2	1	0	1	0	$= 8$
a_{3j}	0	1	0	0	1	$= 6$
a_{4j}	30	20	0	0	0	$= f$

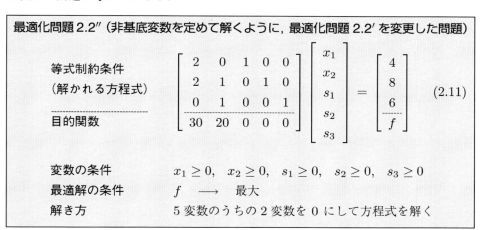

非基底変数の決定と，基底変数と目的関数の計算

シンプレックス・タブローの s_1, s_2, s_3 列に着目すると，最初の 3 行は単位行列に，最終行は 0 になっています（図 2.9 参照）．5 変数のうちの 2 変数を 0 に設定する際に，単位行列に関係のない変数 x_1 と x_2 を 0 にすると，$s_1 = 4$，$s_2 = 8$，$s_3 = 6$ を簡単に求めることができ，都合がよいです．このようにして求められた解は，図 2.8 の点 P_1 に対応する実行可能基底解です．また，$x_1 = x_2 = 0$ としたため，最終行から $f = 0$ も簡単に計算できます．

非基底変数（$= 0$）にすると都合がよい　基底変数（$\neq 0$）にすると都合がよい　単位行列

	x_1	x_2	s_1	s_2	s_3	b_i
a_{1j}	2	0	1	0	0	$= 4$
a_{2j}	2	1	0	1	0	$= 8$
a_{3j}	0	1	0	0	1	$= 6$
a_{4j}	30	20	0	0	0	$= f$

0 成分

図 2.9　シンプレックス・タブロー中の単位行列と目的関数の 0 成分

最適解の判断

得られた実行可能基底解が最適解であるか否かを，シンプレックス・タブロー最終行の数値から判断します．この行の 30 と 20 は，目的関数における x_1 と x_2 の係数です．現在は，$x_1 = x_2 = 0$ に設定されていますが，変数の非負条件 $x_1 \geq 0$ と $x_2 \geq 0$ より，

- 変数 x_1 と x_2 を大きくすることは可能である．
- x_1 と x_2 の係数は正の値であるため，変数の増加により目的関数 f は増加する．
- よって，目的関数を大きくすることは可能である．
- つまり，点 P_1 は最適解ではない．

と判断できます．次の実行可能基底解を探索するために，まず，

- どの非基底変数を基底変数にして，
- どの基底変数を非基底変数にすればよいか．

を決定する必要があり，その方法を以下に説明します．

基底変数に変更される非基底変数の決定

シンプレックス・タブローの最終行の 30 と 20 は，変数 x_1 と x_2 が単位量増加した際の目的関数 $f(\boldsymbol{x})$ の増加量であるため，x_1 の変更は x_2 の変更よりも $f(\boldsymbol{x})$ の増

加に対する効果が大きいと考えられ，x_1 を基底変数にする（0 よりも大きくする）ことを試みます．この場合，x_1 軸に沿ってほかの基底解に移動するため，図 2.8 における点 P_1 から点 P_5 や点 P_7 の方向への移動を意味します．

非基底変数に変更される基底変数の決定

x_1 を非基底変数から基底変数に変更するため，一つの基底変数を非基底変数にする必要があります．s_1, s_2, s_3 のどれを非基底変数にすればよいでしょうか．それぞれ検証しましょう．

1. **s_1 の可能性の確認**　まず，s_1 の可能性を検討します．図 2.9 に示される単位行列の s_1 が関係する第 1 行に注目すると，s_1 は以下のように表現できます．

$$s_1 = -2x_1 + 4 \tag{2.12}$$

$s_1 \geq 0$ より，x_1 の可動範囲として以下を得ます．

$$x_1 \leq \frac{4}{2} = 2 \tag{2.13}$$

これは，「$s_1 \geq 0$ を満足する x_1 の可動範囲は $x_1 = 2$（点 P_5）までであること」を意味します．

2. **s_2 の可能性の確認**　次に，s_2 の可能性を検討します．図 2.9 の第 2 式に注目すると，x_1 の可動範囲が以下のように求められます．

$$\underbrace{s_2 = -2x_1 - x_2 + 8 = -2x_1 + 8 \geq 0}_{\text{(図 2.9 の第 2 式)}} \quad \longrightarrow \quad \underbrace{x_1 \leq \frac{8}{2} = 4}_{(x_1 \text{ の可動範囲})} \tag{2.14}$$

上記の計算において，x_2 は更新されない非基底変数であるため，$x_2 = 0$ としています．この結果は，「$s_2 \geq 0$ を満足する x_1 の可動範囲は，$x_1 = 4$（点 P_8）までであること」を意味します．

3. **s_3 の可能性の確認**　最後に，s_3 の可能性を検討します．図 2.9 の第 3 式（$x_3 + s_3 = 6$）は x_1 を含まないため，x_1 の可動範囲の限定に s_3 は無関係です．これは，x_1 軸（$x_2 = 0$ の直線）と $s_3 = 0$ の直線が平行であり，交点が存在しないためです．この場合，s_3 を非基底変数にできません．

上記の三つの検討より，x_1 の可動範囲として $x_1 \leq 2$ と $x_1 \leq 4$ が求められました．より厳しい条件が優先されるため，x_1 の増加に対する限界値として $x_1 = 2$ が採用され，式 (2.12) より s_1 を非基底変数（$s_1 = 0$）にします．

掃き出し法によるシンプレックス・タブローの更新

入れ替える基底変数と非基底変数が決まったので，この状態に適するようにシンプレックス・タブローを更新します．つまり，図 2.10 の「更新後」に示されるように，新しい基底変数 (x_1, s_2, s_3) が関係する列の第 1〜3 行が単位行列になり，第 4 行（最終行）が 0 になるように，掃き出し法（行に係数を掛けたり，行の足し算や引き算をする操作）を行います．第 1 回目の掃き出し法の手順を以下に示します（図 2.11 参照）．

1. 式①を 2 で割り，式⑤を作成する．これにより，式⑤の第 1 成分が 1 になる．
2. 式②から $2 \times$ 式⑤ を引き，式⑥を作成する．これにより，式⑥の第 1 成分が 0 になる．
3. 式④から $30 \times$ 式⑤ を引き，式⑦を作成する．これにより，式⑦の第 1 成分が 0 になる．

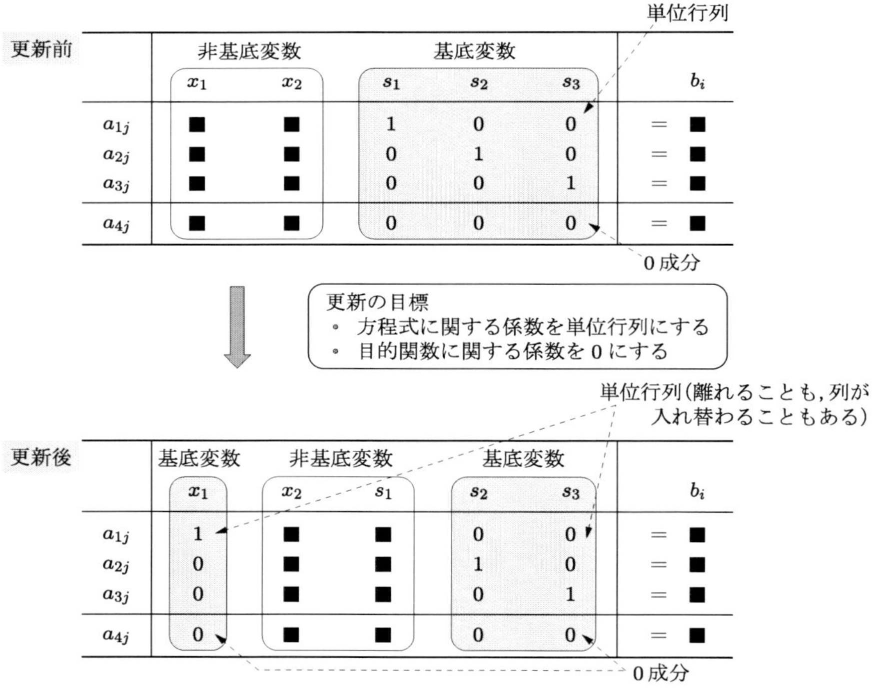

図 2.10　シンプレックス・タブローの更新の基本形

この掃き出し法により，図 2.11 に示される更新後のシンプレックス・タブローが得られ，ここに $x_2 = s_1 = 0$ を代入すると，$x_1 = 2$, $s_2 = 4$, $s_3 = 6$, $f = 60$ が求められます．これは点 P_5 における変数や目的関数の値と一致します．このシンプレック

更新前

	非基底変数		基底変数				
	x_1	x_2	s_1	s_2	s_3	b_i	
a_{1j}	2	0	1	0	0	$= 4$	①
a_{2j}	2	1	0	1	0	$= 8$	②
a_{3j}	0	1	0	0	1	$= 6$	③
a_{4j}	30	20	0	0	0	$= f$	④

更新後

	基底変数	非基底変数		基底変数			
	x_1	x_2	s_1	s_2	s_3	b_i	
a_{1j}	1	0	1/2	0	0	$= 2$	⑤ = 1/2 × ①
a_{2j}	0	1	−1	1	0	$= 4$	⑥ = ② − 2 × ⑤
a_{3j}	0	1	0	0	1	$= 6$	③
a_{4j}	0	20	−15	0	0	$= f - 60$	⑦ = ④ − 30 × ⑤

図 2.11　第 1 回目のシンプレックス・タブローの更新

ス・タブローの最終行の係数は 20 と −15 です．正の係数をもつ変数 x_2 を 0 より大きな値にすることにより目的関数の改善が見込まれるため，$x_1 = 2, x_2 = 0$ は最適解ではないと判断できます．

ピボット行とピボット列

シンプレックス・タブローに行列のピボット行とピボット列の概念を用いると，入れ替える基底変数と非基底変数の理解が容易になります．ピボット行と列とは，行列の掃き出し計算の際に入れ替えの軸になる行と列のことです．その決定手順を以下に示します．また，この手順で示される 1〜5 の番号は図 2.12 中の記載と同じです．

1. シンプレックス・タブローの最終行の係数を比較し，最大値 30 をもつ第 1 列をピボット列とする．
2. ピボット列にかかわる非基底変数 x_1 を基底変数にする．
3. ピボット列の非 0 の係数が 1 になるように，各行を a_{i1} で割る $(i = 1, 2, 3)$．ただし，$a_{31} = 0$ のため，この操作を第 3 行に適用しない．
4. 上記の割り算を行ったシンプレックス・タブローの最終列の数値 b_i を比較し，最小値 2 をもつ第 1 行をピボット行とする．なお，ここで求められる $b_1 = 2$ と $b_2 = 4$ は，式 (2.13) と (2.14) で求めた $x_1 = 2$ と $x_1 = 4$ に一致する．
5. ピボット行である第 1 行に非 0 成分をもつ基底変数 s_1 を非基底変数にする．

このように，入れ替える非基底変数と基底変数が x_1 と s_1 であることがわかります．また，ピボット行と列を設定できたので，ピボット列である第 1 列を対象列として，ピ

非基底変数（x_1, x_2）　基底変数（s_1, s_2, s_3）

	x_1	x_2	s_1	s_2	s_3		b_i
a_{1j}	2	0	1	0	0	=	4
a_{2j}	2	1	0	1	0	=	8
a_{3j}	0	1	0	0	1	=	6
a_{4j}	30	20	0	0	0	=	f

ピボット列

1. 最大値 30 をもつ第 1 列をピボット列とする．
2. ピボット列に関わる非基底変数 x_1 を基底変数に変更する．

3. ピボット列の非 0 係数が 1 になるように，各行を a_{i1} で割る．$(i = 1, 2, \cancel{3})$

ピボット列

4. 最小値 2 をもつ第 1 行をピボット行とする．

	x_1	x_2	s_1	s_2	s_3		b_i
a_{1j}	1	0	1/2	0	0	=	2
a_{2j}	1	1/2	0	1/2	0	=	4
a_{3j}	0	1	0	0	1	=	6
a_{4j}	30	20	0	0	0	=	f

ピボット行（a_{1j}）

5. ピボット行に非 0 成分をもつ基底変数 s_1 を非基底変数に変更する．

図 2.12　ピボット列とピボット行の設定

ボット行である第 1 行が 1 で，ほかのすべての成分が 0 になるように掃き出し法を実行すると，この入れ替えに適するように，シンプレックス・タブローが更新されます．

シンプレックス法による最適解

最終行の全係数が 0 以下になるまでシンプレックス・タブローの更新を繰り返し，最終的に得られたシンプレックス・タブローを図 2.13 に示します．最終行において非基底変数 s_2 と s_3 の係数は負（-15 と -5）であるため，これ以上，目的関数を改善できません．このシンプレックス・タブローで $s_2 = s_3 = 0$ とすると，$x_1 = 1$, $x_2 = 6$, $s_1 = 2$, $f = 150$ の最適解が簡単に求められます．これは，図 2.8 の点 P_3 に一致します．

最終	基底変数			非基底変数			
	x_1	x_2	s_1	s_2	s_3		b_i
a_{1j}	1	0	0	1/2	−1/2	=	1
a_{2j}	0	1	0	0	1	=	6
a_{3j}	0	0	1	−1	1	=	2
a_{4j}	0	0	0	−15	−5	=	$f - 150$

図 2.13　最終のシンプレックス・タブロー

ポイント シンプレックス法で解く線形最適化問題

- $n+m$ 個の非負変数による m 個の方程式と目的関数の行列形式（式 (2.11) 参照）に基づいて，シンプレックス・タブロー（表 2.4 参照）を作成する．
- シンプレックス・タブローの第 1〜m 行は，解かれる方程式（満足すべき等式制約条件）を表現し，最終行は目的関数を表現している．
- 第 1〜m 行の一部は，$m \times m$ の単位行列であり，単位行列と同列の目的関数の係数は 0 である．
- 単位行列に関係しない変数を 0 にすると，単位行列に関係する変数の値が簡単に求められる．なお，0 にした変数は非基底変数であり，値を求めた変数は基底変数である．
- 最大化問題においては，目的関数を表すシンプレックス・タブローの最終行係数に正の値が含まれる場合（最小化問題においては，負の値），求められた実行可能基底解は最適解ではない．
- 入れ替える非基底変数と基底変数を定め，それに適応するように，シンプレックス・タブローを掃き出し法により更新する．

練習問題 2.2

次の目的関数と制約条件をもつ線形最適化問題をシンプレックス法で解くために，以下の設問に答えなさい．

目的関数 $f(x_1, x_2) = x_1 + 2x_2 \quad \longrightarrow \quad$ 最大化

制約条件 $g_1(x_1, x_2) = 4x_1 + 2x_2 - 8 \leq 0$

$g_2(x_1, x_2) = x_1 + 4x_2 - 4 \leq 0$

(1) 上記の線形最適化問題の実行可能領域を描きなさい．

(2) スラック変数 s_1 と s_2 を導入し，上記の不等式制約条件を等式制約条件に変換しなさい．

(3) シンプレックス・タブロー（ステップ 1）を作成しなさい．

(4) 作成したシンプレックス・タブロー（ステップ 1）に基づいて，一つの実行可能基底解を求めなさい．また，この解が図のどこに位置するかを確認しなさい．

(5) 上記で求めた解が最適解でない場合，更新すべき非基底変数（0 の変数）と，変更される基底変数（非 0 の変数）を定めなさい．

(6) シンプレックス・タブローを 1 回更新し，ステップ 2 の実行可能基底解を求めなさい．また，図のどの点からどの点に更新されたかを確認しなさい．

2.5 凸領域と最適解

凸と非凸の実行可能領域と最適解

領域内の任意の2点を結んだ線分が必ずその領域内にある領域は，**凸領域**と定義されます．凸領域以外の領域は**非凸領域**と定義され，領域内の2点を結ぶ線分が領域外部も通過します．図2.14(a)と(b)に，実行可能領域が凸領域と非凸領域の例を示します．破線は目的関数の等高線を示し，この例のどちらの領域においても，点Dが最適解です．前節にて説明したシンプレックス法を用いると，実行可能領域が凸になる問題では必ず最適解を求められます．一方，実行可能領域が非凸になる問題では，シンプレックス・タブローの更新経路によっては，最適解に到達できません．図(b)において，点Bは制約条件を満足し，かつ点Aや点Cより目的関数の値が優位にあるため，点Bに到達した場合，シンプレックス法は点Bを最適解と判断してしまいます．

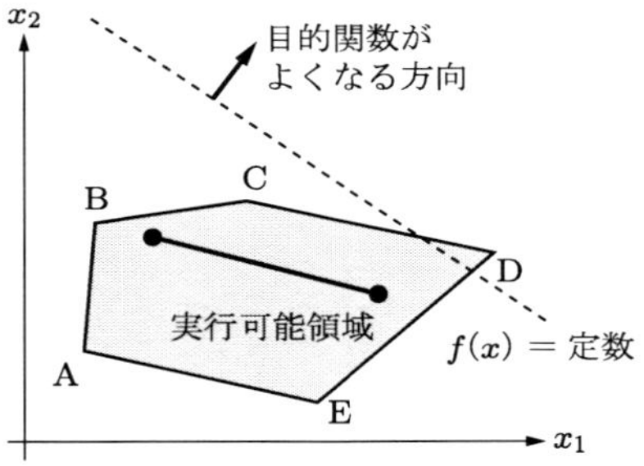

（a）実行可能領域が凸領域の場合

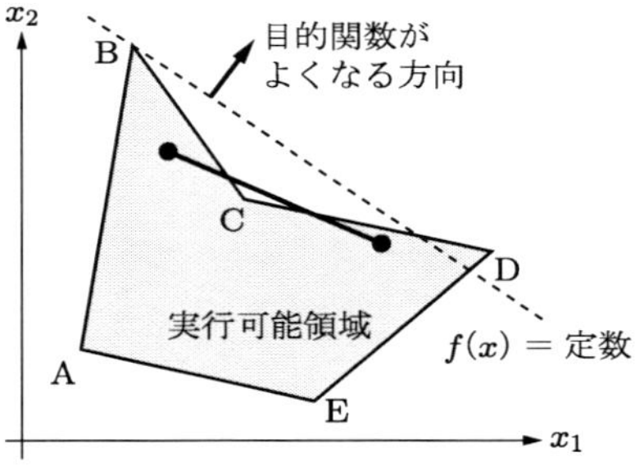

（b）実行可能領域が非凸領域の場合

図2.14　凸と非凸の実行可能領域と最適解

線形計画問題と実行可能領域の凸性

実行可能領域が非凸領域の場合，シンプレックス法では最適解に到達できないことがありますが，通常の線形最適化問題の実行可能領域は凸領域になるので，安心してください．図2.14(b)の線分BCとCDを伸ばした様子を，図2.15(a)に示します．ここで，陰影部は制約条件 $g_1(\boldsymbol{x}) \leq 0$ と $g_2(\boldsymbol{x}) \leq 0$ を満足する側を意味します．線分FCや線分CGで与えられる制約条件のほうが，線分BCや線分CDで与えられる制約条件よりも厳しいため，実行可能領域は，図2.15(b)のAFCGEAで与えられる凸領域になります．

それでは，どのような問題において，非凸な実行可能領域が形成されるのでしょうか．たとえば，制約条件に

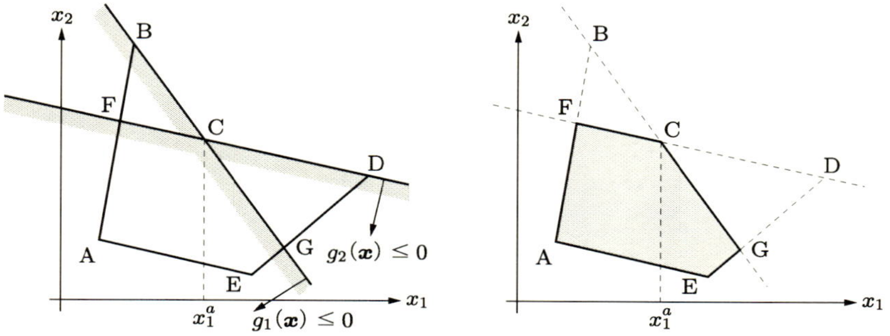

（a）制約条件 $g_1(\boldsymbol{x}) \leq 0$ と $g_2(\boldsymbol{x}) \leq 0$ を満足する領域

（b）最終的な実行可能領域

図 2.15　線形最適化問題における実行可能領域

$$x_1 \leq x_1^a \text{ の範囲は } g_1(\boldsymbol{x}) \text{ を使用,} \qquad x_1^a < x_1 \text{ の範囲は } g_2(\boldsymbol{x}) \text{ を使用}$$

などのような条件が付加される場合は，図 2.14(b) に示されるような，非凸の実行可能領域が形成されます．範囲によって使用される制約条件式が異なることは，実際の問題でもあるので，気を付けてください．

2.6　双対法の形式

2.6.1　双対法

線形最適化問題の二面性

ワイン製造問題で示した最適化問題 2.2 の「設計変数」「目的関数」「制約条件」を振り返ってみると，以下のようにまとめられます．

- 非負の二つの設計変数（赤ワインとロゼワインの製造量）を決定する問題である．
- 設計変数の増加に伴って増加する目的関数（ワイン製造・販売による利益）を最大にする．この場合，設計変数をできる限り大きくしたい．
- 設計変数の増加に伴い増加する三つの制約条件式を，限界値（赤ぶどう，黒ぶどう，白ぶどうの使用量を最大供給量）以下にする．これにより，設計変数の増加に歯止めがかかる．

これを，次の線形最適化問題に変更して解くことができます．

- 非負の三つの設計変数（従来の制約条件と同数の設計変数）を決定する問題である．
- 設計変数の減少に伴い減少する目的関数を最小にする．この場合，設計変数をできる限り小さくしたい．

- 設計変数の減少に伴って減少する二つの制約条件式（従来の設計変数と同数の制約条件）を，限界値以上にする．これにより，設計変数の減少に歯止めがかかる．

このように，設計変数と制約条件の数を入れ替えた線形最適化問題を作成できます．この設計変数と制約条件の表裏のような特性は，**双対性**と定義され，これを用いて異なる線形最適化問題を作成・解析する方法は，**双対法**とよばれます．

ワイン製造問題と双対問題

ワイン製造問題を用いて双対性を説明します．2.2節で用いた二つの設計変数と三つの制約条件からなる最適化問題を**主問題**と定義し，以下に再掲します．

最適化問題 2.2（主問題，再掲）

設計変数	$x_1 \geq 0, \quad x_2 \geq 0$
目的関数	$f(\boldsymbol{x}) = 30x_1 + 20x_2 \quad \longrightarrow \quad$ 最大
制約条件	$\bar{g}_1(\boldsymbol{x}) = 2x_1 + 0x_2 \leq 4$
	$\bar{g}_2(\boldsymbol{x}) = 2x_1 + 1x_2 \leq 8$
	$\bar{g}_3(\boldsymbol{x}) = 0x_1 + 1x_2 \leq 6$

x_2 は制約条件 $\bar{g}_1(\boldsymbol{x})$ に関係しませんが，$0x_2$ のようにして式に含めます．また，元々の制約条件式 $g_1(\boldsymbol{x}) \leq 0$ を $\bar{g}_1(\boldsymbol{x}) \leq 4$ の形式に変更しました．つまり，$\bar{g}_i(\boldsymbol{x})$ は設計変数の項のみをもち，定数項を含みません．上記の主問題に対して，3設計変数と2制約条件からなる**双対問題**が作成でき，最適化問題2.3とします．

最適化問題 2.3（双対問題）

設計変数	$v_1 \geq 0, \quad v_2 \geq 0, \quad v_3 \geq 0$
目的関数	$p(\boldsymbol{v}) = 4v_1 + 8v_2 + 6v_3 \quad \longrightarrow \quad$ 最小
制約条件	$\bar{q}_1(\boldsymbol{v}) = 2v_1 + 2v_2 + 0v_3 \geq 30$
	$\bar{q}_2(\boldsymbol{v}) = 0v_1 + 1v_2 + 1v_3 \geq 20$

主問題と双対問題の定式化と注意事項

双対問題の定式化に関する注意事項とあわせて，二つの問題の関係を説明します．

1. 主問題は以下の形式とする．
   - 設計変数は非負　　- 目的関数の最大化問題　　- 制約条件は限界値以下

   問題が適合しない場合は，式中の符号を変えて，この形式に合わせる．

2. 上記主問題に対する双対問題は，以下の形式になる．
   - 設計変数は非負　● 目的関数の最小化問題　● 制約条件は限界値以上
3. 双対問題の設計変数は v_1, v_2, v_3 の三つ．これは，主問題の制約条件の数と同じ．
4. 双対問題の目的関数 $p(\boldsymbol{v})$ は v_1, v_2, v_3 の線形和であり，その係数 4, 8, 6 は主問題の制約条件 $\bar{g}_1(\boldsymbol{x})$, $\bar{g}_2(\boldsymbol{x})$, $\bar{g}_3(\boldsymbol{x})$ の限界値 4, 8, 6 と一致する．
5. 双対問題の制約条件は $\bar{q}_1(\boldsymbol{v})$ と $\bar{q}_2(\boldsymbol{v})$ の二つ．この数は，主問題の設計変数の数と同じ．
6. $\bar{q}_i(\boldsymbol{v})$ は v_1, v_2, v_3 の線形和であり，それらの係数は主問題の制約条件 $\bar{g}_1(\boldsymbol{x})$, $\bar{g}_2(\boldsymbol{x})$, $\bar{g}_3(\boldsymbol{x})$ 中の設計変数 x_i の係数と一致する．たとえば，$\bar{q}_1(\boldsymbol{v})$ における v_1, v_2, v_3 の係数は 2, 2, 0 であり，$\bar{g}_1(\boldsymbol{x})$, $\bar{g}_2(\boldsymbol{x})$, $\bar{g}_3(\boldsymbol{x})$ における x_1 の係数 2, 2, 0 と一致する．
7. $\bar{q}_i(\boldsymbol{v})$ の限界値は 30, 20 であり，この値は主問題の目的関数の設計変数 x_i の係数 30, 20 と一致する．
8. 主問題の最適解を $\boldsymbol{x}^*$，双対問題の最適解を $\boldsymbol{v}^*$ とすると，$f(\boldsymbol{x}^*) = p(\boldsymbol{v}^*)$ になる．

主問題と双対問題は表裏の関係なため，両形式を入れ替えても構いません．

2.6.2 主問題と双対法の関係

行列やベクトルを用いると，最適化問題 2.2（再掲）と 2.3 で示された主問題と双対問題は，次のように表現されます．ここで，$\boldsymbol{c}^T$ や $\boldsymbol{A}^T$ などは $\boldsymbol{c}$ や $\boldsymbol{A}$ の行と列が入れ替わった転置ベクトルや転置行列などです．

最適化問題 2.2（主問題の行列表現，再掲）

設計変数　$\boldsymbol{x} \geq 0$ (2.15)

目的関数　$f = \boldsymbol{c}^T \boldsymbol{x} \quad \rightarrow \quad$ 最大 (2.16)

制約条件　$\bar{\boldsymbol{g}} = \boldsymbol{A}\boldsymbol{x} \leq \boldsymbol{b}, \quad \boldsymbol{x} \geq 0$ (2.17)

$$\boldsymbol{c}^T = \begin{bmatrix} 30 & 20 \end{bmatrix}, \quad \boldsymbol{x} = \begin{bmatrix} x_1 \\ x_2 \end{bmatrix}, \quad \boldsymbol{A} = \begin{bmatrix} 2 & 0 \\ 2 & 1 \\ 0 & 1 \end{bmatrix}, \quad \boldsymbol{b} = \begin{bmatrix} 4 \\ 8 \\ 6 \end{bmatrix}$$

最適化問題 2.3（双対問題の行列表現，再掲）

設計変数　$\boldsymbol{v} \geq \boldsymbol{0}$　(2.18)

目的関数　$p = \boldsymbol{b}^T\boldsymbol{v} \quad \rightarrow \quad$ 最小　(2.19)

制約条件　$\bar{\boldsymbol{q}} = \boldsymbol{A}^T\boldsymbol{v} \geq \boldsymbol{c}, \quad \boldsymbol{v} \geq 0$　(2.20)

$$\boldsymbol{b}^T = \begin{bmatrix} 4 & 8 & 6 \end{bmatrix}, \quad \boldsymbol{v} = \begin{bmatrix} v_1 \\ v_2 \\ v_3 \end{bmatrix}, \quad \boldsymbol{A}^T = \begin{bmatrix} 2 & 2 & 0 \\ 0 & 1 & 1 \end{bmatrix}, \quad \boldsymbol{c} = \begin{bmatrix} 30 \\ 20 \end{bmatrix}$$

主問題の制約条件式 (2.17) を形成する行列 $\boldsymbol{A}$ のサイズは 3×2 ですが，これは主問題の 3 制約条件と 2 設計変数に対応しています．双対問題の制約条件式 (2.20) はサイズが 2×3 の $\boldsymbol{A}^T$ を使用し，双対問題の二つの制約条件と三つの設計変数に対応しています．主問題の目的関数に用いた $\boldsymbol{c}^T$ が双対問題の制約条件に使用され，主問題の制約条件に用いた $\boldsymbol{b}$ が双対問題の目的関数に使用されています．また，全体の関係を図 2.16 に示します．

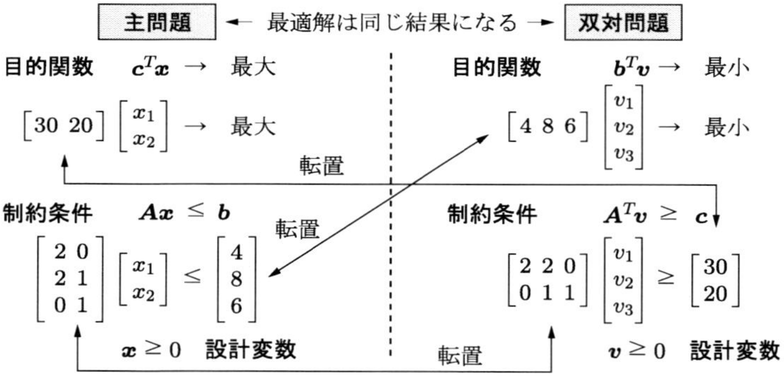

図 2.16　線形最適化問題における主問題と双対問題の関係

目的関数・制約条件・設計変数に成立している関係

主問題と双対問題の最適解 $\boldsymbol{x}^*$ と $\boldsymbol{v}^*$ において，目的関数，制約条件，設計変数の間に成立している関係は，以下のようにまとめられます．

1. 主問題と双対問題の目的関数の関係
   - 主問題の目的関数値 $f(\boldsymbol{x}^*)$ = 双対問題の目的関数値 $p(\boldsymbol{v}^*)$
2. 主問題の制約条件と双対問題の設計変数の関係
   - 主問題の制約条件 $\bar{g}_i(\boldsymbol{x}^*)$ がアクティブ　$\leftrightarrow$　双対問題の設計変数 $v_i^* \neq 0$
   - 主問題の制約条件 $\bar{g}_i(\boldsymbol{x}^*)$ が非アクティブ　$\leftrightarrow$　双対問題の設計変数 $v_i^* = 0$

3. 主問題の設計変数と双対問題の制約条件の関係
   - 主問題の設計変数 $x_i^* \neq 0$　$\leftrightarrow$　双対問題の制約条件 $\bar{q}_i(\boldsymbol{v}^*)$ がアクティブ
   - 主問題の設計変数 $x_i^* = 0$　$\leftrightarrow$　双対問題の制約条件 $\bar{q}_i(\boldsymbol{v}^*)$ が非アクティブ

ワイン製造の主問題と双対問題の解（設計変数，目的関数，制約条件の値）を表 2.5 に示します．この結果を用いると，上記にまとめられた主問題と双対問題の最適解における関係が，以下のように確認できます．

表 2.5　主問題と双対問題の最適解

	主問題	双対問題
設計変数	$x_1^* = 1,\ x_2^* = 6$	$v_1^* = 0,\ v_2^* = 15,\ v_3^* = 5$
目的関数	$f(\boldsymbol{x}^*) = 30x_1^* + 20x_2^* = 150$	$p(\boldsymbol{v}^*) = 4v_1^* + 8v_2^* + 6v_3^* = 150$
制約条件	$\bar{g}_1(\boldsymbol{x}^*) = 2x_1 = 2\ (\leq 4)$ $\bar{g}_2(\boldsymbol{x}^*) = 2x_1 + x_2 = 8\ (\leq 8)$ $\bar{g}_3(\boldsymbol{x}^*) = x_2 = 6\ (\leq 6)$	$\bar{q}_1(\boldsymbol{v}^*) = 2v_1 + 2v_2 = 30\ (\geq 30)$ $\bar{q}_2(\boldsymbol{v}^*) = v_2 + v_3 = 20\ (\geq 20)$

1. 主問題と双対問題の目的関数の関係
   - $f(\boldsymbol{x}^*) = 150$ と $p(\boldsymbol{v}^*) = 150$ であり，最適解において両目的関数値は一致している．
2. 主問題の制約条件 $\bar{g}_i(\boldsymbol{x}^*)$ と双対問題の設計変数 v_i^* の関係
   - 制約条件 $\bar{g}_2(\boldsymbol{x}^*)$ と $\bar{g}_3(\boldsymbol{x}^*)$ はアクティブ，設計変数 v_2^* と v_3^* は非 0 である．
   - 制約条件 $\bar{g}_1(\boldsymbol{x}^*)$ は非アクティブ，設計変数 v_1^* は 0 である．
3. 主問題の設計変数 x_i^* と双対問題の制約条件 $\bar{q}_i(\boldsymbol{v}^*)$ の関係
   - 設計変数 x_1^* と x_2^* は非 0，制約条件 $\bar{q}_1(\boldsymbol{v}^*)$ と $\bar{q}_2(\boldsymbol{v}^*)$ はアクティブである．
   - 主問題に 0 の設計変数はなく，双対問題に非アクティブな制約条件はない．

双対問題の解から主問題の解を求める方法

主問題よりも双対問題のほうが解きやすい場合は，双対問題で最適解を求め，主問題の設計変数に変換することが有効です．最適解における両問題の関係を利用して，得られた双対問題の最適解から主問題の解を導きましょう．双対問題の最適解として $v_1^* = 0,\ v_2^* = 15,\ v_3^* = 5$ が得られたため，主問題の最適解 $x_1^*,\ x_2^*$ に関する方程式が導出されます．

- 目的関数値は一致する　$\longrightarrow$　$p(\boldsymbol{v}^*) = 150$

$$\longrightarrow\quad f(\boldsymbol{x}^*) = 30x_1^* + 20x_2^* = 150 \tag{a}$$

- $v_1^* = 0$　$\longrightarrow$　主問題の制約条件 $\overline{g}_1(\boldsymbol{x}^*)$ は非アクティブ

- $v_2^* \neq 0 \quad \longrightarrow \quad$ 主問題の制約条件 $\bar{g}_2(\boldsymbol{x}^*)$ はアクティブ $\quad \longrightarrow \quad 2x_1^* + x_2^* = 8$ (b)
- $v_3^* \neq 0 \quad \longrightarrow \quad$ 主問題の制約条件 $\bar{g}_3(\boldsymbol{x}^*)$ はアクティブ $\quad \longrightarrow \quad x_2^* = 6$ (c)

$v_2^* \neq 0$ と $v_3^* \neq 0$ より，主問題の制約条件 $\bar{g}_2(\boldsymbol{x}^*)$ と $\bar{g}_3(\boldsymbol{x}^*)$ がアクティブであると判断され，主問題の最適解は $\bar{g}_2(\boldsymbol{x}^*) = 8$ と $\bar{g}_3(\boldsymbol{x}^*) = 6$ の交点，つまり，上記の (b) と (c) で与えられる連立1次方程式を解くことにより得られます．また，目的関数も点 $\boldsymbol{x}^*$ を通過するため，(b) と (c) のいずれかを (a) に替えることも可能です．

2.7 双対法の意味

形式に基づいて主問題を双対問題に変換することはできました．ここで，双対問題は何を意味するかを考えましょう．

基底解近傍の目的関数の等高線

最適化問題 2.2 のワイン製造問題の三つの制約条件に，設計変数が非負であること（$x_1 \geq 0,\ x_2 \geq 0$）を加えた，五つの不等式制約条件を考えます．

$$
\text{制約条件} \quad \left.
\begin{aligned}
g_1(\boldsymbol{x}) &= 2x_1 - 4 \leq 0 \\
g_2(\boldsymbol{x}) &= 2x_1 + x_2 - 8 \leq 0 \\
g_3(\boldsymbol{x}) &= x_2 - 6 \leq 0 \\
g_4(\boldsymbol{x}) &= -x_1 \leq 0 \\
g_5(\boldsymbol{x}) &= -x_2 \leq 0
\end{aligned}
\right\} \tag{2.21}
$$

上式から生成されるワイン製造問題（主問題）の境界条件の様子を，図 2.17 に示します．図 (a) は全体の様子，図 (b) は点 P_2 の近傍の様子です．実線は制約条件の境界線（つまり，$g_i(\boldsymbol{x}) = 0$ の直線），点 $P_1 \sim P_8$ はそれらの交点，●は実行可能基底解，○は非実行可能な基底解です．扇形の陰影部は交点を生成する二つの制約条件を満足する領域（表示は交点近傍に限定される），破線は交点を通り次式で与えられる目的関数の等高線，黒色の太矢印は目的関数 $f(\boldsymbol{x})$ が増加する方向です．

$$
\text{目的関数} \quad f(\boldsymbol{x}) = 30x_1 + 20x_2 \quad \longrightarrow \quad \text{最大} \tag{2.22}
$$

実行可能基底解を通る目的関数の意味

実行可能基底解●を通る目的関数の等高線と陰影部の関係は，その点が最適解であるか否かの判断に大きな影響を与えますが，以下のようにまとめられます．

- 目的関数の等高線が陰影部を通過する場合，その実行可能基底解は最適解ではありません（点 P_2, P_4, P_5）．その理由を以下に示します．

・等高線の片側で目的関数は増加し，他側で減少する．図 (b) に示される，点 P_2 を通る $f(\boldsymbol{x}) = 120$ の等高線と近傍の点 $\boldsymbol{x}^A$ と点 $\boldsymbol{x}^B$ に着目すると，$f(\boldsymbol{x}^A) > 120$, $f(\boldsymbol{x}^B) < 120$ である．

・等高線が陰影部を通過する場合，等高線の両側に実行可能領域が存在する．

・つまり，等高線が通る実行可能基底解よりも目的関数が大きい点も小さい点も，実行可能領域に存在する．

● 目的関数の等高線が陰影部を通過しない場合，その実行可能基底解は，実行可能領域内で目的関数の最大または最小を与えます（点 P_1, P_3）．その理由を以下に示します．

・等高線が陰影部を通過しないため，等高線の片側のみに実行可能領域が存在する．

・よって，この点を除く実行可能領域内の目的関数は，この等高線の値よりも

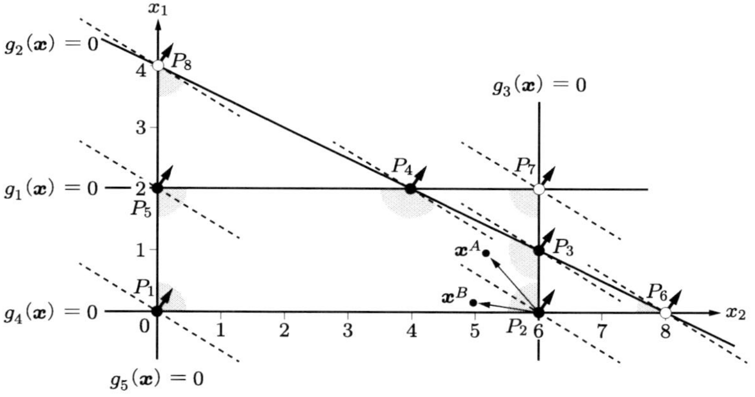

（a）二つの制約条件を満足する領域(交点近傍)

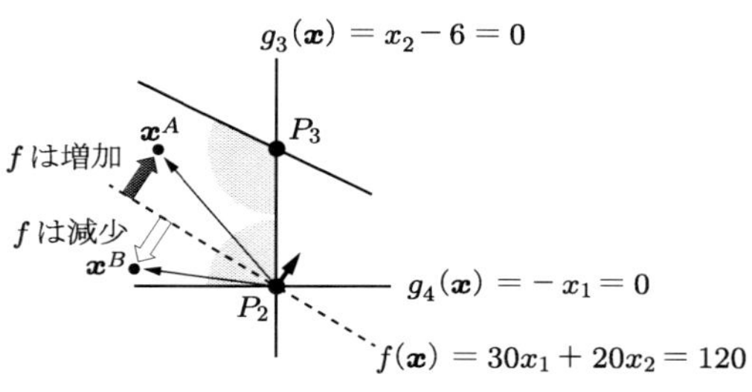

（b）交点 P_3 と P_2 近傍の拡大図

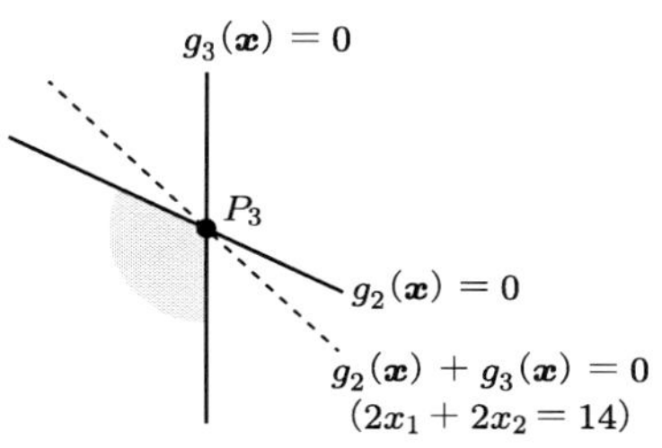

（c）$g_2(\boldsymbol{x}) = 0$ と $g_3(\boldsymbol{x}) = 0$ の線形和

図 2.17　二つの制約条件を満足する領域（陰影部）と目的関数の等高線

「大きい」または「小さい」のいずれかである.

・なお，目的関数が増加する方向（図 2.17 の太い黒矢印の方向）に陰影部がある点は目的関数の最小を与え（点 P_1），その方向に陰影部がない点は最大を与える（点 P_3）.

アクティブな制約条件式の線形和と目的関数式

「目的関数の等高線が陰影部を通過する／通過しない」を数式から判断することを考えます．最適解の点 P_3 は，次式で表現される制約条件の境界線 $g_2(\boldsymbol{x}) = 0$ と $g_3(\boldsymbol{x}) = 0$ の交点です.

$$g_2(\boldsymbol{x}) = 0 \quad \rightarrow \quad 2x_1 + x_2 - 8 = 0 \tag{2.23}$$

$$g_3(\boldsymbol{x}) = 0 \quad \rightarrow \quad x_2 - 6 = 0 \tag{2.24}$$

ここで，重み係数 α_2 と α_3 を用いた，上式の線形和を考えます.

$$\alpha_2\ (2x_1 + x_2 - 8) + \alpha_3\ (x_2 - 6) = 0 \tag{2.25}$$

これは，交点 P_3 を通過する直線を表す式になります．たとえば，図 2.17(c) は，$\alpha_2 = \alpha_3 = 1$ とした場合であり，これは，$2x_1 + 2x_2 = 14$ の直線です．α_2 と α_3 を適切に設定すると，この 2 直線の線形和は点 P_3 を通過する目的関数の等高線 $f(\boldsymbol{x}) = \beta$ と一致します．つまり，

$$\begin{aligned} f(\boldsymbol{x}) - \beta &= 30x_1 + 20x_2 - \beta \\ &= \alpha_2\ g_2(\boldsymbol{x}) + \alpha_3\ g_3(\boldsymbol{x}) \\ &= \alpha_2(2x_1 + x_2 - 8) + \alpha_3(x_2 - 6) \\ &= (2\alpha_2)x_1 + (\alpha_2 + \alpha_3)x_2 - (8\alpha_2 + 6\alpha_3) \\ &= 0 \end{aligned} \tag{2.26}$$

が成り立ちます．これより，$\alpha_2 = 15$, $\alpha_3 = 5$, $\beta = 150$ を得ます．これらの値は，表 2.5 に示される双対問題の解 $v_2 = 15$, $v_3 = 5$, $f = 150$ に一致します．式 (2.26) に $\alpha_1 g_1(\boldsymbol{x})$ を加えると，一般形式

$$f(\boldsymbol{x}) - \beta = \alpha_1\ g_1(\boldsymbol{x}) + \alpha_2\ g_2(\boldsymbol{x}) + \alpha_3\ g_3(\boldsymbol{x}) = 0$$

を得ます．点 P_3 に関係のない $g_1(\boldsymbol{x})$ の係数は $\alpha_1 = 0$ となり，これは双対問題の解 $v_1 = 0$ と一致します．つまり，**双対問題の設計変数は，主問題の目的関数を制約条件の線形和で表現する際の係数です.**

すべての基底解 $P_1 \sim P_8$ を通過する目的関数 $f(\boldsymbol{x})$ の等高線を生成する制約条件の

表 2.6 目的関数を生成する二つの制約条件の境界線とその係数

基底解	直線 1 $g_i(\boldsymbol{x})=0$	直線 2 $g_j(\boldsymbol{x})=0$	直線 1 の α_i	直線 2 の α_j	β	α_i	α_j	実行可能
P_1	$g_4=-x_1=0$	$g_5=-x_2=0$	−30	−20	0	−	−	○
P_2	$g_4=-x_1=0$	$g_3=x_2-6=0$	−30	20	120	−	+	○
P_3	$g_2=2x_1+x_2-8=0$	$g_3=x_2-6=0$	15	5	150	+	+	○
P_4	$g_1=2x_1-4=0$	$g_2=2x_1+x_2-8=0$	−5	20	140	−	+	○
P_5	$g_1=2x_1-4=0$	$g_5=-x_2=0$	15	−20	60	+	−	○
P_6	$g_2=2x_1+x_2-8=0$	$g_4=-x_1=0$	20	10	160	+	+	×
P_7	$g_1=2x_1-4=0$	$g_3=x_2-6=0$	15	20	180	+	+	×
P_8	$g_2=2x_1+x_2-8=0$	$g_5=-x_2=0$	15	−5	120	+	−	×

境界線 ($g_i=0,\ g_j=0$) と，その係数 (α_i,α_j) を，表 2.6 にまとめます.

図 2.17 と表 2.6 に基づいて，α_i と α_j の符号に関する知見を以下にまとめます.

1. $\alpha_i>0, \alpha_j>0$ の場合（点 P_3, P_6, P_7）
   - 基底解を通る目的関数の等高線は，陰影部を通過しない.
   - 基底解から陰影部に進むと，目的関数 $f(\boldsymbol{x})$ は減少する.
   - 点 P_3 は，唯一の実行可能領基底解であり，実行可能領域内で目的関数の最大値を与える．つまり，最適解になる.
   - ほかの二つの非実行可能領基底解（点 P_6，P_7）は，P_3 よりも目的関数値が大きい.
2. $\alpha_i<0, \alpha_j<0$ の場合（点 P_1）
   - 基底解を通る目的関数の等高線は，陰影部を通過しない.
   - 基底解から陰影部に進むと，目的関数 $f(\boldsymbol{x})$ は増加する.
   - P_1 は，唯一の実行可能領基底解であり，実行可能領域内で目的関数の最小値を与える.
3. $\alpha_i>0$ かつ $\alpha_j<0$，または $\alpha_i<0$ かつ $\alpha_j>0$ の場合（点 P_2, P_4, P_5, P_8）
   - 基底解を通る目的関数の等高線は，陰影部を通過する.
   - 基底解から陰影部に進むと，目的関数 $f(\boldsymbol{x})$ は減少することも増加することもある.
   - つまり，これらの点は目的関数の最大値も最小値も与えない.

以上より，この主問題の最適解は，$\alpha_i>0$ と $\alpha_j>0$ を満足する実行可能基底解であることがわかります．ただし，制約条件を満足しない基底解も $\alpha_i>0$ と $\alpha_j>0$ を満足し，それらは最適解よりも大きな目的関数値を与えます．よって，**係数が $\alpha_i>0$ と $\alpha_j>0$ を満足する基底解**（P_3，P_6，P_7）**の中で，目的関数を最小にする点を求めると**，非実行可能な基底解最適解 P_6 と P_7 が外れ，最適解 P_3 が一意に決まります.

これが，双対問題における目的関数の最小化につながります．

練習問題 2.3

必要な栄養素Yと栄養素Zを提供する料理において，野菜Aと野菜Bの使用量と材料費を求める最適化問題を考える．1gの野菜Aと野菜Bが含む栄養素量と単価を次のように仮定する．

- 1gの野菜Aは，栄養素Yを10mg，栄養素Zを30mgもち，単価を1円とする．
- 1gの野菜Bは，栄養素Yを20mg，栄養素Zを12mgもち，単価を1.4円とする．

この条件で，以下の主問題を考える．

設計変数	x_1	:	料理に使用する野菜Aの量
	x_2	:	料理に使用する野菜Bの量
制約条件	g_1	:	料理は1000mg以上の栄養素Yを供給する
	g_2	:	料理は1200mg以上の栄養素Zを供給する
目的関数	f	:	料理の材料費を最小にする

主問題と双対問題の最適化問題に関する以下の設問に答えなさい．

(1)　主問題の目的関数 $f(\boldsymbol{x})$，制約条件 $\bar{g}_1(\boldsymbol{x})$ と $\bar{g}_2(\boldsymbol{x})$ を，設計変数 x_1 と x_2 で表現しなさい．

(2)　双対問題の目的関数 $p(\boldsymbol{v})$，制約条件 $\bar{q}_1(\boldsymbol{v})$ と $\bar{q}_2(\boldsymbol{v})$ を，設計変数 v_1 と v_2 で表現しなさい．

(3)　主問題と双対問題の実行可能領域を描きなさい．また，それらの最適解を求めなさい．

2.8　多目的最適化問題

一つの最適化問題において，複数の目的を同時に満足したいこともあります．このような問題は，**多目的最適化問題**とよばれます．工場における製品の生産問題を例として，多目的最適化問題を考えましょう．

多目的最適化問題のシナリオ

生産工場AとBは同じ製品を生産し，流通センターCとDに納品します．各生産工場の生産量には限界値（最大生産量）があり，流通センターにも納入される量（需要量）があります．一方，各生産工場から各流通センターへの製品の輸送には費用と時間がかかり，それらはどの生産工場からどの流通センターへ輸送するかにより異なります．単位量（1トン）の製品を輸送する際に必要な費用と時間を，図2.18に示します．このとき，「どの生産工場から」「どの流通センターに」「どの程度の製品」を納入すればよいでしょうか．

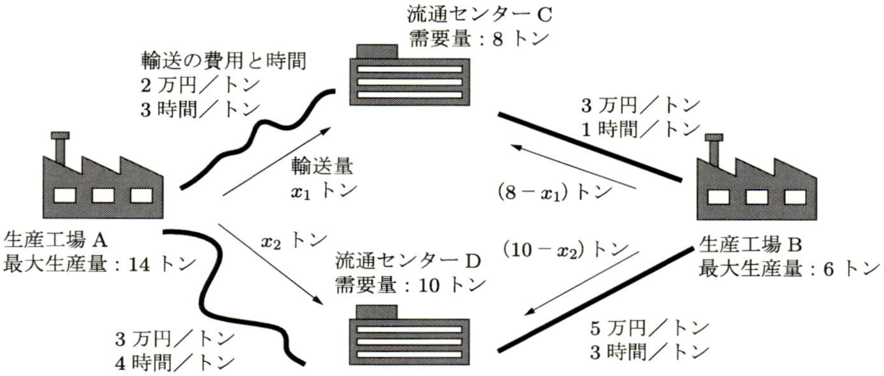

図 2.18　生産工場 A・B から流通センター C・D への輸送計画問題

目的関数

問題を解くにあたり，次の三つの目的関数が考えます．

- 目的関数 1　　輸送にかかる費用を最小にする．
- 目的関数 2　　輸送にかかる時間を最小にする．
- 目的関数 3　　輸送にかかる費用と時間の両者をそれなりに小さくする．

目的関数 1 と 2 は単独で採用するものであり，個別の線形最適化問題になります．シンプレックス法などの線形計画法により，それぞれの目的関数に対応した異なる解を求めます．目的関数 3 は，輸送にかかる「費用」と「時間」という異なる目標を同時に取り扱う多目的最適化問題になります．

この三つの最適化問題において，目的関数は異なりますが，設計変数と制約条件は共通です．まず，これらを明確にしましょう．

設計変数

設計変数を次の二つに設定します．

x_1　：　生産工場 A から流通センター C への輸送量（トン）

x_2　：　生産工場 A から流通センター D への輸送量（トン）

流通センター C と D の需要量は 8 トンと 10 トンであるため，生産工場 B から流通センター C と D への輸送量は，それぞれ $(8-x_1)$ トンと $(10-x_2)$ トンになると考えます．

制約条件

制約条件として次の四つを定義します．

- 生産工場 A から流通センター C と D への輸送量の和が最大生産量以下
  $g_1(\boldsymbol{x}) = x_1 + x_2 - 14 \leq 0$
- 生産工場 B から流通センター C と D への輸送量の和が最大生産量以下
  $g_2(\boldsymbol{x}) = (8 - x_1) + (10 - x_2) - 6 = -x_1 - x_2 + 12 \leq 0$
- 生産工場 B から流通センター C への輸送量は 0 以上
  $g_3(\boldsymbol{x}) = x_1 - 8 \leq 0$
- 生産工場 B から流通センター D への輸送量は 0 以上
  $g_4(\boldsymbol{x}) = x_2 - 10 \leq 0$

なお，生産工場 A から流通センター C と D への輸送量は 0 以上であるため，設計変数の非負条件も付加されます．

$$x_1 \geq 0, \quad x_2 \geq 0$$

個別の最小化問題の定式化

輸送にかかる費用を示す目的関数 $f_1(\boldsymbol{x})$ と輸送にかかる時間を示す目的関数 $f_2(\boldsymbol{x})$ を定義して，最適化問題 2.4 と 2.5 を設定します．

最適化問題 2.4（費用最小化問題）

目的関数

$$\begin{aligned} f_1(\boldsymbol{x}) &= 2x_1 + 3x_2 + 3(8 - x_1) + 5(10 - x_2) \\ &= -x_1 - 2x_2 + 74 \quad \longrightarrow \quad \text{最小（単位は万円）} \end{aligned} \tag{2.27}$$

設計変数

x_1 ： 生産工場 A から流通センター C への輸送量

x_2 ： 生産工場 A から流通センター D への輸送量

制約条件

$$\begin{aligned} &g_1(\boldsymbol{x}) = x_1 + x_2 - 14 \leq 0 \\ &g_2(\boldsymbol{x}) = (8 - x_1) + (10 - x_2) - 6 = -x_1 - x_2 + 12 \leq 0 \\ &g_3(\boldsymbol{x}) = x_1 - 8 \leq 0 \\ &g_4(\boldsymbol{x}) = x_2 - 10 \leq 0 \\ &x_1 \geq 0, \quad x_2 \geq 0 \end{aligned}$$

最適化問題 2.5（時間最小化問題）

目的関数

$$\begin{aligned} f_2(\boldsymbol{x}) &= 3x_1 + 4x_2 + (8 - x_1) + 3(10 - x_2) \\ &= 2x_1 + x_2 + 38 \quad \longrightarrow \quad \text{最小（単位は時間）} \end{aligned} \tag{2.28}$$

設計変数と制約条件は，最適化問題 2.4 と等しい．

まず，最適化問題 2.4 と 2.5 の最適解を求めます．二つの問題の実行可能領域は同じであり，図 2.19 に示される台形 $P_1P_2P_3P_4$ の境界と内部です．線形最適化問題においては，最適解は実行可能領域の頂点に存在するため，すべての実行可能基底解 $P_1 \sim P_4$ を求め，その結果を表 2.7 に示します．$*$ 印は，それぞれの目的関数の最小値（最適解）です．

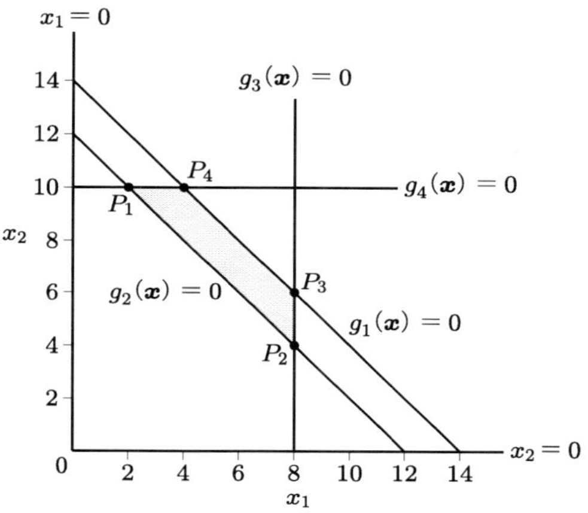

図 2.19 輸送計画問題の実行可能領域

表 2.7 輸送計画問題の実行可能基底解と目的関数

	x_1	x_2	$f_1(\boldsymbol{x})$	$f_2(\boldsymbol{x})$	$f_3(\boldsymbol{x})$	$g_1(\boldsymbol{x})$	$g_2(\boldsymbol{x})$	$g_3(\boldsymbol{x})$	$g_4(\boldsymbol{x})$
P_1	2	10	52	52*	0.25*	−2	0	−6	0
P_2	8	4	58	58	1.75	−2	0	0	−6
P_3	8	6	54	60	1.50	0	−2	0	−4
P_4	4	10	50*	56	0.50	0	−2	−4	0

これより，各問題の最適解 $\boldsymbol{x}^{i*}$ は以下のようになります．

- 最適化問題 1（費用最小） $\boldsymbol{x}^{1*} = P_4 = (4, 10), \quad f_1^* \equiv f_1(\boldsymbol{x}^{1*}) = 50$
- 最適化問題 2（時間最小） $\boldsymbol{x}^{2*} = P_1 = (2, 10), \quad f_2^* \equiv f_2(\boldsymbol{x}^{2*}) = 52$

2.9 重み付き総和法

上記の費用最小化問題と時間最小化問題の解は一致しないため，どちらの解を選択すべきかは難しい判断です．そこで，両方の目的関数をできる限り満足させるために，新しい目的関数 $f_3(\boldsymbol{x})$ を導入した最適化問題 2.6 を考えます．

最適化問題 2.6（多目的最適化問題）

$$
\begin{aligned}
f_3(\boldsymbol{x}) &= \frac{f_1(\boldsymbol{x}) - f_1^*}{\Delta f_1} + \frac{f_2(\boldsymbol{x}) - f_2^*}{\Delta f_2} \\
&= \frac{-x_1 - 2x_2 + 74 - 50}{58 - 50} + \frac{2x_1 + x_2 + 38 - 52}{60 - 52} \\
&= \frac{x_1 - x_2 + 10}{8} \quad \longrightarrow \quad 最小 \qquad (2.29)
\end{aligned}
$$

設計変数と制約条件は，最適化問題 2.4，2.5 と等しい．

ここで，f_1^* と f_2^* は，それぞれ最適化問題 2.4 と 2.5 の最適解の目的関数値，Δf_1 と Δf_2 は両最適化問題の実行可能基底解の最大値と最小値の差です．

「$f_1(\boldsymbol{x}) - f_1^*$」と「$f_2(\boldsymbol{x}) - f_2^*$」は各最適解からの増加量となり，式 (2.29) で示される目的関数 $f_3(\boldsymbol{x})$ は，**各最適化問題の最適解から各目的関数の増加率の和を最小にすることを意味します**．

表 2.7 に示されるように，点 $P_1 = (2, 10)$ は多目的最適化問題の目的関数 $f_3(\boldsymbol{x})$ の最小値を与えます．最適解を通過する目的関数 $f_1(\boldsymbol{x})$, $f_2(\boldsymbol{x})$, $f_3(\boldsymbol{x})$ の等高線を，図 2.20 に破線で示します．$f_3(\boldsymbol{x})$ は，$f_1(\boldsymbol{x})$ と $f_2(\boldsymbol{x})$ の中間的な減少方向をもちます．

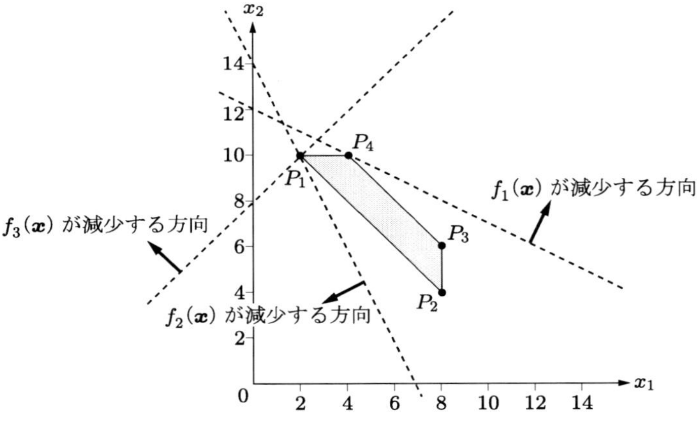

図 2.20　費用最小問題と時間最小問題の解

多目的最適化問題の目的関数の単位

目的関数式 (2.29) において，Δf_1 と Δf_2 で割り算をしていることに注意してください．これにより，単位の無次元化と変化量の単位化の二つの効果を得ます．

● 単位の無次元化

割り算をしないと，$f_3(\boldsymbol{x}) = (f_1(\boldsymbol{x}) - f_1^*) + (f_2(\boldsymbol{x}) - f_2^*)$ は，「金額」と「時間」の異なる単位の足し算になります．このような異なる単位の足し算は厳禁です．費用の単位を「万円」から「千円」に変更すると，$f_1(\boldsymbol{x})$ の数値は 10 倍になり，$f_3(\boldsymbol{x})$ における費用の影響も 10 倍になります．単位の無次元化により，金額に「万円」や「千円」が，時間に「時間」や「分」が混ざっていても，それら単位の影響は除かれ，同じ解を得ることができます．

● 変化量の単位化

分子 $(f_i(\boldsymbol{x}) - f_i^*)$ の最大値は分母 Δf_i に一致し，最小値は $f_i(\boldsymbol{x}^{i*}) = f_i^*$ の場合の 0 です．つまり，$0 \leq (f_i(\boldsymbol{x}) - f_i^*)/\Delta f_i \leq 1$ となり，$f_3(\boldsymbol{x})$ に対する $f_1(\boldsymbol{x})$ と $f_2(\boldsymbol{x})$ の影響は等しくなります．

重み付き総和法の基本形

ここで，次の一般式を考えましょう．

$$f_3(\boldsymbol{x}) = \alpha_1 \left| \frac{f_1(\boldsymbol{x}) - f_1^*}{\Delta f_1} \right| + \alpha_2 \left| \frac{f_2(\boldsymbol{x}) - f_2^*}{\Delta f_2} \right| \quad \longrightarrow \quad \text{最小} \tag{2.30}$$

これは，**重み付き総和法**とよばれる方法の基本形です．α_1 と α_2 は，目的関数 $f_1(\boldsymbol{x})$ と $f_2(\boldsymbol{x})$ をどの程度重視するかを設定する係数です．式 (2.30) は，各目的関数の変化率の絶対値を採用しているので，$f_1(\boldsymbol{x})$ や $f_2(\boldsymbol{x})$ が最小化問題であるか，最大化問題であるかに依存せず，$f_3(\boldsymbol{x})$ の最小化を考えます．$f_i(\boldsymbol{x})$ が最小化問題なら $(f_i(\boldsymbol{x}) - f_i^*)/\Delta f_i$ は常に正になるので α_i を正にし，$f_i(\boldsymbol{x})$ が最大化問題なら $(f_i(\boldsymbol{x}) - f_i^*)/\Delta f_i$ は常に負になるので α_i を負にすれば，絶対値を外すことができます．

個別の最小化問題の Δf_i の算出において，最大の実行可能基底解を求めることが大変な場合，$f_i(\boldsymbol{x})$ の設計変数の係数を成分とするベクトルの大きさを代用できます．この問題の場合，$f_1(\boldsymbol{x}) = -x_1 - 2x_2 + 37$, $f_2(\boldsymbol{x}) = 2x_1 + x_2 + 38$ であるため，

$$\left.\begin{aligned} \Delta f_1 &= \sqrt{(-1)^2 + (-2)^2} = \sqrt{5} \\ \Delta f_2 &= \sqrt{2^2 + 1^2} = \sqrt{5} \end{aligned}\right\} \tag{2.31}$$

となり，これらを用いても，同じ最適解 $\boldsymbol{x}^{3*}$ を得られます．

練習問題 2.4

練習問題 2.1 で解いた，以下の異なる目的関数をもつ線形最適化問題

目的関数 1 $\quad f_1(\boldsymbol{x}) = 5x_1 + 4x_2 + 70 \quad \rightarrow \quad$ 最大

（できる限りよい成績を得たい.）

目的関数 2　　$f_2(\boldsymbol{x}) = x_1 + x_2 \quad \rightarrow \quad$ 最小

（できる限り勉強時間を少なくしたい.）

において，両者をある程度満足するための新しい目的関数を作成し，解を求める．図 2.21 に示される練習問題 2.1 の実行可能領域と目的関数を参考にして，次の設問に答えなさい．

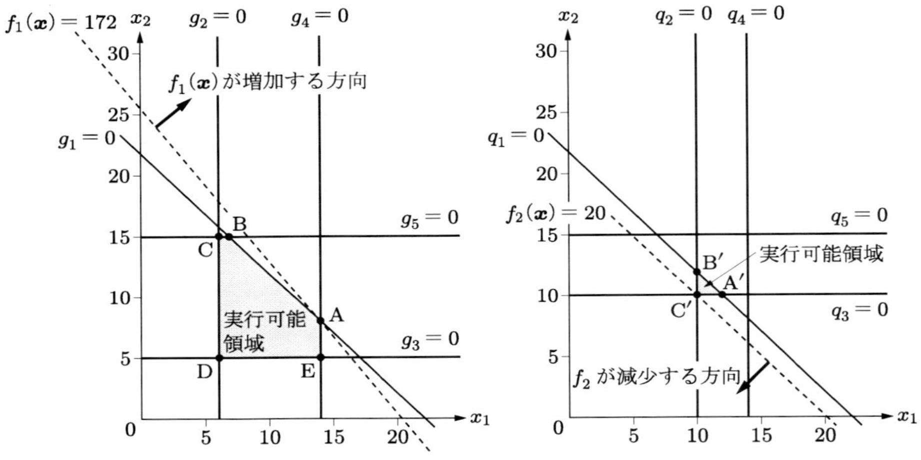

図 2.21

(1)　両最適化問題を考慮する目的関数 $f_3(\boldsymbol{x})$ を定めなさい．ただし，両者の重みは 1 とする．

(2)　$f_3(\boldsymbol{x})$ を最小にする解 $\boldsymbol{x}^{3*}$ と，その際の目的関数値 f_3^* を求めなさい．

ポイント　多目的最適化問題と重み付き総和法の特徴

- 時間最小や費用最小などのような，趣旨の異なる複数の目的関数を同時に満足することはできない．このような多目的最適化問題は，両要望を含む新しい目的関数を作成し，最小化することにより解決する．
- 重み付き総和法により，以下の観点に基づいた新しい目的関数を作成する．
  - ・各目的関数の最適解の評価値と設計案の評価値との差 $f_i(\boldsymbol{x}) - f_i^*$ を採る．
  - ・上記の差を各目的関数の実行可能基底解の最大値と最小値の差 Δf_i で割る．
  - ・上記項に重みを付けた線形和で目的関数を作成する．
- この新しい目的関数は，各問題の異なる最適解からの悪化量の総和であり，その最小化により，多目的最適化問題の解を得る．

3 非線形計画法

第2章で扱った線形最適化問題の最適解は，実行可能領域の境界上に存在するため，その特徴を考慮した探索法が有効です．しかし，非線形問題にこのような特徴は無く，その探索法は機能しません．本章では，非線形最適化問題の特徴と，制約条件が無い場合の解法を説明します．

3.1 非線形最適化問題

非線形最適化問題と線形最適化問題の違いを把握しましょう．前章のワイン製造量の線形最適化問題に少し手を加えて，非線形最適化問題を作ります．

非線形最適化問題作成のシナリオ

前章のワイン製造量の線形最適化問題に，「大量生産と大量販売により，ワインの製造単価と販売単価が下がる」というシナリオを導入します．ワイン販売の収益を $f_a(\boldsymbol{x})$，ワイン製造の経費を $f_b(\boldsymbol{x})$ とすると，$f_a(\boldsymbol{x})$ と $f_b(\boldsymbol{x})$ の差が利益となり，これを目的関数 $f(\boldsymbol{x})$ として，その最大化を図ります．x_1 と x_2 は，前回と同様に赤ワインとロゼワインの製造量とし，最適化問題 3.1 を定めます．

最適化問題 3.1（非線形化したワイン製造問題）

設計変数　x_1 ： 赤ワインの製造量

　　　　　x_2 ： ロゼワインの製造量

目的関数

$$f(\boldsymbol{x}) = f_a(\boldsymbol{x}) - f_b(\boldsymbol{x}) = 30x_1 + 20x_2 - 4x_1^2 - 2x_2^2 \longrightarrow \text{最小} \tag{3.1}$$

ここで $f_a(\boldsymbol{x}) = 40x_1 + 40x_2 - 6x_1^2 - 4x_2^2$（販売収益）

$f_b(\boldsymbol{x}) = 10x_1 + 20x_2 - 2x_1^2 - 2x_2^2$（製造経費）

制約条件

$$\left.\begin{aligned} g_1(\boldsymbol{x}) &= 2x_1 - 4 \leq 0 \\ g_2(\boldsymbol{x}) &= 2x_1 + x_2 - 8 \leq 0 \\ g_3(\boldsymbol{x}) &= x_2 - 6 \leq 0 \end{aligned}\right\} \tag{3.2}$$

$x_1 \geq 0,\quad x_2 \geq 0$

式 (3.1) の目的関数 $f(\boldsymbol{x})$ の等高線図と鳥瞰図を，図 3.1 に示します．ブドウの供給量に制約がない場合，×で示される点 $\boldsymbol{x}^A = (3.75, 5.0)$ が $f(\boldsymbol{x})$ を最大にする最適解です．線形最適化問題の単調増加・単調減少な目的関数と異なり，この目的関数に極値点があるため，制約条件がない場合でも最適解が存在します．

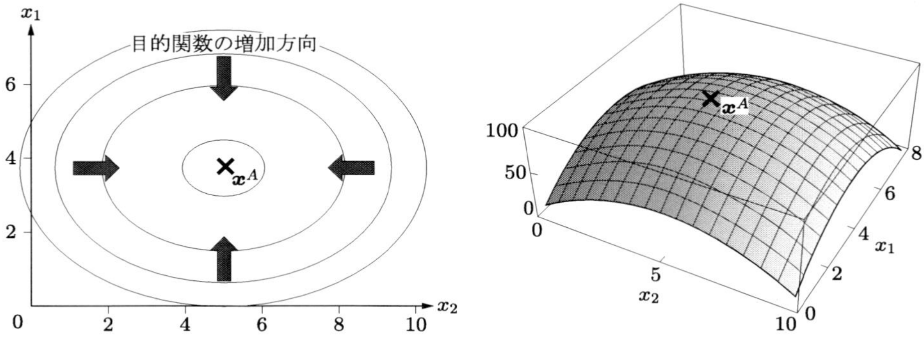

（a）目的関数 $f(\boldsymbol{x})$ の等高線図　　（b）目的関数 $f(\boldsymbol{x})$ の鳥瞰図

図 3.1　制約条件をもたない非線形最適化問題

最適解が存在する位置

図 3.2(a) は，式 (3.2) で与えられるブドウ供給量の制約条件をこの目的関数に加えた図であり，実行可能領域上で関数 $f(\boldsymbol{x})$ を最大にする点 $\boldsymbol{x}^B = (2.0, 4.0)$ が最適解です．目的関数を少し平行移動した状態を図 (b) と (c) に示します．目的関数の等高線と実行可能領域の位置関係によって，最適解が実行可能領域の境界線上に存在する場合（$\boldsymbol{x}^C$）や，内部に存在する場合（$\boldsymbol{x}^D$）もあります．このように，実行可能領域の境界の頂点以外に最適解が存在する可能性もあり，非線形最適化問題を解くことは難しくなります．

3.2　局所的最適解と大域的最適解

最大化問題の目的関数 $f(\boldsymbol{x})$ の等高線を，図 3.3(a) に示します．目的関数が 100 変化するごとに等高線が描かれ，図 (b) に示される二つの小山のような状態を意味します．目的関数を標高とすると，右の山頂が最適解（最高地点）になります．一方，左の山頂も，その山頂の近くでは最も標高が高い地点です．このように，十分近くのどの実行可能な解よりも優れている解を，**局所的最適解**とよびます．また，右の山頂のような，全実行可能領域において最良の解を，**大域的最適解**とよびます．単に最適解

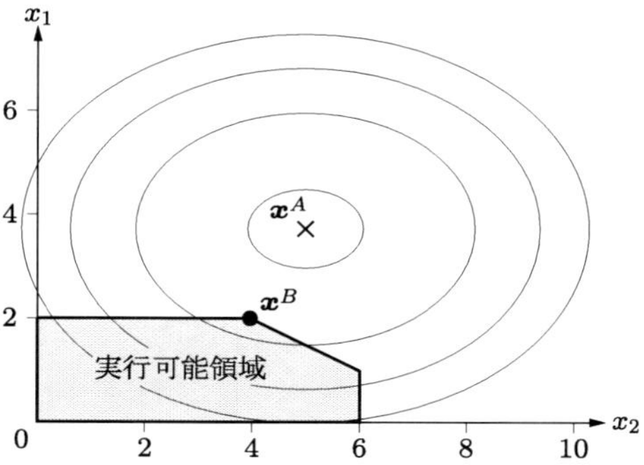

（a）実行可能領域境界の頂点に最適解が存在

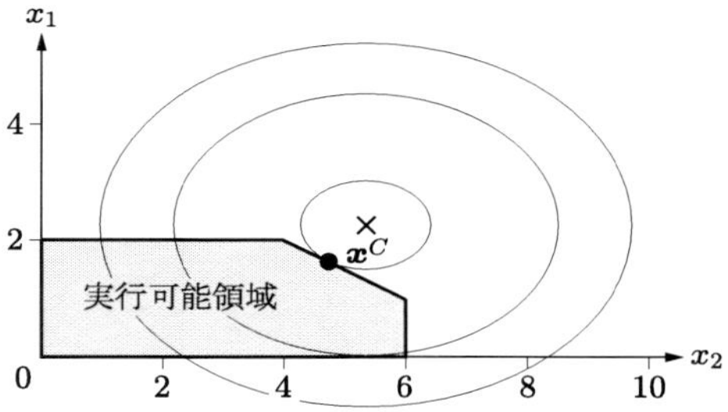

（b）実行可能領域境界上に最適解が存在

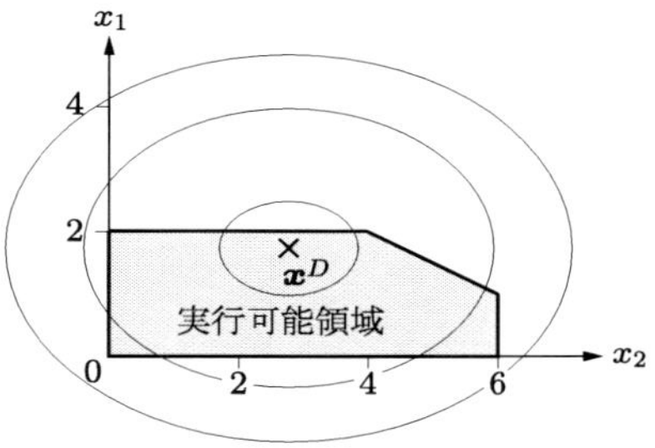

（c）実行可能領域内部に最適解が存在

図 3.2　制約条件をもつ非線形最適化問題

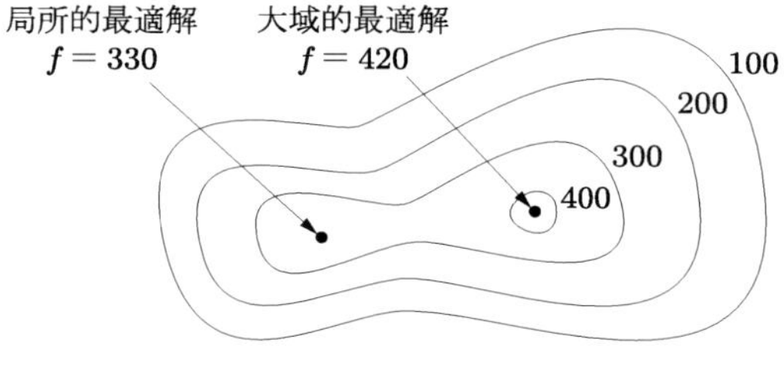

（a）目的関数の等高線

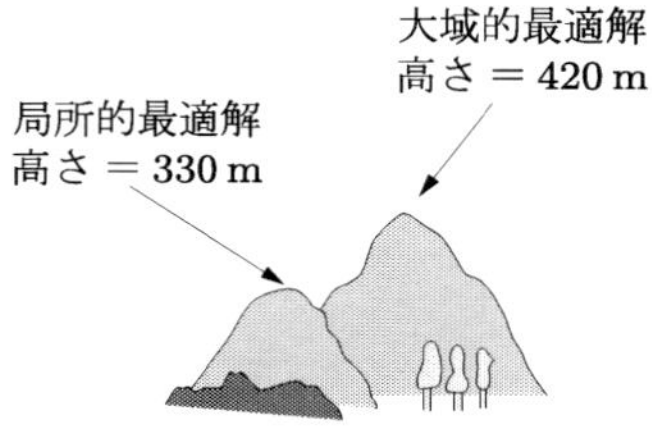

（b）二つの小山の例

図 3.3　設計変数 x と目的関数 $f(x)$ の等高線とそれに対応する二つの小山の例

という場合は，大域的最適解を意味します．

晴れていて視界がよい場合，小さな山に登ると大きな山もよく見えて，いまいる場所は最高地点でないことがわかります．しかし，霧が深く自分のすぐ周りしか見えない場合には，小さな山の山頂に到達しても，もっと高い山があるかはわかりません．これと同様に，問題が大規模・複雑になると問題全体を把握できなくなり，大域的最適解を求めることは難しいです．本書では，局所的最適解の求め方のみについて説明します．

3.3 凸関数と凸領域

目的関数の凸性

1変数による最小化問題の目的関数 $f_1(x)$ と $f_2(x)$ を，図3.4に示します．変数 x が $x^A \leq x \leq x^B$ の範囲で変化するとき，図(a)の $f_1(x)$ は $f_1(x^A)$ と $f_1(x^B)$ を結んだ線分よりも常に下側（図(a)の●は■よりも常に下）に位置します．このような関数は**凸関数**と定義されます．一方，図(b)の $f_2(x)$ は $f_2(x^A)$ と $f_2(x^B)$ を結んだ線分の上と下のどちら側にも位置します．このような関数は，**非凸関数**と定義されます．

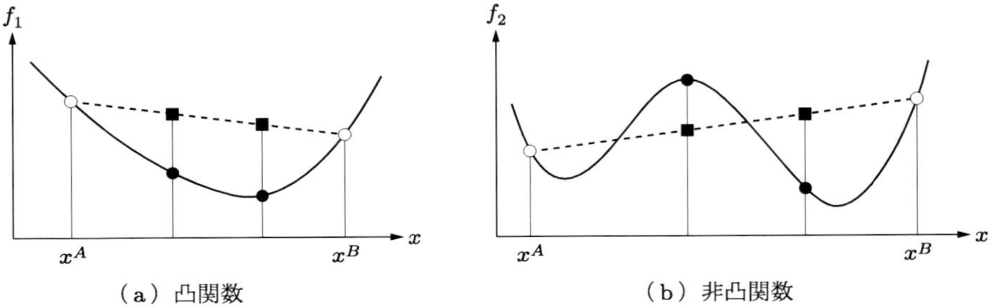

図3.4　1変数問題における凸関数と非凸関数

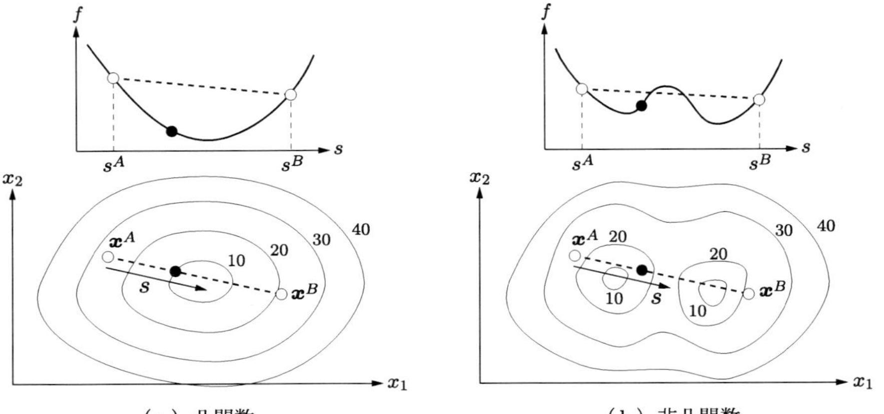

図3.5　2変数問題における凸関数と非凸関数

2 変数による最小化問題の目的関数の等高線を，図 3.5 に示します．等高線の添え字は目的関数の値です．図 (a) は凸関数であり，点 $\boldsymbol{x}^A$ から点 $\boldsymbol{x}^B$ に沿って s 軸を定義すると，図 (a) の上図に示されるように，関数は最初は減少して底に到達し，その後，増加します．一方，図 (b) は非凸関数であり，図 (b) の上図に示されるように，点 $\boldsymbol{x}^A$ から点 $\boldsymbol{x}^B$ の間に二つの底と一つの頂が存在します．

実行可能領域の凸性

次に，制約条件により決定される実行可能領域を考えます．図 3.6 は，凸と非凸の実行可能領域の例であり，これらの実行可能領域と凸の目的関数を重ねた様子を図 3.7 に示します．凸の目的関数と凸の実行可能領域をもつ最適化問題は，**凸最適化問題**とよばれます．凸最適化問題には局所的最適解が一つ存在し，これが大域的最適解になります（図 (a) 参照）．凸最適化問題でない場合は，複数の局所的最適解が存在します（図 (b) 参照）．

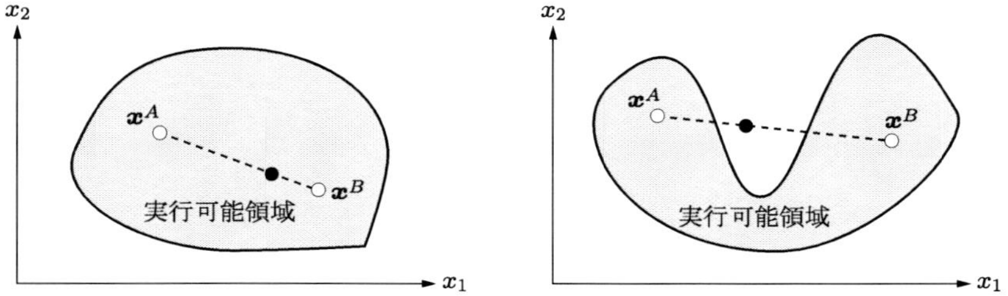

（a）凸領域　（b）非凸領域

図 3.6　2 変数問題における凸と非凸の実行可能領域

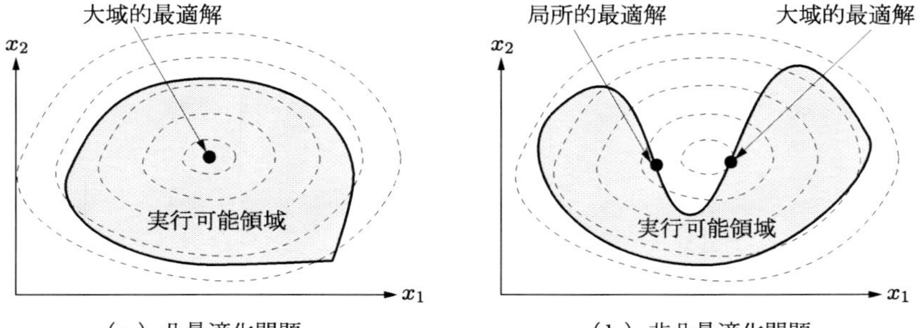

（a）凸最適化問題　（b）非凸最適化問題

図 3.7　凸と非凸の実行可能領域と凸の目的関数

3.4　関数の勾配

非線形計画法において，関数の**勾配**（gradient）は重要であり，この節では，その特徴などを説明します．

3.4.1　勾配ベクトルの特徴

勾配ベクトルの計算式

非線形関数の勾配ベクトルにより，関数の変化の概略を把握できます．勾配ベクトルは，変数による関数の偏微分を成分とするベクトルです．例題 3.1 を用いて，関数の勾配ベクトルを説明します．

例題 3.1

次の目的関数 $f(\boldsymbol{x})$ の勾配ベクトルを求めなさい．

目的関数

$$\begin{aligned} f(\boldsymbol{x}) &= f(x_1, x_2) \\ &= \left\{6 - 0.1(x_1 - 5)^2\right\}\left\{6 - 0.04(x_2 - 5)^2\right\} \end{aligned} \tag{3.3}$$

解　この関数 $f(\boldsymbol{x})$ の勾配ベクトルは，次のように導出されます．

$$\nabla f(\boldsymbol{x}) = \begin{bmatrix} \dfrac{\partial f}{\partial x_1} \\ \dfrac{\partial f}{\partial x_2} \end{bmatrix} = \begin{bmatrix} -0.2(x_1 - 5)\{6 - 0.04(x_2 - 5)^2\} \\ \{6 - 0.1(x_1 - 5)^2\}\{-0.08(x_2 - 5)\} \end{bmatrix} \tag{3.4}$$

□

勾配ベクトル成分の意味

$x_1 = 8.25$, $x_2 = 5.25$ を式 (3.4) に代入すると，図 3.8 に示される点 $\boldsymbol{x}^A = (8.25, 5.25)$ の勾配ベクトル $\nabla f(\boldsymbol{x}^A)$ が計算されます．

$$\nabla f(\boldsymbol{x}^A) = \begin{bmatrix} -3.8935 \\ -0.0989 \end{bmatrix} \tag{3.5}$$

勾配ベクトルの成分は，この点での傾きのまま各変数方向に単位量（つまり，1）進む際の関数 $f(\boldsymbol{x})$ の増分量です．よって，式 (3.5) は

- 点 $\boldsymbol{x}^A$ から x_1 方向に単位長さ進むと，$f(\boldsymbol{x})$ は 3.8935 減る．
- 点 $\boldsymbol{x}^A$ から x_2 方向に単位長さ進むと，$f(\boldsymbol{x})$ は 0.0989 減る．

を意味します．

図 3.8(a) に，関数 $f(\boldsymbol{x})$ の曲面を，図 (b) に点 $\boldsymbol{x}^A$ における接平面を示します．接

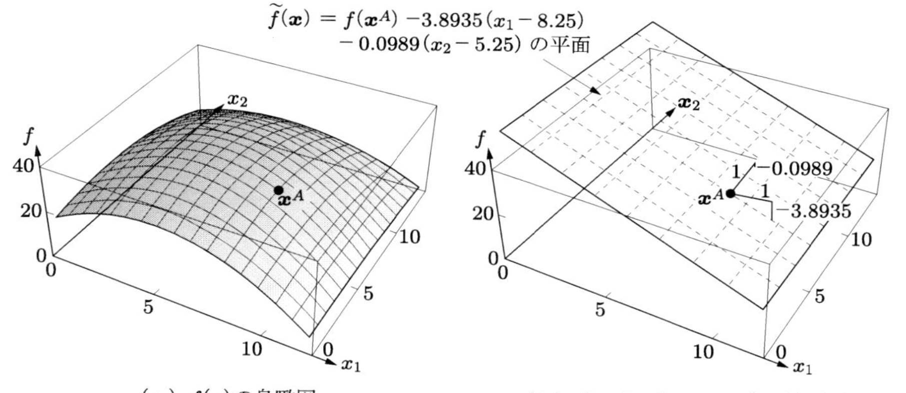

（a）$f(\boldsymbol{x})$の鳥瞰図　（b）点 $\boldsymbol{x}^A = (8.25, 5.25)$の接平面

図 3.8　関数 $f(x) = \{6 - 0.1(x_1 - 5)^2\}\{6 - 0.04(yx_2 - 5)^2\}$ の様子

平面は点 $\boldsymbol{x}^A$ の勾配ベクトルを係数にもつ 1 次関数であり，次式で表現されます．

$$\tilde{f}(\boldsymbol{x}) = f(\boldsymbol{x}^A) - 3.8935(x_1 - 8.25) - 0.0989(x_2 - 5.25) \tag{3.6}$$

図 (b) に示されるように，式 (3.6) は点 $\boldsymbol{x}^A = (8.25, 5.25)$ から x_1 方向に進むと -3.8935 の傾きで，x_2 方向に進むと -0.0989 の傾きで減少する平面を表します．

図 3.9(a) に，関数 $f(\boldsymbol{x})$ の等高線，点 $\boldsymbol{x}^A$ における等高線の接線と勾配ベクトル

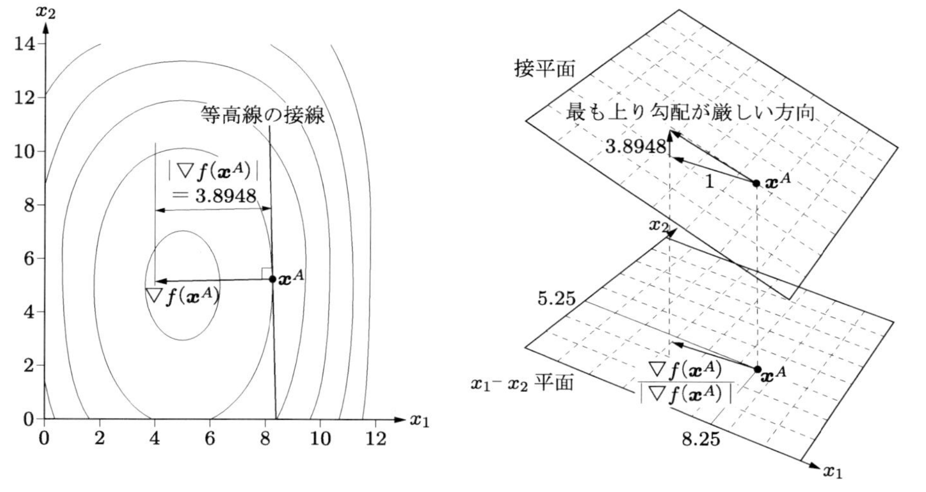

（a）$f(x)$の等高線図　（b）x_1- x_2 平面と接平面上の勾配ベクトル$\nabla f(\boldsymbol{x}^A)$

図 3.9　目的関数 $f(x)$ の等高線と勾配ベクトル $\nabla f(x)$

$\nabla f(\boldsymbol{x}^A)$ を示します．$\nabla f(\boldsymbol{x}^A)$ は，点 $\boldsymbol{x}^A$ を通る $f(\boldsymbol{x})$ の等高線と直交し，$f(\boldsymbol{x})$ が最も増加する方向を指すベクトルです．図 (b) に示されるように，$\nabla f(\boldsymbol{x})$ は最も急な上り勾配が厳しい方向を示します．また，その大きさ $|\nabla f(\boldsymbol{x}^A)|$ は，点 $\boldsymbol{x}^A$ での傾きのまま $\nabla f(\boldsymbol{x}^A)$ 方向に単位長さ進む際の $f(\boldsymbol{x})$ の増加量です．つまり，次を意味します．

点 $\boldsymbol{x}^A = (8.25, 5.25)$ から $\nabla f(\boldsymbol{x}^A)$ 方向に単位長さ進むと，$f(\boldsymbol{x})$ は 3.8948 増える．（$|\nabla f(\boldsymbol{x}^A)| = \sqrt{(-3.8935)^2 + (-0.0989)^2} = 3.8948$）

ポイント　関数の勾配ベクトルの意味

- 点 $\boldsymbol{x}^A$ における関数 $f(\boldsymbol{x})$ の勾配ベクトル $\nabla f(\boldsymbol{x}^A)$ の各成分は，点 $\boldsymbol{x}^A$ からその傾きのまま各軸方向に単位長さ進んだ際の，$f(\boldsymbol{x})$ の増加量である．単位長さ進む途中で勾配ベクトルが変化する場合，真の増加量は異なる数値になる．
- 勾配ベクトル $\nabla f(\boldsymbol{x}^A)$ は，点 $\boldsymbol{x}^A$ において $f(\boldsymbol{x})$ の等高線と直交し，$f(\boldsymbol{x})$ が最も増加する方向を示す．
- 勾配ベクトルの大きさ $|\nabla f(\boldsymbol{x}^A)|$ は，その傾きのまま点 $\boldsymbol{x}^A$ から勾配ベクトルの方向に単位長さ進んだ際の $f(\boldsymbol{x})$ の増加量である．単位長さ進む途中で勾配ベクトルが変化する場合，真の増加量は異なる数値になる．

練習問題 3.1

次の関数 $f(x_1, x_2)$ に対する以下の設問に答えなさい．なお，図 3.10 は，$f(\boldsymbol{x})$ の等高線を示している．

$$f(x_1, x_2) = (x_1 - 4)^2 + 4(x_2 - 2)^2$$

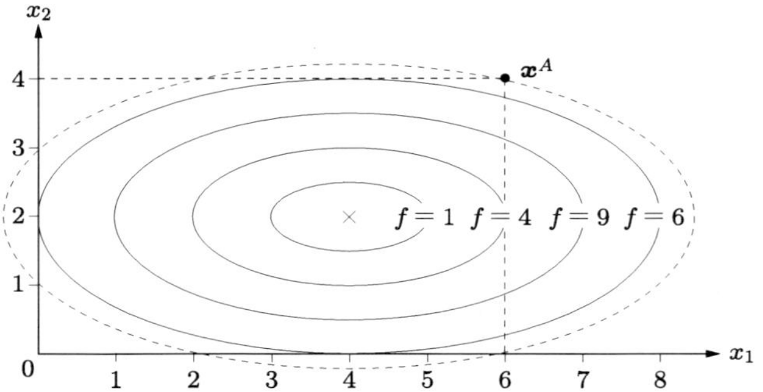

図 3.10　目的関数 $f(\boldsymbol{x})$ の等高線

(1)　点 $\boldsymbol{x}^A = (6, 4)$ における勾配ベクトル $\nabla f(\boldsymbol{x}^A)$ と関数値 $f(\boldsymbol{x}^A)$ を求めなさい．
(2)　$f(\boldsymbol{x}^A)$ と $\nabla f(\boldsymbol{x}^A)$ を用いて，点 $\boldsymbol{x}^A$ の傾きのまま x_1 方向に 1（単位長さ）進んだ場合の関数値 $f(\boldsymbol{x})$ を予測しなさい．
(3)　点 $\boldsymbol{x}^B = (7, 4)$ における関数値 $f(\boldsymbol{x}^B)$ を求め，設問 (2) の解と比べなさい．
(4)　$f(\boldsymbol{x}^A)$ と $\nabla f(\boldsymbol{x}^A)$ を用いて，点 $\boldsymbol{x}^A$ の傾きのまま $\nabla f(\boldsymbol{x}^A)$ 方向に単位長さ進んだ場合の関数値 $f(\boldsymbol{x})$ を予測しなさい．
(5)　点 $\boldsymbol{x}^A$ から $\nabla f(\boldsymbol{x}^A)$ 方向に単位長さだけ進んだ点 $\boldsymbol{x}^C$ と関数値 $f(\boldsymbol{x}^C)$ を求め，設問 (4) の解と比べなさい．

3.4.2　勾配ベクトルの特徴が成立する数学的説明

2 次元問題を用いて，前項で示された勾配ベクトルの特徴が成立することを，詳しく説明します．

勾配ベクトルと等高線の直交性

ある基準点 $\bar{\boldsymbol{x}}$ から点 $\boldsymbol{x} = \bar{\boldsymbol{x}} + \delta\boldsymbol{x}$ に移動すると，関数の値も変化します．移動量 $\delta\boldsymbol{x} = (\delta x_1, \delta x_2)$ が微小であり，この間に関数 $f(\boldsymbol{x})$ の傾きが変わらないと仮定できる場合，関数の増加量 δf は次のように表現できます．

$$\delta f = \frac{\partial f(\bar{\boldsymbol{x}})}{\partial x_1}\delta x_1 + \frac{\partial f(\bar{\boldsymbol{x}})}{\partial x_2}\delta x_2 \tag{3.7}$$

点 $\bar{\boldsymbol{x}} = (\bar{x}_1, \bar{x}_2)$ を通る関数 $f(\boldsymbol{x})$ の等高線と勾配ベクトル $\nabla f(\bar{\boldsymbol{x}})$ を，図 3.11 に示します．点 $\bar{\boldsymbol{x}}$ から微小量 $\delta\boldsymbol{x} = (\delta x_1, \delta x_2)$ だけ移動した点 $\boldsymbol{x} = (x_1, x_2)$ がこの等高線上にあるとき，両点の関数値は等しいため，関数の増加量 δf は 0 です．つまり，

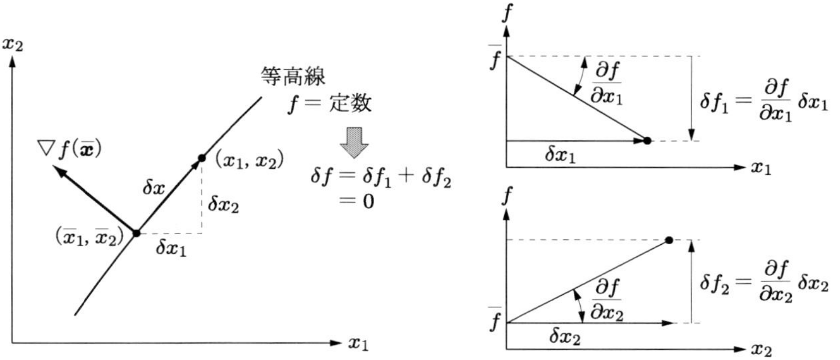

（a）点 $\bar{x}$ を通る等高線　　（b）x_1 方向の増分 δf_1 と x_2 方向の増分 δf_2

図 3.11　等高線と勾配ベクトル ∇f の関係

$$\delta f = \frac{\partial f(\bar{\boldsymbol{x}})}{\partial x_1}\delta x_1 + \frac{\partial f(\bar{\boldsymbol{x}})}{\partial x_2}\delta x_2 = \begin{bmatrix} \dfrac{\partial f(\bar{\boldsymbol{x}})}{\partial x_1} \\ \dfrac{\partial f(\bar{\boldsymbol{x}})}{\partial x_2} \end{bmatrix} \cdot \begin{bmatrix} \delta x_1 \\ \delta x_2 \end{bmatrix}$$

$$= \nabla f(\bar{\boldsymbol{x}}) \cdot \delta \boldsymbol{x} = 0 \tag{3.8}$$

が成り立ちます．なお，本書では，$\partial f(\bar{\boldsymbol{x}})/\partial x_i$ を点 $\bar{\boldsymbol{x}}$ における $\partial f(\boldsymbol{x})/\partial x_i$ の評価値という意味で使用します．

等高線上での微小な移動を考えると，$\delta \boldsymbol{x} = \boldsymbol{x} - \bar{\boldsymbol{x}} = (x_1 - \bar{x}_1,\ x_2 - \bar{x}_2)$ は点 $\bar{\boldsymbol{x}}$ を通る $f(\boldsymbol{x})$ の等高線の接線方向を示すベクトルになります．式 (3.8) は，ベクトルの内積が 0 であることから，勾配ベクトル $\nabla f(\bar{\boldsymbol{x}})$ が点 $\bar{\boldsymbol{x}}$ を通る等高線の接線方向ベクトル $\delta \boldsymbol{x}$ に直交することを意味します．これより，勾配ベクトルは関数 $f(\boldsymbol{x})$ の値が変化しない方向の成分をまったく含まない，つまり，無駄なく変化する方向（＝関数が最も変化する方向）であることが導けます．なお，$\delta \boldsymbol{x}$ がベクトルなら $\delta \boldsymbol{x} = (x_1 - \bar{x}_1,\ x_2 - \bar{x}_2)^T$ と表記するべきですが，表示が煩雑になるため，誤解がない場合，本書では $\delta \boldsymbol{x} = (x_1 - \bar{x}_1,\ x_2 - \bar{x}_2)$ と表記します．

勾配ベクトル方向と関数の増加方向

次に，点 $\bar{\boldsymbol{x}} = (\bar{x}_1,\ \bar{x}_2)$ において，次式で与えられる増分ベクトル $\delta \boldsymbol{x} = (\delta x_1,\ \delta x_2)$ を考えます（図 3.12 参照）．

$$\delta \boldsymbol{x} = \begin{bmatrix} \delta x_1 \\ \delta x_2 \end{bmatrix} = \lambda\ \nabla f(\bar{\boldsymbol{x}}) = \lambda \begin{bmatrix} \dfrac{\partial f(\bar{\boldsymbol{x}})}{\partial x_1} \\ \dfrac{\partial f(\bar{\boldsymbol{x}})}{\partial x_2} \end{bmatrix} \tag{3.9}$$

λ を正の値とすると，$\delta \boldsymbol{x}$ は勾配ベクトル $\nabla f(\bar{\boldsymbol{x}})$ と同じ方向のベクトルになります．

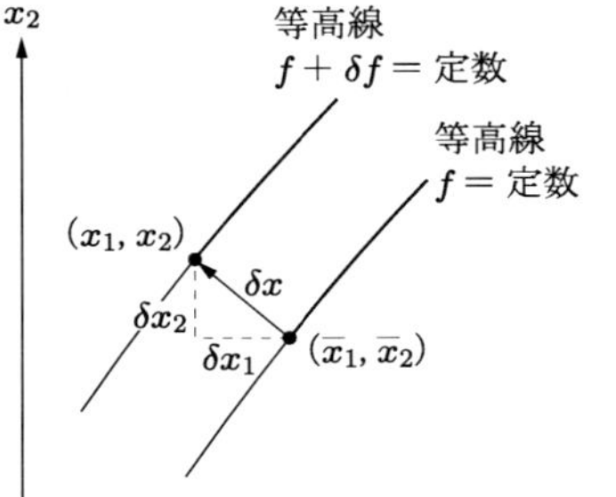

$\lambda > 0$

$$\delta \boldsymbol{x} = \begin{bmatrix} \delta x_1 \\ \delta x_2 \end{bmatrix} = \lambda \nabla f(\bar{\boldsymbol{x}}) = \lambda \begin{bmatrix} \dfrac{\partial f(\bar{x})}{\partial x_1} \\ \dfrac{\partial f(\bar{x})}{\partial x_2} \end{bmatrix}$$

$$\delta f = \frac{\partial f(\bar{\boldsymbol{x}})}{\partial x_1}\delta x_1 + \frac{\partial f(\bar{\boldsymbol{x}})}{\partial x_2}\delta x_2 = \lambda\left(\frac{\partial f(\bar{\boldsymbol{x}})}{\partial x_1}\right)^2 + \lambda\left(\frac{\partial f(\bar{\boldsymbol{x}})}{\partial x_2}\right)^2 \geq 0$$

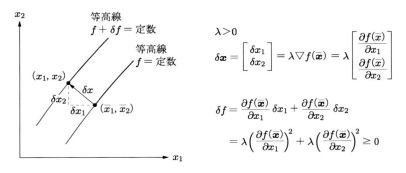

図 3.12　∇f 方向への関数 f の増分量

点 $\bar{\boldsymbol{x}}$ から式 (3.9) で与えられる $\delta\boldsymbol{x}$ だけ移動すると，$f(\boldsymbol{x})$ の変化量 δf は，

$$\delta f = \frac{\partial f(\bar{\boldsymbol{x}})}{\partial x_1}\delta x_1 + \frac{\partial f(\bar{\boldsymbol{x}})}{\partial x_2}\delta x_2 = \lambda\left(\frac{\partial f(\bar{\boldsymbol{x}})}{\partial x_1}\right)^2 + \lambda\left(\frac{\partial f(\bar{\boldsymbol{x}})}{\partial x_2}\right)^2 \geq 0 \tag{3.10}$$

です．この式より，$f(\bar{\boldsymbol{x}})$ の変化量 δf は 0 以上になるため，点 $\bar{\boldsymbol{x}}$ が関数 $f(\boldsymbol{x})$ の**停留点**（つまり，$(\partial f(\bar{\boldsymbol{x}})/\partial x_1,\ \partial f(\bar{\boldsymbol{x}})/\partial x_2) = (0,0)$）でない限り，$\nabla f(\bar{\boldsymbol{x}})$ は $f(\boldsymbol{x})$ を増加させる方向を示します．

勾配ベクトルの大きさ

式 (3.9) で与えられるベクトル $\delta\boldsymbol{x}$ が $\nabla f(\bar{\boldsymbol{x}})$ 方向に単位長さ進む場合を考えます．このとき，$\delta\boldsymbol{x}$ の成分 $(\delta x_1, \delta x_2)$ は以下の関係をもちます．

$$\begin{aligned}\delta x_1^2 + \delta x_2^2 &= \left(\lambda\frac{\partial f(\bar{\boldsymbol{x}})}{\partial x_1}\right)^2 + \left(\lambda\frac{\partial f(\bar{\boldsymbol{x}})}{\partial x_2}\right)^2 \\ &= \lambda^2\left\{\left(\frac{\partial f(\bar{\boldsymbol{x}})}{\partial x_1}\right)^2 + \left(\frac{\partial f(\bar{\boldsymbol{x}})}{\partial x_2}\right)^2\right\} = 1\end{aligned} \tag{3.11}$$

式 (3.10) と式 (3.11) より，次式が導出されます．

$$\begin{aligned}|\nabla f(\bar{\boldsymbol{x}})| &= \sqrt{\left(\frac{\partial f(\bar{\boldsymbol{x}})}{\partial x_1}\right)^2 + \left(\frac{\partial f(\bar{\boldsymbol{x}})}{\partial x_2}\right)^2} \\ &= \frac{1}{\lambda} = \lambda\left\{\left(\frac{\partial f(\bar{\boldsymbol{x}})}{\partial x_1}\right)^2 + \left(\frac{\partial f(\bar{\boldsymbol{x}})}{\partial x_2}\right)^2\right\} = \delta f\end{aligned} \tag{3.12}$$

これより，勾配ベクトル $\nabla f(\bar{\boldsymbol{x}})$ の大きさは，点 $\bar{\boldsymbol{x}}$ から単位長さ進んだ際の関数 $f(\boldsymbol{x})$ の増分を与えることがわかります．

3.5 テイラー級数展開

テイラー級数展開は，基準点 $\bar{\boldsymbol{x}}$ における関数値 $f(\bar{\boldsymbol{x}})$ と微分値 $f'(\bar{\boldsymbol{x}})$ や $f''(\bar{\boldsymbol{x}})$ などを用いて，基準点から少し離れた点 $\boldsymbol{x}$ における関数値 $f(\boldsymbol{x})$ を表現するものです．また，テイラー級数展開は，非線形計画法の基本となる重要な式です．

3.5.1 テイラー級数展開と近似式

関数 $f(\boldsymbol{x})$ が微分可能な場合には，基準点 $\bar{\boldsymbol{x}}$ とそこから $\delta\boldsymbol{x}$ 離れた点 $\boldsymbol{x} = \bar{\boldsymbol{x}} + \delta\boldsymbol{x}$

において，**テイラー級数展開**（Taylor series expansion）とよばれる以下の関係が成立します．

$$f(\boldsymbol{x}) = f(\bar{\boldsymbol{x}} + \delta\boldsymbol{x}) \approx f(\bar{\boldsymbol{x}}) + \sum_{i=1}^{n} \frac{\partial f(\bar{\boldsymbol{x}})}{\partial x_i}\delta x_i + \frac{1}{2!}\sum_{i=1}^{n}\sum_{j=1}^{n} \frac{\partial^2 f(\bar{\boldsymbol{x}})}{\partial x_i \partial x_j}\delta x_i \delta x_j + \frac{1}{3!}\sum_{i=1}^{n}\sum_{j=1}^{n}\sum_{k=1}^{n} \frac{\partial^3 f(\bar{\boldsymbol{x}})}{\partial x_i \partial x_j \partial x_k}\delta x_i \delta x_j \delta x_k + \cdots \tag{3.13}$$

ここで，$\boldsymbol{x}$ は n 個の変数をもつベクトル，$\delta\boldsymbol{x} = \boldsymbol{x} - \bar{\boldsymbol{x}}$ はその変化量をもつベクトルです．前節と同様に，$\partial f(\bar{\boldsymbol{x}})/\partial x_i$ などは点 $\bar{\boldsymbol{x}}$ における $\partial f(\boldsymbol{x})/\partial x_i$ などの評価値です．このように，基準点 $\bar{\boldsymbol{x}}$ における関数値や導関数値と基準点からの移動量の掛け算などによって，$f(\boldsymbol{x})$ を求めることができます．

テイラー級数展開式の確認

例題 3.2 を用いて，テイラー級数展開式 (3.13) が成立することを確認しましょう．

> **例題 3.2**
>
> 次の目的関数 $f(x)$ をテイラー展開し，式 (3.13) を確かめなさい．
>
> **目的関数**　$$f(x) = a_0 + a_1(x-b) + a_2(x-b)^2 + a_3(x-b)^3 \tag{3.14}$$

解　この関数 $f(x)$ の導関数を，$(x-b)$ でまとめる形式で，以下に示します．

$$\left.\begin{aligned} f'(x) &= a_1 + 2a_2(x-b) + 3a_3(x-b)^2 \\ f''(x) &= 2a_2 + 6a_3(x-b) \\ f'''(x) &= 6a_3 \end{aligned}\right\} \tag{3.15}$$

ここに $x = b$ を代入すると，係数 $a_0 \sim a_3$ と $f(b)$，$f'(b)$，$f''(b)$，$f'''(b)$ との間に，以下の関係が得られます．

$$f(b) = a_0, \quad f'(b) = a_1, \quad f''(b) = 2a_2, \quad f'''(b) = 6a_3$$
$$\longrightarrow \quad a_0 = f(b), \quad a_1 = f'(b), \quad a_2 = f''(b)/2, \quad a_3 = f'''(b)/6 \tag{3.16}$$

この関係式 (3.16) を式 (3.14) に代入すると，次式を得ます．

$$f(x) = f(b) + f'(b)(x-b) + \frac{1}{2}f''(b)(x-b)^2 + \frac{1}{6}f'''(b)(x-b)^3 \tag{3.17}$$

上式は，式 (3.13) から作成するテイラー級数展開式（変数の数 $n = 1$，基準点 $\bar{x} = b$，第3次微分まで使用した場合）と一致し，式 (3.13) が成立することがわかりますね．

□

テイラー級数展開近似式 $f_{\mathrm{T2}}(\bar{\boldsymbol{x}}, \delta\boldsymbol{x})$

2次項までを使用するテイラー級数展開式を $f_{\mathrm{T2}}(\bar{\boldsymbol{x}}, \delta\boldsymbol{x})$ とし，以下のように定義します．

$$
\begin{aligned}
f_{\mathrm{T2}}(\bar{\boldsymbol{x}}, \delta\boldsymbol{x}) &\equiv f(\bar{\boldsymbol{x}}) + \sum_{i=1}^{n} \frac{\partial f(\bar{\boldsymbol{x}})}{\partial x_i}\delta x_i + \frac{1}{2} \sum_{i=1}^{n}\sum_{j=1}^{n} \frac{\partial^2 f(\bar{\boldsymbol{x}})}{\partial x_i \partial x_j}\delta x_i \delta x_j \\
&= f(\bar{\boldsymbol{x}}) + \nabla f(\bar{\boldsymbol{x}})^T \delta\boldsymbol{x} + \frac{1}{2}\delta\boldsymbol{x}^T \nabla^2 f(\bar{\boldsymbol{x}})\delta\boldsymbol{x}
\end{aligned}
\tag{3.18}
$$

ここで，$\nabla^2 f(\boldsymbol{x})$ は，次式で定義されるヘッセ行列です．

$$
\nabla^2 f(\boldsymbol{x}) = \begin{bmatrix}
\dfrac{\partial^2 f(\boldsymbol{x})}{\partial x_1^2} & \dfrac{\partial^2 f(\boldsymbol{x})}{\partial x_1 \partial x_2} & \cdots & \dfrac{\partial^2 f(\boldsymbol{x})}{\partial x_1 \partial x_n} \\
\dfrac{\partial^2 f(\boldsymbol{x})}{\partial x_2 \partial x_1} & \dfrac{\partial^2 f(\boldsymbol{x})}{\partial x_2^2} & \cdots & \dfrac{\partial^2 f(\boldsymbol{x})}{\partial x_2 \partial x_n} \\
\vdots & \vdots & \ddots & \vdots \\
\dfrac{\partial^2 f(\boldsymbol{x})}{\partial x_n \partial x_1} & \dfrac{\partial^2 f(\boldsymbol{x})}{\partial x_n \partial x_2} & \cdots & \dfrac{\partial^2 f(\boldsymbol{x})}{\partial x_n^2}
\end{bmatrix}
\tag{3.19}
$$

使用する項が限定される $f_{\mathrm{T2}}(\bar{\boldsymbol{x}}, \delta\boldsymbol{x})$ は，近似式です．しかし，3次以上の項が存在する場合でも，基準点からの移動量 δx_i が小さな値なら，δx_i^3 以上の累乗は更に小さくなり，近似式 (3.18) の誤差も小さくなります．したがって，基準点の近傍で使用すると，$f_{\mathrm{T2}}(\bar{\boldsymbol{x}}, \delta\boldsymbol{x})$ は $f(\bar{\boldsymbol{x}} + \delta\boldsymbol{x})$ をよい精度で近似できます．$f_{\mathrm{T2}}(\bar{\boldsymbol{x}}, \delta\boldsymbol{x})$ のような，ある項までを使用するテイラー級数展開式を，**テイラー級数展開近似式**といいます．

3.5.2　テイラー級数展開近似式の精度と使用範囲

テイラー級数展開近似式の精度

例題 3.3 を用いて，$f_{\mathrm{T2}}(\bar{\boldsymbol{x}}, \delta\boldsymbol{x})$ の誤差の様子を調べましょう．

例題 3.3

次の目的関数 $f(x)$ について，基準点 $\bar{x} = 1$ における $f_{\mathrm{T2}}(\bar{x}, \delta x)$ を求め，$f(x)$ と比較しなさい．

目的関数　$f(x) = (x+5)(x-1)(x-2)(x-3)$　(3.20)

解　この関数 $f(\boldsymbol{x})$ の1次微分と2次微分を以下に示します．

$$\left.\begin{aligned}\nabla f(x) &= f'(x) = 49 - 38x - 3x^2 + 4x^3 \\ \nabla^2 f(x) &= f''(x) = -38 - 6x + 12x^2\end{aligned}\right\} \tag{3.21}$$

基準点を $\bar{x} = 1$ とすると，$f(\bar{x}) = 0$, $f'(\bar{x}) = 12$, $f''(\bar{x}) = -32$, $\delta x = x - \bar{x} = x - 1$ となり，これらを式 (3.18) に代入し，2 次の近似式 $f_{\mathrm{T2}}(\bar{x}, \delta x)$ を作成します．

$$\begin{aligned} f_{\mathrm{T2}}(\bar{x}, \delta x) &= f(\bar{x}) + f'(\bar{x})\delta x + \frac{1}{2}\,\delta x f''(\bar{x})\delta x \\ &= 12\,(x-1) - 16\,(x-1)^2 \end{aligned} \tag{3.22}$$

上式による 2 次曲線を図 3.13(a) に破線で示し，実線の $f(x)$ と比較します．図 (b) は基準点を $\bar{x} = 2.5$ にした場合です．図中の○は $f_{\mathrm{T2}}(\bar{x},\ \delta x)$ の作成に使用した基準点，●は $f(\boldsymbol{x})$ の極値点です．三つの極値点は $x = -3.282$, 1.440, 2.592 であり，図の枠外に三つめの極値点（$x = -3.282$）があります．

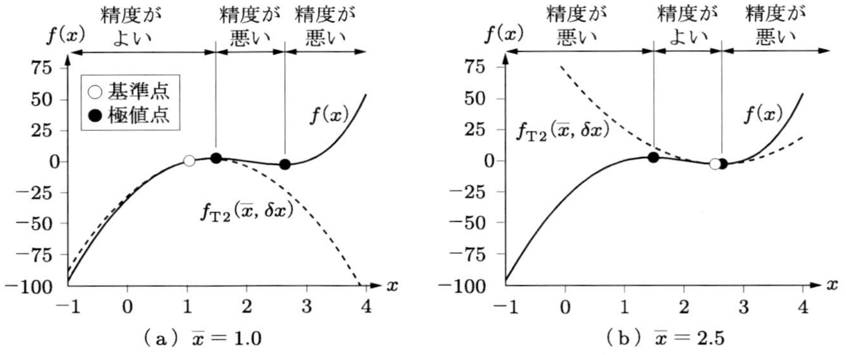

図 3.13　関数 $f(x)$ とテイラー級数による近似関数 $f_{\mathrm{T2}}(\bar{x}, \delta x)$

一般的に，近似式は基準点の近傍ではよい精度であり，基準点から離れると誤差が大きくなります．$f_{\mathrm{T2}}(\bar{x}, \delta x)$ の精度は，基準点の位置にも関係します．図 3.13 から，基準点を挟む二つの極値点の間では誤差は小さく，それ以外の範囲では誤差量が大きいことが理解できます．具体的には，図 (a) の場合は $-3.282 \leq x \leq 1.440$ の範囲で，図 (b) の場合は $1.440 \leq x \leq 2.592$ の範囲で精度がよく，これ以外では精度が悪いです．

テイラー級数展開の適切な使用範囲

近似式 $f_{\mathrm{T2}}(\bar{\boldsymbol{x}}, \delta\boldsymbol{x})$ の適切な使用範囲を考えてみましょう．本来の関数 $f(\boldsymbol{x})$ と 2 次の近似式 $f_{\mathrm{T2}}(\bar{\boldsymbol{x}}, \delta\boldsymbol{x})$ の基本的な関係を図 3.14 に示します．太い実線は本来の関数，

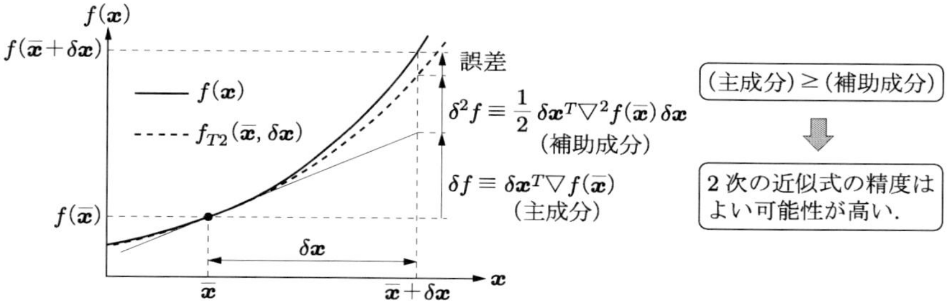

図 3.14 テイラー級数展開による近似の基本的な関係

破線は2次の近似式，細い実線は2次の近似式中の1次成分です．近似式 $f_{\mathrm{T2}}(\bar{\boldsymbol{x}}, \delta\boldsymbol{x})$ は，基準点における関数値 $f(\bar{x})$ に **1次増分** δf と **2次増分** $\delta^2 f$ を加えたものです．つまり，次のように表現できます．ここで，n は設計変数の数です．

$$
\begin{aligned}
f_{\mathrm{T2}}(\bar{\boldsymbol{x}}, \delta\boldsymbol{x}) &= f(\bar{\boldsymbol{x}}) + \delta\boldsymbol{x}^T\nabla f(\bar{\boldsymbol{x}}) + \frac{1}{2}\delta\boldsymbol{x}^T\nabla^2 f(\bar{\boldsymbol{x}})\delta\boldsymbol{x} \\
&= f(\bar{\boldsymbol{x}}) + \sum_{i=1}^{n}\delta x_i\ \frac{\partial f(\bar{\boldsymbol{x}})}{\partial x_i} + \frac{1}{2}\sum_{i=1}^{n}\sum_{j=1}^{n}\delta x_i\frac{\partial^2 f(\bar{\boldsymbol{x}})}{\partial x_i \partial x_j}\delta x_j \\
&\equiv f(\bar{\boldsymbol{x}})\ +\ \delta f\ +\ \delta^2 f
\end{aligned}
\tag{3.23}
$$

1次増分と2次増分の各成分の絶対値の和 $\varDelta^1 f$ と $\varDelta^2 f$ を以下のように定義します．

$$
\varDelta^1 f \equiv \sum_{i=1}^{n}\left|\delta x_i\ \frac{\partial f(\bar{\boldsymbol{x}})}{\partial x_i}\right| \tag{3.24}
$$

$$
\varDelta^2 f \equiv \frac{1}{2}\sum_{i=1}^{n}\sum_{j=1}^{n}\left|\delta x_i\frac{\partial^2 f(\bar{\boldsymbol{x}})}{\partial x_i \partial x_j}\delta x_j\right| \tag{3.25}
$$

次の方針に基づいて，$f_{\mathrm{T2}}(\bar{\boldsymbol{x}}, \delta\boldsymbol{x})$ の適切な使用範囲の決定を試みます．

- テイラー級数展開近似式において，1次増分 δf が主成分になり，2次増分 $\delta^2 f$ が補助成分になる．
- 上記の主成分と補助成分の比率が適切な範囲を，$\alpha(|\varDelta^1 f| + |\varDelta^2 f|) \geq |\varDelta^2 f|$ により定め，その成立を精度確保の目安にする（α は非負の実数）．

たとえば，$\alpha = 1/4$ とすると，2次増分量 $|\varDelta f^2|$ が1次増分量と2次増分量の和 $|\varDelta^1 f| + |\varDelta^2 f|$ の1/4を超えない範囲が，$f_{\mathrm{T2}}(\bar{\boldsymbol{x}}, \delta\boldsymbol{x})$ の適切な使用範囲になります．

式(3.22)で与えられる $f_{\mathrm{T2}}(\bar{\boldsymbol{x}}, \delta\boldsymbol{x})$ に，この方法を適用します．基準点 $\bar{x} = 1.0$ において，$\delta f = 12\delta x$，$\delta^2 f = -16\delta x^2$ であるため，$\alpha = 1/4$ とすると，

$$\frac{1}{4}\left(|12\delta x| + |-16\delta x^2|\right) \geq |-16\delta x^2\,| \quad \longrightarrow \quad \frac{-1}{4} \leq \delta x \leq \frac{1}{4}$$

を得ます．これにより，近似式 $f_{\mathrm{T2}}(\bar{x}, \delta x)$ の適用範囲として，$-0.25 \leq \delta x \leq 0.25$ が定まります．同様の計算により，基準点 $\bar{x} = 2.5$ に対する $f_{\mathrm{T2}}(\bar{x}, \delta x)$ の適用範囲が $-0.0682 \leq \delta x \leq 0.0682$ に設定されます．

適用範囲の限界点 $\boldsymbol{x} = \bar{\boldsymbol{x}} + \delta\boldsymbol{x}$ における $f(x)$，$f_{\mathrm{T2}}(\bar{x}, \delta x)$，次式で定義される誤差と相対誤差* を，表 3.1 に示します．

$$\text{誤差} \;=\; f_{\mathrm{T2}}(\bar{x}, \delta x) - f(x), \qquad \text{相対誤差}^* \;=\; \frac{\text{誤差}}{f(x) - f(\bar{x})}$$

$\bar{x} = 1.0$ における適用範囲は，$\bar{x} = 2.5$ における適用範囲の 4 倍 $(0.25/0.068 = 3.7)$ ほど大きく設定されていますが，相対誤差* は同じ程度の大きさです．このように，$f_{\mathrm{T2}}(\bar{x}, \delta x)$ を使用できる範囲が適切に設定されています．　□

表 3.1　テイラー級数展開近似式 $f_{\mathrm{T2}}(\bar{x}, \delta x)$ の 1 次増分と 2 次増分，および誤差の比較

$\bar{x}$	$f(\bar{x})$	δx	x	δf	$\delta^2 f$	$f(x)$	$f_{\mathrm{T2}}(\bar{x}, \delta x)$	誤差	相対誤差*
1.0	0.0	−0.250	0.750	−3.000	−1.000	−4.043	−4.000	0.043	−0.011
		0.250	1.250	3.000	−1.000	2.051	2.000	−0.051	−0.025
2.5	−2.813	−0.068	2.296	0.153	0.051	−2.611	−2.608	0.003	0.014
		0.068	2.568	−0.153	0.051	−2.912	−2.915	−0.003	0.029

ポイント　テイラー級数展開と精度

- 基準点 $\bar{\boldsymbol{x}}$ における関数値 $f(\bar{\boldsymbol{x}})$ とその微分値 $\nabla f(\bar{\boldsymbol{x}})$，$\nabla^2 f(\bar{\boldsymbol{x}})$ などが既知の場合，テイラー級数展開式により，基準点 $\bar{\boldsymbol{x}}$ から $\delta\boldsymbol{x}$ 離れた点 $\bar{\boldsymbol{x}} + \delta\boldsymbol{x}$ の関数値 $f(\bar{\boldsymbol{x}} + \delta\boldsymbol{x})$ を予測できる．
- 基準点 $\bar{\boldsymbol{x}}$ から $\bar{\boldsymbol{x}} + \delta\boldsymbol{x}$ への移動による関数 $f(\boldsymbol{x})$ の増加量を 1 次増分 δf，2 次増分 $\delta^2 f$ などと表現すると，1 次増分は $\delta f = \delta\boldsymbol{x}^T \nabla f(\bar{\boldsymbol{x}})$，2 次増分は $\delta^2 f = 1/2\ \delta\boldsymbol{x}^T \nabla^2 f(\bar{\boldsymbol{x}}) \delta\boldsymbol{x}$ のように，各次の増加量は基準点における微分値と移動量の積で計算される．
- 移動量 $\delta\boldsymbol{x}$ が小さい場合，一般的に，$|\delta f| > |\delta^2 f| > |\delta^3 f| > \cdots$ の関係が成立する．この関係が成立する程度に $\delta\boldsymbol{x}$ が小さい場合は，テイラー級数展開近似式の精度はよい．しかし，この関係が成立しない程度に移動量 $\delta\boldsymbol{x}$ が大きく，高次増分（たとえば，$\delta^3 f$）を使用しない場合は，無視できない程度の誤差が発生する．

練習問題 3.2

次の関数 $f(x)$ のテイラー級数展開に関する以下の設問に答えなさい．

$$f(x) = 10 + (x-1)(x-3)(x-6)$$

(1) 基準点を $\bar{x} = 4$ とする $f_{\mathrm{T2}}(\bar{x}, \delta x)$ を作成しなさい．また，$\delta x = 1$ と $\delta x = -1$ の場合の $f_{\mathrm{T2}}(\bar{x}, \delta x)$, δf, $\delta^2 f$, 誤差 $= f_{\mathrm{T2}}(\bar{x}, \delta x) - f(\bar{x} + \delta x)$, 相対誤差* = 誤差$/(|\delta f| + |\delta^2 f|)$ をそれぞれ求めなさい．

(2) 基準点を $\bar{x} = 4$ とする $f_{\mathrm{T2}}(\bar{x}, \delta x)$ において，$\alpha(|\Delta^1 f| + |\Delta^2 f|) \geq |\Delta^2 f|$ を満足する範囲を定め，その限界点における誤差と相対誤差* を求めなさい．ここで，$\alpha = 1/4$ とする．

3.6 数値微分

テイラー級数展開により関数 $f(\boldsymbol{x})$ の近似式を作成するためには，関数の 1 次微分や 2 次微分を数値的に求める必要があります．それは，関数 $f(\boldsymbol{x})$ が $\boldsymbol{x}$ の表現式で与えられず，関数 $f(\boldsymbol{x})$ の値は計算できるが，その微分値は計算されないことが一般的だからです．この節では，その方法の一つである**数値微分**を説明します．

3.6.1 数値微分の公式

1 変数の場合

図 3.15 に太い実線で示される関数 $f(x)$ を考えます．点 x^B における 1 次微分値 $f'(x^B)$ と 2 次微分値 $f''(x^B)$ を次式で計算します．

$$f'(x^B) = \frac{f^C - f^A}{x^C - x^A} = \frac{f^C - f^A}{2\delta\bar{x}} \tag{3.26}$$

$$f''(x^B) = \frac{f^C + f^A - 2f^B}{(x^C - x^B)(x^B - x^A)} = \frac{f^C + f^A - 2f^B}{\delta\bar{x}^2} \tag{3.27}$$

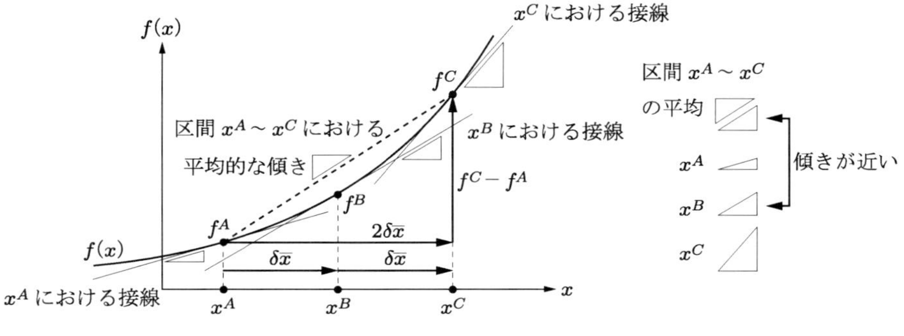

図 3.15　1 次微分の簡単な算出方法

ここで，x^A, x^B, x^C は等間隔で並んでいる点，f^A, f^B, f^C はそれらの点における関数 $f(x)$ の値です．図 3.15 に示されるように，式 (3.26) は $x^A \sim x^C$ 間における $f(x)$ の平均的な傾き（破線の傾き）を与えるため，この区間の平均的な位置 x^B の微分値として使用することが妥当です．細実線にて示される 3 点における接線と比較しても，破線で与えられる平均的な傾きは，点 x^B の接線の傾きに最も近いことがわかります．式 (3.27) の導出は少し複雑なので，3.6.2 項で説明します．

2 変数の場合

2 変数 (x_1, x_2) の関数 $f(\boldsymbol{x})$ の数値微分は，以下のように計算されます．

$$\text{1 次微分}\qquad \frac{\partial f}{\partial x_1} = \frac{f_{+0} - f_{-0}}{2\delta\bar{x}_1}, \quad \frac{\partial f}{\partial x_2} = \frac{f_{0+} - f_{0-}}{2\delta\bar{x}_2} \tag{3.28}$$

$$\text{2 次微分}\qquad \frac{\partial^2 f}{\partial x_1^2} = \frac{f_{+0} + f_{-0} - 2f_{00}}{\delta\bar{x}_1^2}, \quad \frac{\partial^2 f}{\partial x_2^2} = \frac{f_{0+} + f_{0-} - 2f_{00}}{\delta\bar{x}_2^2} \tag{3.29}$$

$$\text{交差微分}\qquad \frac{\partial^2 f}{\partial x_1 \partial x_2} = \frac{f_{++} + f_{--} - f_{-+} - f_{+-}}{4\delta\bar{x}_1\delta\bar{x}_2} \tag{3.30}$$

ここで，f_{+0}, f_{-0} などは，図 3.16 に示される 9 個のサンプリングポイント $\boldsymbol{x}_{+0}$, $\boldsymbol{x}_{-0}$ などにおける関数値であり，既知とします．2 文字で形成される添え字は，基準点から x_1 方向と x_2 方向への移動量を意味します．たとえば，

- $\boldsymbol{x}_{00}$ と f_{00}：基準点とその点における関数値（基準点から移動していない）
- $\boldsymbol{x}_{+0}$ と f_{+0}：基準点から x_1 方向に $+\delta\bar{x}_1$ 移動した点とその点における関数値
- $\boldsymbol{x}_{0-}$ と f_{0-}：基準点から x_2 方向に $-\delta\bar{x}_2$ 移動した点とその点における関数値

となります．

x_1 に関係するが x_2 に関係しない偏微分 ($\partial f/\partial x_1$ や $\partial^2 f/\partial x_1^2$) を求める場合，$x_2$

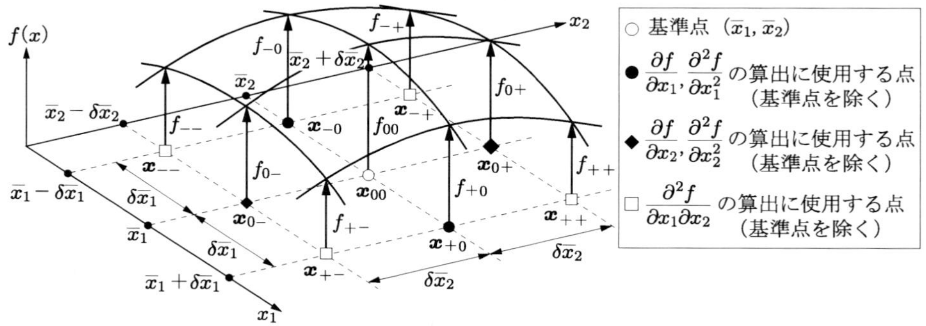

図 3.16　2 変数におけるサンプリングポイント $\boldsymbol{x}_{**}$ と関数値 f_{**}

を基準点に固定します．つまり，図 3.16 に○と●で示される $\boldsymbol{x}_{-0}$, $\boldsymbol{x}_{00}$, $\boldsymbol{x}_{+0}$ における関数値 f_{-0}, f_{00}, f_{+0} を用います．これらの点が図 3.15 の x^A, x^B, x^C に対応すると考えると，式 (3.28) は式 (3.26) と同じ意味に，式 (3.29) は式 (3.27) と同じ意味になります．x_2 に関する偏微分の計算は，x_1 を基準点に固定した○と◆で示される点 $\boldsymbol{x}_{0-}$, $\boldsymbol{x}_{00}$, $\boldsymbol{x}_{0+}$ の関数値を使用します．3 変数以上の関数においても，微分に関係しない変数を基準点に固定し，微分に関係する変数のみを変化させることにより，式 (3.28) ～ (3.30) と同様な式により数値微分を計算できます．

例題 3.4

表 3.2 に示される変数の基準値を ($\bar{x}_1$=15, $\bar{x}_2$=15)，増分量を $\delta\bar{x}_1 = \delta\bar{x}_2 = 5$ とする九つのサンプリング・ポイントにおける関数値に基づいて，2 変数問題の微分値を計算しなさい．

表 3.2 サンプリング・ポイントにおける関数値 $f(\boldsymbol{x})$

	$x_1 = 10$	$x_1 = 15$	$x_1 = 20$
$x_2 = 20$	4.32 (f_{-+})	3.45 (f_{0+})	2.92 (f_{++})
$x_2 = 15$	4.90 (f_{-0})	3.94 (f_{00})	3.35 (f_{+0})
$x_2 = 10$	5.92 (f_{--})	4.82 (f_{0-})	4.10 (f_{+-})

解　式 (3.28) ～ (3.30) に基づく数値微分式に表 3.2 の値を代入すると，基準点 $\bar{\boldsymbol{x}}$ における微分値が求められます．

$$\frac{\partial f}{\partial x_1} = \frac{f_{+0} - f_{-0}}{2 \times \delta\bar{x}_1} = \frac{3.35 - 4.90}{2 \times 5} = -0.155$$

$$\frac{\partial f}{\partial x_2} = \frac{f_{0+} - f_{0-}}{2 \times \delta\bar{x}_2} = \frac{3.45 - 4.82}{2 \times 5} = -0.137$$

$$\frac{\partial^2 f}{\partial x_1^2} = \frac{f_{+0} + f_{-0} - 2 \times f_{00}}{\delta\bar{x}_1^2} = \frac{3.35 + 4.90 - 2 \times 3.94}{5^2} = 0.0148$$

$$\frac{\partial^2 f}{\partial x_2^2} = \frac{f_{0+} + f_{0-} - 2 \times f_{00}}{\delta\bar{x}_2^2} = \frac{3.45 + 4.82 - 2 \times 3.94}{5^2} = 0.0156$$

$$\frac{\partial^2 f}{\partial x_1 \partial x_2} = \frac{f_{++} + f_{--} - f_{-+} - f_{+-}}{4 \times \delta\bar{x}_1 \times \delta\bar{x}_2} = \frac{2.92 + 5.92 - 4.32 - 4.10}{4 \times 5 \times 5} = 0.0042$$

□

例題 3.5

例題 3.4 で求めた数値微分を式 (3.18) に代入し，近似式 $f_{\mathrm{T2}}(\bar{\boldsymbol{x}}, \delta\boldsymbol{x})$ を作成しなさい．

解　基準点が $\bar{\boldsymbol{x}} = (15, 15)$ であることを考慮すると，次式を得ます．

$$
\begin{aligned}
f_{\mathrm{T2}}(\bar{\boldsymbol{x}}, \delta\boldsymbol{x}) &= 3.94 - 0.155\delta x_1 - 0.137\delta x_2 + \frac{0.0148}{2}\delta x_1^2 \\
&\quad + \frac{0.0156}{2}\delta x_2^2 + 0.0042\delta x_1 \delta x_2 \\
&= 3.94 - 0.155(x_1 - \bar{x}_1) - 0.137(x_2 - \bar{x}_2) + 0.0074(x_1 - \bar{x}_1)^2 \\
&\quad + 0.0078(x_2 - \bar{x}_2)^2 + 0.0042(x_1 - \bar{x}_1)(x_2 - \bar{x}_2) \\
&= 12.685 - 0.440x_1 - 0.434x_2 + 0.0074x_1^2 \\
&\quad + 0.0078x_2^2 + 0.0042x_1 x_2
\end{aligned}
$$

□

サンプリング・ポイントの座標値を上式に代入し，求めた近似値を表 3.3 に示します．括弧内の数値は表 3.2 で与えられた本来の関数値 $f(\boldsymbol{x})$ です．交差微分 $(\partial^2 f/\partial x_1 \partial x_2)$ を求める際に利用したコーナーの 4 点で若干の誤差が出ています．

表 3.3　サンプリング・ポイントにおける近似解 $f_{\mathrm{T2}}(\bar{\boldsymbol{x}}, \delta\boldsymbol{x})$ と関数値 $f(\bar{\boldsymbol{x}} + \delta\boldsymbol{x})$

	$x_1 = 10$	$x_1 = 15$	$x_1 = 20$
$x_2 = 20$	4.305 (4.32)	3.450 (3.45)	2.965 (2.92)
$x_2 = 15$	4.900 (4.90)	3.940 (3.94)	3.350 (3.35)
$x_2 = 10$	5.885 (5.92)	4.820 (4.82)	4.125 (4.10)

3.6.2　数値微分公式導出の説明

数値微分式 (3.28) ～ (3.30) の導出過程を説明します．

1 変数による数値微分公式

1 変数問題に第 4 次項まで考慮したテイラー級数展開式 $f_{\mathrm{T4}}(\bar{x}, \delta x)$ を用いると，$f(\bar{x} + \delta\bar{x})$ と $f(\bar{x} - \delta\bar{x})$ は次のように表現できます．ここで，f_+ と f_- は既知な値です．

$$
\begin{aligned}
f_{\mathrm{T4}}(\bar{x}, \delta\bar{x}) &= f(\bar{x}) + f'(\bar{x})\delta\bar{x} + \frac{1}{2}f''(\bar{x})\delta\bar{x}^2 + \frac{1}{6}f'''(\bar{x})\delta\bar{x}^3 + \frac{1}{24}f''''(\bar{x})\delta\bar{x}^4 \\
&\approx f_+
\end{aligned}
\tag{3.31}
$$

$$
\begin{aligned}
f_{\mathrm{T4}}(\bar{x}, -\delta\bar{x}) &= f(\bar{x}) - f'(\bar{x})\delta\bar{x} + \frac{1}{2}f''(\bar{x})\delta\bar{x}^2 - \frac{1}{6}f'''(\bar{x})\delta\bar{x}^3 + \frac{1}{24}f''''(\bar{x})\delta\bar{x}^4 \\
&\approx f_-
\end{aligned}
\tag{3.32}
$$

式 (3.31) − 式 (3.32) より

$$2f'(\bar{x})\delta\bar{x} + \frac{1}{3}f'''(\bar{x})\delta\bar{x}^3 = f_+ - f_-$$
$$\longrightarrow \quad f'(\bar{x}) = \frac{f_+ - f_-}{2\delta\bar{x}} - \frac{1}{6}f'''(\bar{x})\delta\bar{x}^2 \tag{3.33}$$

が得られ，式 (3.31) + 式 (3.32) と $f(\bar{x}) = f_0$ より

$$2f_0 + f''(\bar{x})\delta\bar{x}^2 + \frac{1}{12}f''''(\bar{x})\delta\bar{x}^4 = f_+ + f_-$$
$$\longrightarrow \quad f''(\bar{x}) = \frac{f_+ + f_- - 2f_0}{\delta\bar{x}^2} - \frac{1}{12}f''''(\bar{x})\delta\bar{x}^2 \tag{3.34}$$

が得られます．ここで，$\delta\bar{x}^2$ がかかわる項を無視すると，式 (3.33) と式 (3.34) は，前述の式 (3.26) と式 (3.27) に一致します．式 (3.33) では $f''(\bar{x})\delta\bar{x}$ の項が消え，式 (3.34) では $f'''(\bar{x})\delta\bar{x}$ の項が消えているため，式 (3.26) と (3.27) で計算される数値微分の誤差の主成分は $\delta\bar{x}^2$ に比例する量になります．$\delta\bar{x}$ が十分に小さい場合，$\delta\bar{x}^2$ は更に小さくなるため，誤差の主成分が $\delta\bar{x}^2$ に比例するこの数値微分は，誤差の主成分が $\delta\bar{x}$ に比例する数値微分よりも精度がよくなります．

2 変数による数値交差微分公式

4 点 $(\bar{\boldsymbol{x}} + \delta\bar{\boldsymbol{x}}_{++}, \bar{\boldsymbol{x}} + \delta\bar{\boldsymbol{x}}_{--}, \bar{\boldsymbol{x}} + \delta\bar{\boldsymbol{x}}_{-+}, \bar{\boldsymbol{x}} + \delta\bar{\boldsymbol{x}}_{+-})$ の $f_{\mathrm{T3}}(\bar{\boldsymbol{x}}, \delta\bar{\boldsymbol{x}})$ を考えます．これらは，図 3.16 に□で示されるサンプリングポイントのコーナーです．

$$\begin{aligned}
f_{\mathrm{T3}}(\bar{\boldsymbol{x}}, \delta\bar{\boldsymbol{x}}_{++}) \;=\; & f(\bar{\boldsymbol{x}}) + \frac{\partial f}{\partial x_1}\delta\bar{x}_1 + \frac{\partial f}{\partial x_2}\delta\bar{x}_2 + \frac{1}{2}\frac{\partial^2 f}{\partial x_1^2}\delta\bar{x}_1^2 + \frac{1}{2}\frac{\partial^2 f}{\partial x_2^2}\delta\bar{x}_2^2 \\
& + \frac{\partial^2 f}{\partial x_1 \partial x_2}\delta\bar{x}_1\delta\bar{x}_2 + \frac{1}{6}\frac{\partial^3 f}{\partial x_1^3}\delta\bar{x}_1^3 + \frac{1}{6}\frac{\partial^3 f}{\partial x_2^3}\delta\bar{x}_2^3 \\
& + \frac{1}{2}\frac{\partial^3 f}{\partial x_1^2 \partial x_2}\delta\bar{x}_1^2\delta\bar{x}_2 + \frac{1}{2}\frac{\partial^3 f}{\partial x_1 \partial x_2^2}\delta\bar{x}_1\delta\bar{x}_2^2 \approx f_{++}
\end{aligned} \tag{3.35}$$

$$\begin{aligned}
f_{\mathrm{T3}}(\bar{\boldsymbol{x}}, \delta\bar{\boldsymbol{x}}_{--}) \;=\; & f(\bar{\boldsymbol{x}}) - \frac{\partial f}{\partial x_1}\delta\bar{x}_1 - \frac{\partial f}{\partial x_2}\delta\bar{x}_2 + \frac{1}{2}\frac{\partial^2 f}{\partial x_1^2}\delta\bar{x}_1^2 + \frac{1}{2}\frac{\partial^2 f}{\partial x_2^2}\delta\bar{x}_2^2 \\
& + \frac{\partial^2 f}{\partial x_1 \partial x_2}\delta\bar{x}_1\delta\bar{x}_2 - \frac{1}{6}\frac{\partial^3 f}{\partial x_1^3}\delta\bar{x}_1^3 - \frac{1}{6}\frac{\partial^3 f}{\partial x_2^3}\delta\bar{x}_2^3 \\
& - \frac{1}{2}\frac{\partial^3 f}{\partial x_1^2 \partial x_2}\delta\bar{x}_1^2\delta\bar{x}_2 - \frac{1}{2}\frac{\partial^3 f}{\partial x_1 \partial x_2^2}\delta\bar{x}_1\delta\bar{x}_2^2 \approx f_{--}
\end{aligned} \tag{3.36}$$

$$f_{\mathrm{T3}}(\bar{\boldsymbol{x}}, \delta\bar{\boldsymbol{x}}_{-+}) \;=\; f(\bar{\boldsymbol{x}}) - \frac{\partial f}{\partial x_1}\delta\bar{x}_1 + \frac{\partial f}{\partial x_2}\delta\bar{x}_2 + \frac{1}{2}\frac{\partial^2 f}{\partial x_1^2}\delta\bar{x}_1^2 + \frac{1}{2}\frac{\partial^2 f}{\partial x_2^2}\delta\bar{x}_2^2$$

$$
\begin{aligned}
&- \frac{\partial^2 f}{\partial x_1 \partial x_2}\delta\bar{x}_1\delta\bar{x}_2 - \frac{1}{6}\frac{\partial^3 f}{\partial x_1^3}\delta\bar{x}_1^3 + \frac{1}{6}\frac{\partial^3 f}{\partial x_2^3}\delta\bar{x}_2^3 \\
&+ \frac{1}{2}\frac{\partial^3 f}{\partial x_1^2 \partial x_2}\delta\bar{x}_1^2\delta\bar{x}_2 - \frac{1}{2}\frac{\partial^3 f}{\partial x_1 \partial x_2^2}\delta\bar{x}_1\delta\bar{x}_2^2 \approx f_{-+} \qquad (3.37)
\end{aligned}
$$

$$
\begin{aligned}
f_{\mathrm{T3}}(\bar{\boldsymbol{x}}, \delta\bar{\boldsymbol{x}}_{+-}) = f(\bar{\boldsymbol{x}}) &+ \frac{\partial f}{\partial x_1}\delta\bar{x}_1 - \frac{\partial f}{\partial x_2}\delta\bar{x}_2 + \frac{1}{2}\frac{\partial^2 f}{\partial x_1^2}\delta\bar{x}_1^2 + \frac{1}{2}\frac{\partial^2 f}{\partial x_2^2}\delta\bar{x}_2^2 \\
&- \frac{\partial^2 f}{\partial x_1 \partial x_2}\delta\bar{x}_1\delta\bar{x}_2 + \frac{1}{6}\frac{\partial^3 f}{\partial x_1^3}\delta\bar{x}_1^3 - \frac{1}{6}\frac{\partial^3 f}{\partial x_2^3}\delta\bar{x}_2^3 \\
&- \frac{1}{2}\frac{\partial^3 f}{\partial x_1^2 \partial x_2}\delta\bar{x}_1^2\delta\bar{x}_2 + \frac{1}{2}\frac{\partial^3 f}{\partial x_1 \partial x_2^2}\delta\bar{x}_1\delta\bar{x}_2^2 \approx f_{+-} \qquad (3.38)
\end{aligned}
$$

交差微分項 $\partial^2 f/\partial x_1 \partial x_2$ は次のように導出され，これは式 (3.30) と一致します．

$$
\begin{aligned}
&\text{式}\,(3.35) + \text{式}\,(3.36) - \text{式}\,(3.37) - \text{式}\,(3.38) \\
&\longrightarrow \quad \frac{\partial^2 f}{\partial x_1 \partial x_2} = \frac{f_{++} + f_{--} - f_{-+} - f_{+-}}{4\delta\bar{x}_1\delta\bar{x}_2} \qquad (3.39)
\end{aligned}
$$

式 (3.35) ～ (3.38) は，$(\partial^3 f/\partial x_1^3)\delta\bar{x}_1^3$ や $(\partial^3 f/\partial x_1 \partial x_1^2)\delta\bar{x}_1\delta\bar{x}_2^2$ などの $\delta\bar{x}_i$ の 3 乗項をもちますが，式 (3.39) の導出において，これらの項は消えています．したがって，主たる誤差は，式 (3.35) ～ (3.38) には表示されていない $(\partial^4 f/\partial x_1^4)\delta\bar{x}_1^4$ などの $\delta\bar{x}_i$ の 4 乗項（$\delta\bar{x}_i^a\delta\bar{x}_j^b$, $a+b=4$ を意味する）に起因します．この 4 乗項を $\delta\bar{x}_1\delta\bar{x}_2$ で割って $\partial^2 f/\partial x_1 \partial x_2$ を求めるため，この数値微分の誤差の主成分は，$\partial f/\partial x_i$ や $\partial^2 f/\partial x_i^2$ と同じように，$\delta\bar{x}_i$ の 2 乗（$\delta\bar{x}_i^a\delta\bar{x}_j^b$, $a+b=2$ を意味する）に比例する量に抑えられます．

練習問題 3.3

表 3.4 に，$\bar{\boldsymbol{x}} = \boldsymbol{x}_{00} = (6, -4)$ を基準点とする 9 点における関数値 $f(\boldsymbol{x})$ を示します．

表 3.4

	$x_1 = 5$	$x_1 = 6$	$x_1 = 7$
$x_2 = -3$	56	69	84
$x_2 = -4$	85	100	117
$x_2 = -5$	120	137	156

このとき，数値微分の手法と表 3.4 を利用して，同様に基準点 $\bar{\boldsymbol{x}}$ における勾配ベクトル $\nabla f(\bar{\boldsymbol{x}})$ とヘッセ行列 $\nabla^2 f(\bar{\boldsymbol{x}})$ を求めなさい．

3.7 逐次探索法と 1 変数探索

逐次的とは「順を追って一歩一歩進むような」という意味であり，**逐次探索法**は，図 3.17 に示される実線矢印（$\boldsymbol{x}^{(1)} \to \boldsymbol{x}^{(2)} \to \boldsymbol{x}^{(3)}$）のように，何回かの探索を繰り返して最適解を求める方法です．この一歩一歩を**ステップ**とよぶことにします．逐次探索法の基本操作を以下にまとめます．

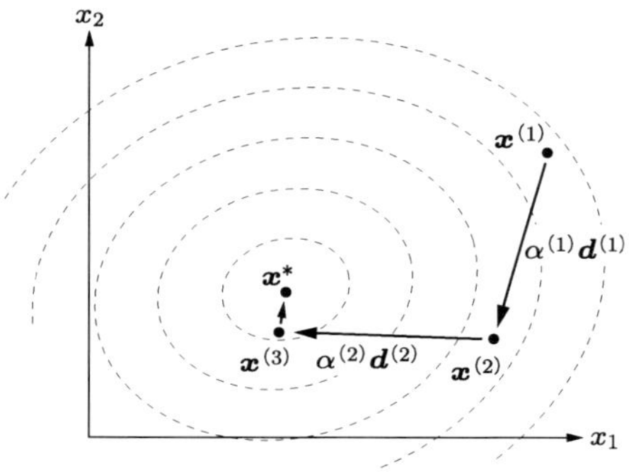

図 3.17 関数 $f(\boldsymbol{x})$ の最適解の逐次的探索

逐次探索法の基本操作

1. ステップ k の始点 $\boldsymbol{x}^{(k)}$ から出発して，
2. 目的関数値が改善される方向（これを探索方向とよびます）$\boldsymbol{d}^{(k)}$ に沿って進み，
3. 目的関数 $f(\boldsymbol{x})$ が最小（または最大）になる点に到達したときに，そのステップの探索を終了する．
4. 上記の点をステップ $k+1$ の始点 $\boldsymbol{x}^{(k+1)}$ として 1 へ戻る．
5. どの方向に探索しても解の向上が得られなくなるまで，上記の 1～4 の手順を繰り返す．

1 変数探索の基本形式

逐次探索法では，次式に従った点 $\boldsymbol{x}^{(k)}$ から点 $\boldsymbol{x}^{(k+1)}$ への更新を考えます．

$$\boldsymbol{x}^{(k+1)} = \boldsymbol{x}^{(k)} + \alpha^{(k)}\boldsymbol{d}^{(k)} \tag{3.40}$$

ここで，

$\boldsymbol{x}^{(k)}$	：	ステップ k における点（いまの設計変数の値）
$\boldsymbol{x}^{(k+1)}$	：	ステップ $k+1$ における点（更新後の設計変数の値）
$\alpha^{(k)}$	：	進む距離（スカラ量）
$\boldsymbol{d}^{(k)}$	：	進む方向（ベクトル量）

とします．この更新で，以下の 2 点が重要です．

- 探索方向 $\boldsymbol{d}^{(k)}$ を決定して，
- 変更する量 $\alpha^{(k)}$ を求める．

何らかの方法により，探索方向 $\boldsymbol{d}^{(k)}$ が決定されると，設計変数の数がいくつでも，このステップで求めるものは $\alpha^{(k)}$ のみになります．$\alpha^{(k)}$ は一つの変数であるため，この探索方法は，**1 変数探索**とよばれます．図 3.17 の $\boldsymbol{x}^{(1)} \to \boldsymbol{x}^{(2)}$ などの更新に示されるように，点 $\boldsymbol{x}^{(1)}$ を通る $\boldsymbol{d}^{(1)}$ 方向の直線上で目的関数の最小（または最大）を探索するので，**直線探索**ともよばれます．この「探索方向」と「更新する量」を適切に決定できると，このプロセスの繰り返しにより最適解に到達します．$\alpha^{(k)}$ は負になることもあり，その場合は $\boldsymbol{d}^{(k)}$ と逆方向に更新されます．

3.8　各軸方向探索法

最も簡単な探索方向の決定は，設計変数による座標軸と平行にする方法です．その場合，式 (3.40) 中の探索方向 $\boldsymbol{d}^{(k)}$ を各軸方向の単位ベクトルにします．このような探索方法を**各軸方向探索法**といいます．ただし，目的関数が x_1x_2 などの交差項をもつような問題では，解の収束性はよくありません．解の収束性とは，どのくらい少ない繰り返し回数で最適解に到達できるかの度合いです．

例題 3.6

各軸探索法を用いて，次の目的関数 $f(\boldsymbol{x})$ の最小化を行いなさい．なお，初期点を $\boldsymbol{x}^{(1)} = (-2, -2)$ とする．

目的関数　$$f(\boldsymbol{x}) = f(x_1, x_2) = \frac{7}{4}x_1^2 + \frac{5}{4}x_2^2 - \frac{\sqrt{3}}{2}x_1x_2 \quad \longrightarrow \quad \text{最小} \tag{3.41}$$

解　式 (3.40) に従い，変数 $\alpha^{(1)}$ による更新点 $\boldsymbol{x}^{(2)}$ の表現式を作成します．

$$\begin{aligned} \boldsymbol{x}^{(2)} &= \boldsymbol{x}^{(1)} + \alpha^{(1)}\boldsymbol{d}^{(1)} = (-2, -2) + \alpha^{(1)}(1, 0) \\ &= (-2 + \alpha, -2) \end{aligned} \tag{3.42}$$

上式を式 (3.41) に代入すると，次のように $\alpha^{(1)}$ を変数とする関数が得られ，これを $\hat{f}(\alpha^{(1)})$ と定義します．

$$f(\boldsymbol{x}^{(2)}) = \frac{7}{4}(\alpha^{(1)})^2 + (\sqrt{3}-7)\alpha^{(1)} + 12 - 2\sqrt{3} \equiv \hat{f}(\alpha^{(1)}) \tag{3.43}$$

この探索方向で $\hat{f}(\alpha^{(1)})$ を最小にする点では $\partial\hat{f}(\alpha^{(1)})/\partial\alpha^{(1)} = 0$ が満足されます．つまり，

$$\frac{\partial\hat{f}(\alpha^{(1)})}{\partial\alpha^{(1)}} = \frac{7}{2}\alpha^{(1)} + \sqrt{3} - 7 = 0 \quad \longrightarrow \quad \alpha^{(1)} = \frac{2(7-\sqrt{3})}{7} = 1.5051$$
$$\longrightarrow \quad \boldsymbol{x}^{(2)} = (-0.4949, -2) \tag{3.44}$$

このように，更新点 $\boldsymbol{x}^{(2)}$ を求めることができます．

図 3.18 に実線で示される楕円は，目的関数の等高線 ($f(\boldsymbol{x}) = 1/4 \sim 25/4$) です．一つの破線は更新点 $\boldsymbol{x}^{(2)}$ を通る目的関数の等高線であり，この点で $\boldsymbol{d}^{(1)}$ と等高線が接しています．つまり，この探索では，$f(\boldsymbol{x}^{(2)})$ よりも $f(\boldsymbol{x})$ が小さくなる破線の等高線の内側に入ることができなく，$\boldsymbol{x}^{(2)}$ がこの探索での最小点であることが理解できます．

同様な方法で，$\boldsymbol{x}^{(2)}$ から $\boldsymbol{d}^{(2)} = (0,1)$ 方向に探索し，$\boldsymbol{x}^{(3)}$ を求めます．図からわかるように，この 2 回の探索では $f(\boldsymbol{x})$ の最小点 $\boldsymbol{x}^* = (0,0)$ に到達できず，各軸方

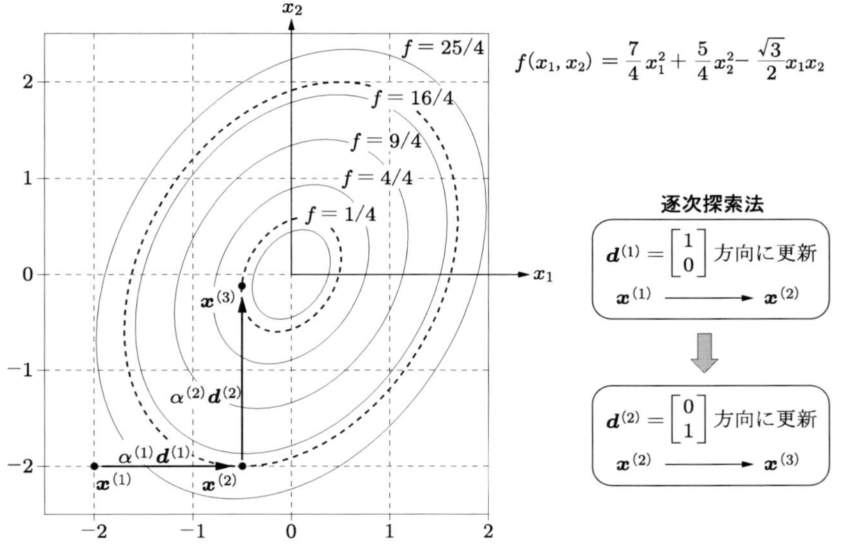

図 3.18 探索方向を軸方向とした場合

向探索の繰り返しが必要です．

数値的な探索

例題 3.6 では，式 (3.41) のように目的関数が設計変数によって表現されているため，解析的に停留点を求めることができます．しかし，表現式はわからないが，設計変数を定め，数値計算することにより，目的関数の値のみがわかることがよくあります．このような場合は，数値的に停留点を求めます．この例題に対する数値的な最適解の探索の様子を，表 3.5 に示します．初期点 $\boldsymbol{x}^{(1)} = (-2, -2)$ から $\boldsymbol{d}^{(1)} = (1, 0)$ 方向に探索し，$\boldsymbol{x}^{(2)}$ を決定する状況（ステップ 1）です．$\alpha^{(1)}$ を 0.01 ずつ増加させ，$\boldsymbol{x}^{(2)} = (x_1^{(2)}, x_2^{(2)})$, $f(\boldsymbol{x}^{(2)})$ を計算しています．この $\alpha^{(1)}$ の増加ごとの計算を，**サブステップ**とよぶことにします．この例では，太字で示されるサブステップ 3 と 4 において，ステップ 1 の最小値 $f(\boldsymbol{x}^{(2)}) = 4.5715$ を得ています．　□

$\alpha^{(1)}$ の変更量が小さすぎると $f(\boldsymbol{x})$ の最小点を求めるまでの計算回数が多くなりますが，$\alpha^{(1)}$ の変更量が大きすぎると $f(\boldsymbol{x})$ の最小点を飛び越してしまうので，α の刻み幅の設定には注意が必要です．

表 3.5　ステップ 1 の 1 変数探索（$\boldsymbol{x}^{(2)} = \boldsymbol{x}^{(1)} + \alpha^{(1)}\boldsymbol{d}^{(1)} = (-2, -2) + \alpha^{(1)}(1, 0)$）

サブステップ	$\alpha^{(1)}$	$x_1^{(2)}$	$x_2^{(2)}$	$f(\boldsymbol{x}^{(2)})$
1	1.48	−0.52	−2	4.5725
2	1.49	−0.51	−2	4.5718
3	**1.50**	**−0.50**	**−2**	**4.5715**
4	**1.51**	**−0.49**	**−2**	**4.5715**
5	1.52	−0.48	−2	4.5718
6	1.53	−0.47	−2	4.5725

3.9　黄金分割法

前節の 1 変数探索の例題 3.6 において，α を 0.01 刻みで大きくして探索方向の最小点を数値的に求めました．しかし，α の初期値や刻み幅をどの程度にすればよいかは，問題に依存します．ここでは，最小点を効率よく探索する方法として，黄金分割法を説明します．

黄金分割法（golden section search）は，サブステップ i において，最小点が含まれる区間 $[\ \alpha_s^{(i)},\ \alpha_e^{(i)}\ ]$ を一定比率により縮小することを繰り返し，最小点を求めます．区間縮小のために，幾つかの点において目的関数を計算しますが，すでに使用している点を有効利用できる縮小率を採用します．

図 3.19 に示されるように，最小点を含む区間 $[\ \alpha_s^{(i)},\ \alpha_e^{(i)}\ ]$ の内部に 2 点 $\alpha_a^{(i)}, \alpha_b^{(i)}$ を定め，その点における目的関数の値 $f_a^{(i)}$ と $f_b^{(i)}$ を求めます．目的関数の最小化問題において，$f_a^{(i)}$ と $f_b^{(i)}$ の比較により，以下のように最小点が存在する範囲が把握できます．

- $f_a^{(i)} > f_b^{(i)} \quad \longrightarrow$ 　最小点は区間 $[\ \alpha_a^{(i)},\ \alpha_e^{(i)}\ ]$ 内に存在する
- $f_a^{(i)} < f_b^{(i)} \quad \longrightarrow$ 　最小点は区間 $[\ \alpha_s^{(i)},\ \alpha_b^{(i)}\ ]$ 内に存在する

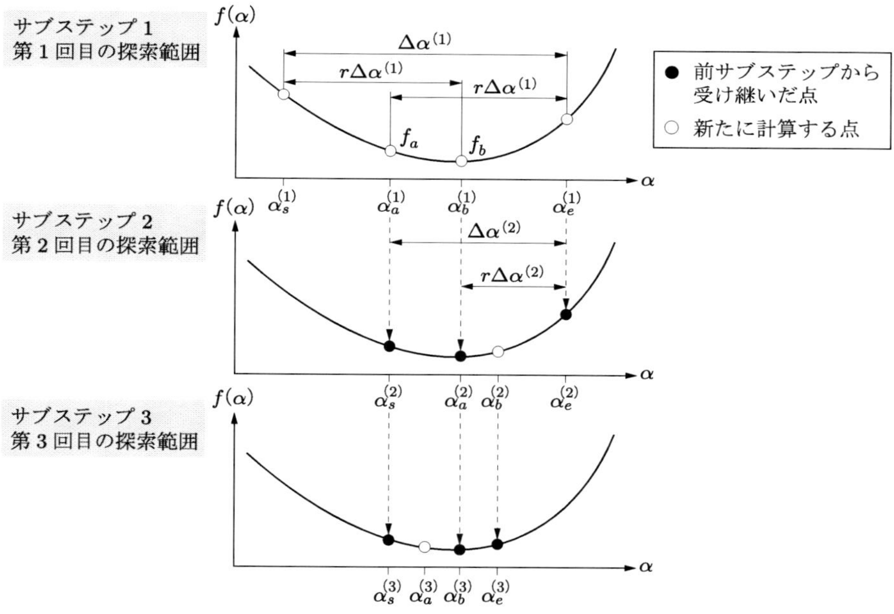

図 3.19　黄金分割法における探索範囲と探索点の更新

図 3.19 のサブステップ 1 において $f_a^{(1)} > f_b^{(1)}$ であるため，最小点が区間 $[\ \alpha_a^{(1)},\ \alpha_e^{(1)}\ ]$ に存在することが把握され，これをサブステップ 2 の探索区間 $[\ \alpha_s^{(2)},\ \alpha_e^{(2)}\ ]$ とします．この際に，図中の破線矢印で示されるように，サブステップ 1 で使用した 3 点を利用すると，サブステップ 2 で新たに計算するのは，点 $\alpha_b^{(2)}$ のみです．

縮小率 r

図 3.19 に示されるように，サブステップ i の全探索区間長を $\alpha_e^{(i)} - \alpha_s^{(i)} = \Delta\alpha^{(i)}$ とし，$\alpha_e^{(i)} - \alpha_a^{(i)} = \alpha_b^{(i)} - \alpha_s^{(i)} = r\Delta\alpha^{(i)}$ となる比率 r を考えます．サブステップ 1 と 2 の図を参考にすると，

$$r = \frac{r\Delta\alpha^{(2)}}{\Delta\alpha^{(2)}} = \frac{\alpha_e^{(1)} - \alpha_b^{(1)}}{\alpha_e^{(1)} - \alpha_a^{(1)}} = \frac{\Delta\alpha^{(1)} - r\Delta\alpha^{(1)}}{r\Delta\alpha^{(1)}} = \frac{1-r}{r}$$

$$\longrightarrow \quad r^2 + r - 1 = 0 \tag{3.45}$$

が導かれます．縮小率 r が満足すべき方程式 (3.45) を解くと，$r > 0$ の条件より，$r = (-1+\sqrt{5})/2 \approx 0.618034$ を得ます．この縮小率（1 : 0.618034，あるいは，1.618034 : 1）は**黄金比**とよばれます．黄金比は，黄金分割法による最小点の探索に利用することよりも，見かけが美しい比としてよく知られています．

練習問題 3.4

黄金分割法を用いて，図 3.20 のようなグラフをもつ，次の目的関数 $f(\alpha)$ の探索範囲を縮小する．

$$f(\alpha) = 40 + (\alpha+1)(\alpha-1)(\alpha-6) \quad \longrightarrow \quad \text{最小}$$

サブステップ 1 において，$\alpha_s^{(1)} = 1.0$，$\alpha_e^{(1)} = 6.0$ とすると，

$$\Delta\alpha^{(1)} = \alpha_e^{(1)} - \alpha_s^{(1)} = 6.0 - 1.0 = 5.0$$

$$\alpha_a^{(1)} = \alpha_e^{(1)} - r\Delta\alpha_a^{(1)} = 6.0 - 0.618 \times 5.0 = 2.910$$

$$\alpha_b^{(1)} = \alpha_s^{(1)} + r\Delta\alpha_a^{(1)} = 1.0 + 0.618 \times 5.0 = 4.090$$

$$f(\alpha_s^{(1)}) = 40, \quad f(\alpha_a^{(1)}) = 16.925, \quad f(\alpha_b^{(1)}) = 9.959, \quad f(\alpha_e^{(1)}) = 40$$

を得る．この結果に基づいて，次の設問に答えなさい．

(1)　サブステップ 2 の $\alpha_s^{(2)}$ と $\alpha_e^{(2)}$ を求め，表 3.6 の欄を埋めなさい．
(2)　サブステップ 2 の $\alpha_a^{(2)}$ と $\alpha_b^{(2)}$ を求め，表 3.6 の欄を埋めなさい．

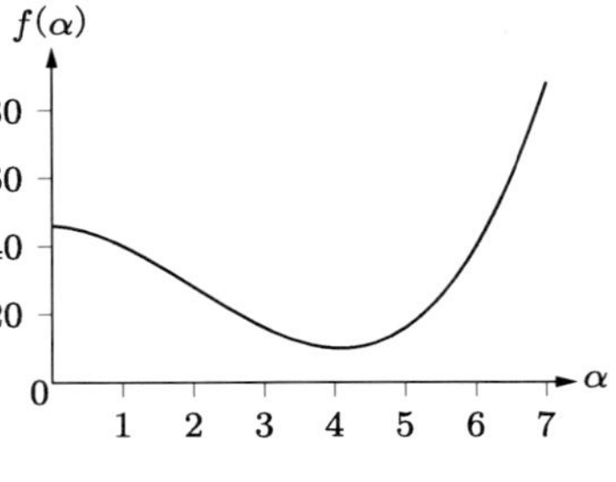

図 3.20

表 3.6

サブステップ (i)	1	2
$\alpha_s^{(i)}$	1.0	
$\alpha_a^{(i)}$	2.910	
$\alpha_b^{(i)}$	4.090	
$\alpha_e^{(i)}$	6.0	

3.10　2 次補間法

2 次補間法（quadratic interpolation search）は，与えられた 3 点を通るように 2 次補間式を作成し，その停留点により目的関数の最小点を予測する方法です．目的関数は，最適解の近傍で，1 変数 α の 2 次関数的な振る舞いをすることが多く，そのような場合，2 次補間法は有効です．

関数 $f(\alpha)$ を最小とする点 α^* が，探索区間 $[\,\alpha_s,\ \alpha_e\,]$ 内に存在する場合を考えます．3 点（$\alpha_s < \alpha_m < \alpha_e$）における関数値をそれぞれ $f_s,\ f_m,\ f_e$ とすると，**2 次補間多項式** $f_Q(\alpha)$ が作成できます．

$$f_Q(\alpha) = N_s(\alpha) f_s + N_m(\alpha) f_m + N_e(\alpha) f_e \tag{3.46}$$

ここで，

$$\left.\begin{aligned} N_s(\alpha) &= \frac{(\alpha-\alpha_m)(\alpha-\alpha_e)}{(\alpha_s-\alpha_m)(\alpha_s-\alpha_e)} \\ N_m(\alpha) &= \frac{(\alpha-\alpha_e)(\alpha-\alpha_s)}{(\alpha_m-\alpha_e)(\alpha_m-\alpha_s)} \\ N_e(\alpha) &= \frac{(\alpha-\alpha_s)(\alpha-\alpha_m)}{(\alpha_e-\alpha_s)(\alpha_e-\alpha_m)} \end{aligned}\right\} \tag{3.47}$$

です．図 3.21 に，目的関数 $f(\alpha)$ を実線で示し，2 次補間多項式 $f_Q(\alpha)$ を破線で示します．$f_Q(\alpha)$ は 3 点 $(\alpha_s, f_s), (\alpha_m, f_m), (\alpha_e, f_e)$（図の●）を通る 2 次補間式であり，その最小点（図中の×）を α_Q^* とすると，$\partial f/\partial\alpha = 0$ の条件から，次式のように与えられます．

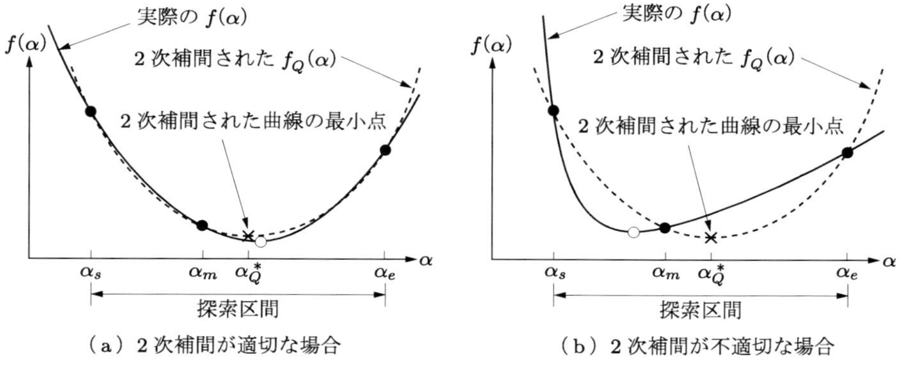

図 3.21　2 次補間法による近似

$$\alpha_Q^* = \frac{(\alpha_m^2 - \alpha_e^2)f_s + (\alpha_e^2 - \alpha_s^2)f_m + (\alpha_s^2 - \alpha_m^2)f_e}{2\{(\alpha_m - \alpha_e)f_s + (\alpha_e - \alpha_s)f_m + (\alpha_s - \alpha_m)f_e\}} \tag{3.48}$$

3 点の配置が大きく偏らないほうが，2 次補間式の精度はよいです．3 点が等間隔（$\alpha_e - \alpha_m = \alpha_m - \alpha_s = \delta\alpha$）の場合，$\alpha_Q^*$ は次式で計算されます．

$$\alpha_Q^* = \alpha_m - \frac{\delta\alpha(f_e - f_s)}{2(f_e - 2f_m + f_s)} \tag{3.49}$$

2 次補間式の精度がよければ，図 (a) のように，予測点 α_Q^* は目的関数の最小点（図の○）近傍に位置します．一方，図 (b) の例では，2 次補間式の精度は悪く，関数の最小点の予測に大きな誤差があります．したがって，探索区間内で 2 次補間式がどの程度の精度をもつかを把握しながら本手法を適用することが肝要であり，次節でその方法について説明します．

練習問題 3.5

$\alpha = 0, 1, \ldots, 7$ の $f(\alpha)$ が表 3.7 のように与えられている．2 次補間法に関する以下の設問に答えなさい．

(1)　$\alpha_s = 1, \alpha_m = 4, \alpha_e = 7$ の場合，$N_s(\alpha)$, $N_m(\alpha)$, $N_e(\alpha)$ を α の式で表現しなさい．

(2)　設問 (1) の解を用いて，$N_s(\alpha)$, $N_m(\alpha)$, $N_e(\alpha)$ を計算し，表 3.7 の欄を埋めなさい．

(3)　設問 (2) の解を用いて，$f_Q(\alpha)$ を計算し，表 3.7 の欄を埋めなさい．

(4)　$f_Q(\alpha)$ の最小点 α_Q^* を求めなさい．

なお，この問題は，図 3.22 のようなグラフをもつ次の $f(\alpha)$ を用いており，$[1 \leq \alpha \leq 7]$ の範囲の最小点は $\alpha^* = 4.0817$ である．

$$f(\alpha) = 40 + (\alpha + 1)(\alpha - 1)(\alpha - 6)$$

表 3.7

α	$f(\alpha)$	N_s	N_m	N_e	$f_Q(\alpha)$
0	46	14/9	−7/9	2/9	74
1	40				
2	28	5/9	5/9	−1/9	18
3	16				
4	10	0	1	0	10
5	16				
6	40	−1/9	5/9	5/9	50
7	88				

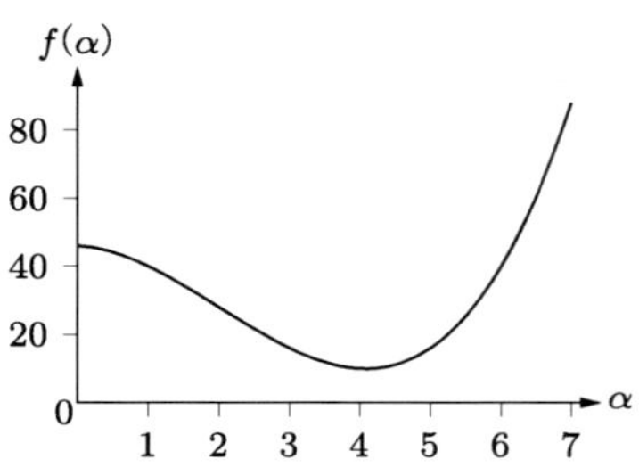

図 3.22

3.11　黄金分割法と 2 次補間法の組み合わせ

黄金分割法を用いて探索区間を縮小し，2 次補間法で最適解を予測する方法により，次の最適化問題 3.2 を考えましょう．

最適化問題 3.2（α の 1 変数問題）

目的関数　$$f(\alpha) = 20 - \alpha - \frac{10}{\alpha - 10.9} \longrightarrow \text{最小} \tag{3.50}$$

設計変数　α

サブステップ 1 の探索範囲 [0, 10] に，黄金分割法の四つの評価点 $\alpha_s, \alpha_a, \alpha_b, \alpha_e$ を設定し，図 3.23 の最下部に■で示します．この 4 点から 3 点を用いて，二つの 2 次補間式 $f_A(\alpha)$ と $f_B(\alpha)$ を作成し，破線で示します．図中の×は $f_A(\alpha)$ と $f_B(\alpha)$ の最小点 α_A^*, α_B^* で，○は $f(\alpha)$ の最小点 $\alpha^* = 7.738$ です．●は，$f(\alpha)$ の四つの評価点であり，2 次補間式 $f_A(\alpha)$ と $f_B(\alpha)$ はこの 4 点のうちの 3 点を通りますが，1 点から大きく離れています．このように，サブステップ 1 では，関数 $f(\alpha)$ とその近似式

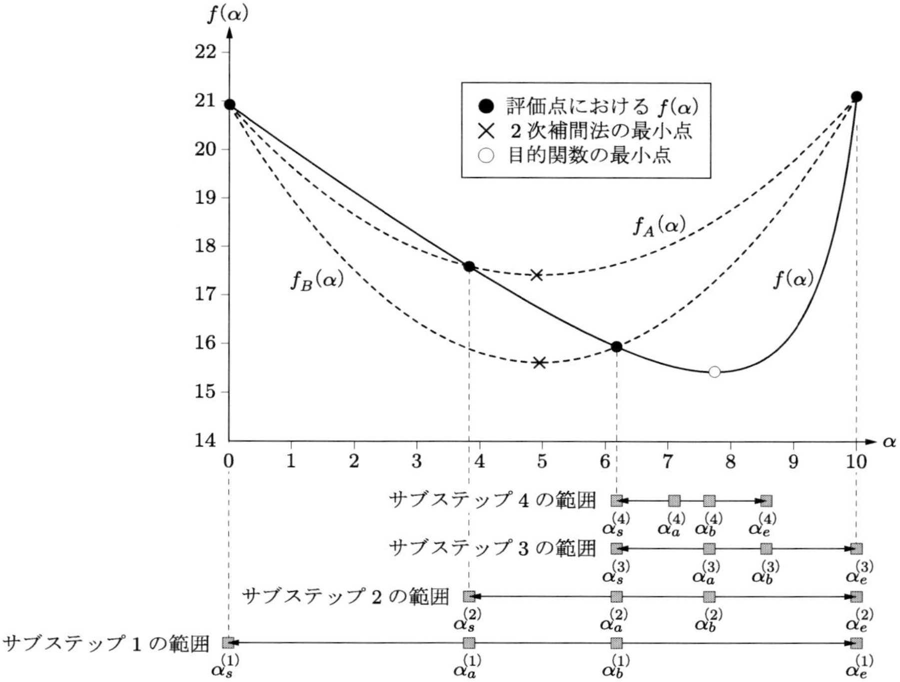

図 3.23　黄金分割法における探索範囲の縮小と 2 次補間法による近似

$f_A(\alpha)$ と $f_B(\alpha)$ は大きく異なります．実線で示される関数 $f(\alpha)$ は，探索範囲 $[0, 10]$ において 2 次関数とは異なる変化をしているためです．

表 3.8 に，黄金分割法による探索範囲の縮小と，2 次補間法による最小点の予測を示します．下線は，新たに計算した α と $f(\alpha)$ を意味します．$f_A(\alpha)$ と $f_B(\alpha)$ の最小点 α_A^* と α_B^* が等しく，前サブステップからの変化がない場合，収束したと判断します．12 回の探索範囲の縮小と最小点の予測により，$f(\alpha)$ の最小点 $\alpha^* = 7.738$ に到達しました．α を 0 から 0.001 の刻みで探索した場合，この解への到達には 7738 回の探索が必要です．これと比較すると，黄金分割法と 2 次補間法の組み合わせた方法は，効率よく最小点を探索しています．

表 3.8　黄金分割法における探索範囲の縮小と 2 次補間法による最小点の予測

サブステップ	α_s	α_a	α_b	α_e	f_s	f_a	f_b	f_e	α_A^*	α_B^*
1	$\underline{0}$	$\underline{3.820}$	$\underline{6.180}$	$\underline{10}$	$\underline{20.92}$	$\underline{17.59}$	$\underline{15.94}$	$\underline{21.11}$	4.933	4.955
2	3.820	6.180	$\underline{7.639}$	10	17.59	15.94	$\underline{15.43}$	21.11	6.054	6.318
3	6.180	7.639	$\underline{8.541}$	10	15.94	15.43	$\underline{15.70}$	21.11	7.152	7.412
4	6.180	$\underline{7.082}$	7.639	8.541	15.94	$\underline{15.54}$	15.43	15.70	7.577	7.545
⋮			⋮				⋮			⋮
12	7.721	7.740	$\underline{7.752}$	7.771	15.42465	15.42456	$\underline{15.42462}$	15.42491	7.738	7.738

3.12　初期探索範囲の決定法

黄金分割法は，探索区間 $[\ \alpha_s,\ \alpha_e\ ]$ の内側に最小点が存在すると仮定しています．このため，黄金分割法の適用前に，この仮定が成立するように α_s と α_e を設定する必要があり，その方法を説明します．

1. 基準点 $\bar{\alpha}$ を決める．$\bar{\alpha} = 0$ が一般的である．
2. $f(\bar{\alpha}) > f(\bar{\alpha} + h)$ を満足する小さな h を定める．
3. 関数値が上昇に転じるまで，評価点を更新して目的関数を計算する．評価点の更新は，
$$\bar{\alpha},\ \bar{\alpha} + h,\ \bar{\alpha} + 2h,\ \ldots,\ \bar{\alpha} + 2^{(k-1)}h$$
のように，等比で増加させる．

図 3.24 に示される例では，点 A～E の 5 点で関数を評価しています．$f^C > f^D$ と $f^D < f^E$ が成立するため，点 C と点 E の間に最小点があることがわかります．これを初期の探索区間として，黄金分割法を開始します．

次の最適問題 3.3 を用いて，具体的に考えてみましょう．

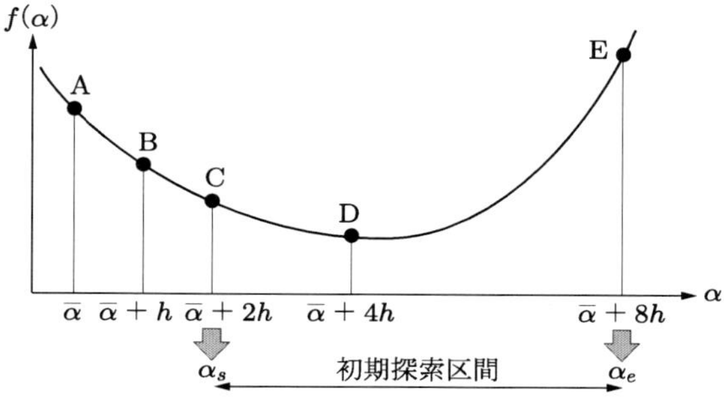

図 3.24　探索区間 [α_s, α_e] の決定

最適化問題 3.3（2 次の 1 変数問題）

目的関数　$f(\alpha) = 20 - \alpha + 0.02\alpha^2 \quad \rightarrow \quad$ 最小　(3.51)

設計変数　α

この目的関数に対して，$h = 1$, $h = 0.1$, $h = 0.01$ の 3 種類の基準幅を設定し，探索範囲を決定する様子を表 3.9 に示します．$h = 1$ を用いた場合は 7 回の計算により，$\alpha_s = 16$, $\alpha_e = 64$ の探索範囲を設定できました．$h = 0.1$ を用いた場合は 10 回の計算で，$h = 0.01$ を用いた場合は 13 回の計算で，表 3.9 下部に示される探索範囲を設

表 3.9　初期探索範囲の決定

(a) $h = 1$ の場合

サブステップ	α	$f(\alpha)$
init	0	20
1	1	19.02
2	2	18.08
3	4	16.32
4	8	13.28
5	16	9.12
6	32	8.48
7	64	37.92

$\alpha_s = 16$, $\alpha_e = 64$

(b) $h = 0.1$ の場合

サブステップ	α	$f(\alpha)$
init	0	20
1	0.1	19.90
2	0.2	19.80
3	0.4	19.60
4	0.8	19.21
5	1.6	18.45
6	3.2	17.00
7	6.4	14.42
8	12.8	10.48
9	25.6	7.51
10	51.2	21.23

$\alpha_s = 12.8$, $\alpha_e = 51.2$

(c) $h = 0.01$ の場合

サブステップ	α	$f(\alpha)$
init	0	20
1	0.01	19.99
2	0.02	19.98
3	0.04	19.96
4	0.08	19.92
5	0.16	19.84
6	0.32	19.68
7	0.64	19.37
8	1.28	18.75
9	2.56	17.57
10	5.12	15.40
11	10.24	11.86
12	20.48	7.91
13	40.96	12.59

$\alpha_s = 10.24$, $\alpha_e = 40.96$

定できました．h を10倍にしても，約3回の計算回数が増える程度であり，比較的小さな h を用いても，計算回数は大幅に増加しません．

3.13 最急降下法

ここから，解の探索方向について説明します．関数の傾きに関する情報に基づいて探索方向を決定すると，解の収束性が向上します．まず，感覚的に理解しやすい最急降下法を説明します．

3.13.1 最急降下法

点 $\boldsymbol{x}$ において，関数 $f(\boldsymbol{x})$ が最も減少する方向は，勾配ベクトルの逆方向により与えられるため，$\boldsymbol{x}^{(k)}$ からの探索方向として

$$\boldsymbol{d}^{(k)} = -\nabla f(\boldsymbol{x}^{(k)}) \tag{3.52}$$

を選択します．この探索方向を用いて，$\boldsymbol{x}^{(k-1)} = \boldsymbol{x}^{(k)} + \alpha^{(k)}\boldsymbol{d}^{(k)}$ に従った $\alpha^{(k)}$ による1変数探索を行います．$\boldsymbol{d}^{(k)}$ の代わりに，単位ベクトル化した

$$\boldsymbol{d}_{\mathrm{unit}}^{(k)} = \frac{-\nabla f(\boldsymbol{x}^{(k)})}{|\nabla f(\boldsymbol{x}^{(k)})|} \tag{3.53}$$

を用いることもあります．この場合，$\alpha^{(k)}$ は設計変数の変更量ベクトルの大きさになり，その物理的な意味が把握でき，刻み幅を決めやすくなります．$\boldsymbol{d}^{(k)}$ や $\boldsymbol{d}_{\mathrm{unit}}^{(k)}$ は，点 $\boldsymbol{x}^{(k)}$ において $f(\boldsymbol{x})$ の最急降下な方向であるため，これを探索方向に用いる最適化法を**最急降下法**（steepest descent method）といいます．

最急降下法を用いて，次の最適化問題3.4を解いてみましょう．

最適化問題 3.4（交差項がない2次の2変数問題）

目的関数　$f(\boldsymbol{x}) = f(x_1, x_2) = x_1^2 + 4x_2^2 \longrightarrow$ 最小　(3.54)

設計変数　x_1，x_2

初期点を $\boldsymbol{x}^A = (-4, -2)$ と $\boldsymbol{x}^B = (-2, -2)$ にした探索結果を，図3.25と表3.10，3.11に示します．図中の●と○は初期点や更新点，破線はそれらの点を通る等高線です．各ステップでは，最急降下法により定められた探索方向 $\boldsymbol{d}_{\mathrm{unit}}^{(k)}$ と刻み幅 $\Delta\alpha = 0.001$ を用いた1変数探索により，$\alpha^{(k)}$ を求めています．解の誤差は刻み幅 $\Delta\alpha$ の大きさ以内に抑えられ，その精度の範囲では，$\boldsymbol{x}^A$ から14ステップ，$\boldsymbol{x}^B$ から8ステップの探

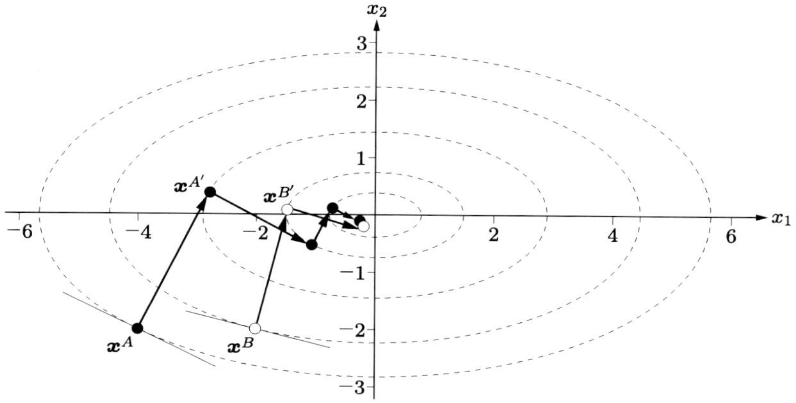

図 3.25　目的関数 $f(x_1, x_2)$ の等高線と二つの初期点からの探索（●と○）

表 3.10　最急降下法による解の探索結果（$f(x_1,\ x_2)$，初期点 $\boldsymbol{x}^A$）

ステップ k	$\boldsymbol{x}^{(k)}$		$\nabla f(\boldsymbol{x}^{(k)})$		$\lvert\nabla f(\boldsymbol{x}^{(k)})\rvert$	$\boldsymbol{d}^{(k)}_{\text{unit}}$		$\alpha^{(k)}$	$\boldsymbol{x}^{(k+1)} = \boldsymbol{x}^{(k)} + \alpha^{(k)}\boldsymbol{d}^{(k)}$		$f(\boldsymbol{x}^{(k+1)})$
1	−4	−2	−8	−16	17.89	0.447	0.894	2.631	−2.823	0.353	8.4706
2	−2.823	0.353	−5.647	2.826	6.314	0.894	−0.448	1.972	−1.060	−0.529	2.2440
3	−1.060	−0.529	−2.120	−4.234	4.735	0.448	0.894	0.697	−0.748	0.094	0.5946
4	−0.748	0.094	−1.496	0.752	1.674	0.894	−0.449	0.522	−0.281	−0.140	0.1581
11	−0.007	−0.002	−0.015	−0.018	0.023	0.634	0.773	0.004	−0.005	0.001	0.0000
12	−0.005	0.001	−0.010	0.007	0.012	0.811	−0.586	0.003	−0.002	−0.001	0.0000
13	−0.002	−0.001	−0.005	−0.007	0.009	0.549	0.836	0.001	−0.002	0.000	0.0000
14	−0.002	0.000	−0.004	−0.001	0.004	0.992	0.128	0.002	0.000	0.000	0.0000

表 3.11　最急降下法による解の探索結果（$f(x_1,\ x_2)$，初期点 $\boldsymbol{x}^B$）

ステップ k	$\boldsymbol{x}^{(k)}$		$\nabla f(\boldsymbol{x}^{(k)})$		$\lvert\nabla f(\boldsymbol{x}^{(k)})\rvert$	$\boldsymbol{d}^{(k)}_{\text{unit}}$		$\alpha^{(k)}$	$\boldsymbol{x}^{(k+1)} = \boldsymbol{x}^{(k)} + \alpha^{(k)}\boldsymbol{d}^{(k)}$		$f(\boldsymbol{x}^{(k+1)})$
1	−2	−2	−4	−16	16.49	0.243	0.970	2.157	−1.477	0.093	2.2154
2	−1.477	0.093	−2.954	0.741	3.045	0.970	−0.243	1.293	−0.223	−0.222	0.2466
3	−0.223	−0.222	−0.445	−1.776	1.831	0.243	0.970	0.239	−0.165	0.010	0.0275
4	−0.165	0.010	−0.329	0.079	0.338	0.972	−0.233	0.145	−0.024	−0.024	0.0029
5	−0.024	−0.024	−0.047	−0.192	0.198	0.238	0.971	0.026	−0.017	0.001	0.0003
6	−0.017	0.001	−0.035	0.010	0.036	0.959	−0.282	0.015	−0.003	−0.003	0.0000
7	−0.003	−0.003	−0.006	−0.024	0.024	0.243	0.970	0.003	−0.002	0.000	0.0000
8	−0.002	0.000	−0.005	0.000	0.005	0.997	0.081	0.002	0.000	0.000	0.0000

索で収束しました．このように，初期点の選択は解の収束に影響を与えます．

一般的に，最急降下法による解の収束性はよくありません．$-\nabla f(\boldsymbol{x}^A)$ は，点 $\boldsymbol{x}^A$ で目的関数が最も減少する最急降下な方向ですが，点 $\boldsymbol{x}^A$ から $-\nabla f(\boldsymbol{x}^A)$ 方向に少しでも進むと，その方向はもはや最急降下な方向ではなくなってしまうからです．最急降下法は，現在の最良な方向にとらわれて，目的関数の全体的な変化を考慮した探索方法ではありません．ただし，目的関数は常に減少するため，ステップを重ねると最適解に収束します．

最適化問題 3.4 の $f(\boldsymbol{x})$ において，初期点が x_1 軸や x_2 軸上に位置する場合，1 回の最急降下法で最適解に到達します．これは，初期点から最急降下方向に進んでも，$-\nabla f(\boldsymbol{x})$ は常に最急降下方向を確保できる特別なケースなためです．

3.13.2　最急降下法の収束性

最急降下法の収束性について説明します．$\delta\boldsymbol{x} \neq \boldsymbol{0}$ の任意なベクトル $\delta\boldsymbol{x}$ に対して，$\delta\boldsymbol{x}^T\boldsymbol{A}\delta\boldsymbol{x} > 0$ を満足する行列 $\boldsymbol{A}$ を正定値行列といいます．また，正定値行列は正の固有値をもちます．関数 $f(\boldsymbol{x})$ のヘッセ行列 $\nabla^2 f(\boldsymbol{x})$ が正定値である場合，以下のノルムが定義できます．

$$\|\boldsymbol{x}\|_G = \sqrt{\boldsymbol{x}^T\nabla^2 f(\boldsymbol{x})\boldsymbol{x}} \tag{3.55}$$

このノルムを用いると，以下の関係が成立します．

$$\|\boldsymbol{x}^{(k+1)} - \boldsymbol{x}^*\|_G \leq \left(\frac{\tau-1}{\tau+1} + \varepsilon\right)\|\boldsymbol{x}^{(k)} - \boldsymbol{x}^*\|_G \tag{3.56}$$

ここで，$\boldsymbol{x}^*$ は最適解，$\boldsymbol{x}^{(k)}$ はステップ k の基準点であり，$\eta^{(k)} = \|\boldsymbol{x}^{(k)} - \boldsymbol{x}^*\|_G$ は各ステップの基準点と最適解の開きを示す誤差ノルム（距離のようなもの）です．ステップ k からステップ $(k+1)$ に進むと，この誤差ノルムは小さくなり，式 (3.56) はその関係を表しています．ヘッセ行列の固有値 λ の最大値と最小値を $\lambda_{\max}$ と $\lambda_{\min}$ とし，$\tau = \lambda_{\max}/\lambda_{\min}$ を定義します．$1 \leq \tau$ であるため，$0 \leq (\tau-1)/(\tau+1) < 1$ になります．ε は探索状況により定まる非負の数値であり，ノルム $\|\boldsymbol{x}^{(k)} - \boldsymbol{x}^*\|_G$ はほぼ一定な比率 $(\tau-1)/(\tau+1)+\varepsilon$ で減少します．τ が 1 に近いとき $(\tau-1)/(\tau+1)$ は 0 に近くなり，収束率がよくなります．一方，τ が大きいとき $(\tau-1)/(\tau+1)$ は 1 に近くなり，収束率が悪くなります．

例題 3.7

目的関数 $f_1(\boldsymbol{x})$ と $f_2(\boldsymbol{x})$ について，ヘッセ行列，その固有値 λ，λ の比 τ，誤差ノルムの減少率の上限 $(\tau-1)/(\tau+1)$ をそれぞれ求めなさい．

(1)　**目的関数 1**　$f_1(\boldsymbol{x}) = f_1(x_1, x_2) = x_1^2 + 4x_2^2 \longrightarrow$ 最小　(3.57)

(2)　**目的関数 2**　$f_2(\boldsymbol{x}) = f_2(x_1, x_2) = x_1^2 + 2x_2^2 \longrightarrow$ 最小　(3.58)

解 (1)

$\nabla^2 f_1(\boldsymbol{x}) = \begin{bmatrix} 2 & 0 \\ 0 & 8 \end{bmatrix}$ であるため，固有値 λ は $\det \begin{bmatrix} 2-\lambda & 0 \\ 0 & 8-\lambda \end{bmatrix} = 0$ を満足する．よって，$\lambda_1 = 2, \lambda_2 = 8$ を得る．これより，以下になる．

$$\tau = \frac{\lambda_2}{\lambda_1} = 4, \quad \frac{\tau - 1}{\tau + 1} = 0.6$$

(2)

$\nabla^2 f_2(\boldsymbol{x}) = \begin{bmatrix} 2 & 0 \\ 0 & 4 \end{bmatrix}$ であるため，固有値 λ は $\det \begin{bmatrix} 2-\lambda & 0 \\ 0 & 4-\lambda \end{bmatrix} = 0$ を満足する．よって，$\lambda_1 = 2, \lambda_2 = 4$ を得る．これより，以下になる．

$$\tau = \frac{\lambda_2}{\lambda_1} = 2, \quad \frac{\tau - 1}{\tau + 1} = 0.333$$

□

表 3.12 に，例題 3.7 の $f_1(\boldsymbol{x})$ と $f_2(\boldsymbol{x})$ に最急降下法を適用した際の，収束の様子を示します．最小点は $\boldsymbol{x}^* = (0, 0)$ であり，$f_2(\boldsymbol{x})$ のほうが速く最適解に到達していま

表 3.12 目的関数よる解の収束の違い（初期点 $\boldsymbol{x}^{(1)} = \boldsymbol{x}^A = (-4,\ -2)$）

(a) 目的関数 $f_1(x_1, x_2)$

ステップ	$x_1^{(k)}$	$x_2^{(k)}$	$f_1(\boldsymbol{x}^{(k)})$	$\eta^{(k)}$	$\zeta^{(k)}$
1	−4	−2	32	8	
2	−2.823	0.353	8.4706	4.116	0.514
3	−1.060	−0.529	2.2440	2.119	0.515
4	−0.748	0.094	0.5946	1.091	0.515
5	−0.281	−0.141	0.1581	0.562	0.516
6	−0.198	0.025	0.0419	0.289	0.515
7	−0.075	−0.037	0.0111	0.149	0.515

(b) 目的関数 $f_2(x_1, x_2)$

ステップ	$x_1^{(k)}$	$x_2^{(k)}$	$f_1(\boldsymbol{x}^{(k)})$	$\eta^{(k)}$	$\zeta^{(k)}$
1	−4	−2	24	6.928	
2	−1.334	0.666	2.6667	2.309	0.333
3	−0.445	−0.222	0.2963	0.770	0.333
4	−0.148	0.074	0.0329	0.257	0.333
5	−0.049	−0.025	0.0037	0.086	0.333
6	−0.017	0.008	0.0004	0.028	0.333
7	−0.005	−0.003	0.0000	0.009	0.333

$\eta^{(k)} = \|\boldsymbol{x}^{(k)} - \boldsymbol{x}^*\|_G$，$\zeta^{(k)} = \eta^{(k)}/\eta^{(k-1)}$，$\boldsymbol{x}^*$：最適解

す．$\zeta^{(k)} = \eta^{(k)}/\eta^{(k-1)} = \|\boldsymbol{x}^{(k)} - \boldsymbol{x}^*\|_G \,/\, \|\boldsymbol{x}^{(k-1)} - \boldsymbol{x}^*\|_G$ は，連続する 2 ステップ間の誤差ノルムの比であり，この値が小さいほど速く最適解に到達します．$f_1(\boldsymbol{x})$ の場合，$\zeta^{(k)}$ は 0.515 程度となり，$f_2(\boldsymbol{x})$ の場合，$\zeta^{(k)}$ は 0.333 程度となりました．また，式 (3.56) は

$$\zeta \le \frac{\tau - 1}{\tau + 1} + \varepsilon$$

を意味し，$f_1(\boldsymbol{x})$ の $(\tau-1)/(\tau+1) = 0.6$，$f_2(\boldsymbol{x})$ の $(\tau-1)/(\tau+1) = 0.333$ および表 3.12 の数値より，式 (3.56) の関係が成立していることが理解できます．

ヘッセ行列の固有値が意味すること

ヘッセ行列の固有値 λ_i やその比 τ は，何を意味するのでしょうか．上記の $f_1(\boldsymbol{x})$ と $f_2(\boldsymbol{x})$ および $f_3(\boldsymbol{x}) = x_1^2 + x_2^2$ の等高線（$f_n(\boldsymbol{x}) = 1$），ヘッセ行列の固有値 λ_i，固有値の比 τ を図 3.26 に示します．この等高線を楕円と捉えると，表 3.13 のように，（長径/短径）の 2 乗と τ は等しいことがわかります．

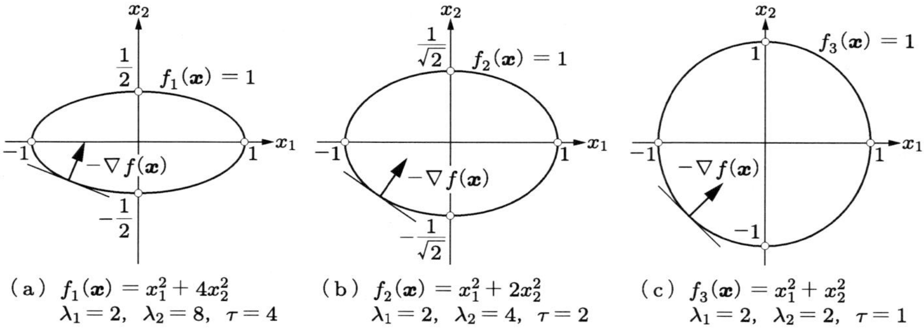

図 3.26　目的関数の等高線 $f_n(\boldsymbol{x}) = 1$ と固有値 λ_i，固有値の比 τ

表 3.13　目的関数の等高線と τ の関係

目的関数	$f_1(\boldsymbol{x})$	$f_2(\boldsymbol{x})$	$f_3(\boldsymbol{x})$
$\dfrac{\text{長径}}{\text{短径}}$	$\frac{2}{1} = 2$	$\frac{2}{\sqrt{2}} = \sqrt{2}$	$\frac{2}{2} = 1$
τ	4	2	1

ヘッセ行列の固有値の比 τ は，目的関数の扁平性の強さを表します．図 3.26 に示されるように，扁平性が強くなると，$-\nabla f(\boldsymbol{x})$ が楕円の中心を向きにくくなるため，最急降下法の解の収束性が悪化することが理解できます．

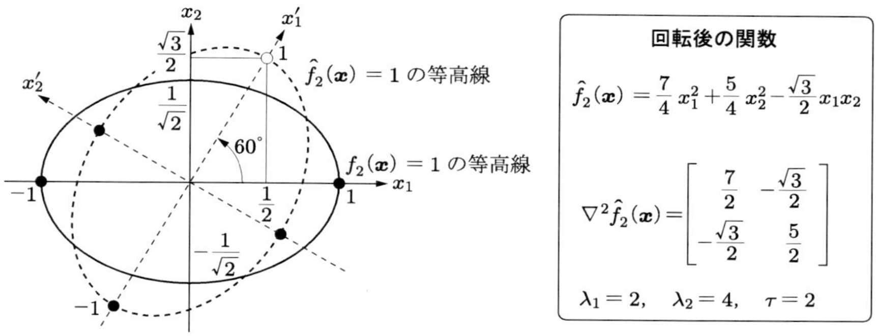

図 3.27　回転された関数 $f(\boldsymbol{x})$ と固有値 λ_i

目的関数の回転による座標変換

図 3.27 に，目的関数 $f_2(\boldsymbol{x}) = 1$ の等高線（楕円）を実線で示し，反時計回りに 60° 回転移動した等高線を破線で示します．$f_2(\boldsymbol{x}) = 1$ の等高線と共に，x_1 軸を x'_1 軸に，x_2 軸を x'_2 軸に回転移動したと考えます．このとき，両座標系には次の変換式が成立します．

$$\begin{bmatrix} x'_1 \\ x'_2 \end{bmatrix} = \begin{bmatrix} \cos 60^\circ & \sin 60^\circ \\ -\sin 60^\circ & \cos 60^\circ \end{bmatrix} \begin{bmatrix} x_1 \\ x_2 \end{bmatrix} = \begin{bmatrix} \frac{1}{2} & \frac{\sqrt{3}}{2} \\ -\frac{\sqrt{3}}{2} & \frac{1}{2} \end{bmatrix} \begin{bmatrix} x_1 \\ x_2 \end{bmatrix} \tag{3.59}$$

たとえば，図 3.27 の○で示される点 $\boldsymbol{x} = (1/2, \sqrt{3}/2)$ を式 (3.59) に代入すると，$\boldsymbol{x}' = (1, 0)$ が得られます．この座標変換式を用いると，$f_2(x_1, x_2) = x_1^2 + 2x_2^2$ を 60° 回転させた関数は以下のように定められ，これを $\hat{f}_2(\boldsymbol{x})$ と定義します．

$$\begin{aligned} f_2(x'_1, x'_2) &= {x'_1}^2 + 2{x'_2}^2 \\ &= (\cos 60^\circ\, x_1 + \sin 60^\circ\, x_2)^2 + 2\,(-\sin 60^\circ\, x_1 + \cos 60^\circ\, x_2)^2 \\ &= \left(\frac{1}{2}\, x_1 + \frac{\sqrt{3}}{2}\, x_2\right)^2 + 2\left(-\frac{\sqrt{3}}{2}\, x_1 + \frac{1}{2}\, x_2\right)^2 \\ &= \frac{7}{4}x_1^2 + \frac{5}{4}x_2^2 - \frac{\sqrt{3}}{2}x_1 x_2 \equiv \hat{f}_2(x_1, x_2) \end{aligned} \tag{3.60}$$

図 3.27 中に示されるように，ヘッセ行列 $\nabla^2 \hat{f}_2(\boldsymbol{x})$ の固有値は $\lambda_1 = 2$, $\lambda_2 = 4$ となり，回転前の $\nabla f_2(\boldsymbol{x})$ の固有値と同じです．(x_1, x_2) 座標系を用いた $\hat{f}_2(\boldsymbol{x})$ に対す

る探索結果と，(x'_1, x'_2) 座標系を用いた $f_2(\boldsymbol{x}')$ に対する探索結果が等しくなることは明白であるため，$f_2(\boldsymbol{x})$ と $\hat{f}_2(\boldsymbol{x})$ の特性を示すヘッセ行列の固有値が等しくなることは，当然の結果です．

練習問題 3.6

次の $f(\boldsymbol{x})$ の最小化問題に最急降下法を適用する．以下の設問に答えなさい．

$$f(\boldsymbol{x}) = \frac{5}{4}(x_1-6)^2 + \frac{7}{4}(x_2-6)^2 - \frac{\sqrt{3}}{2}(x_1-6)(x_2-6) - \frac{10}{x_1-10.5} - \frac{10}{x_2-10.5}$$

(1)　初期点 $\boldsymbol{x}^{(1)} = (2, 8)$ における最急降下な探索方向ベクトル $\boldsymbol{d}_{\text{unit}}^{(1)}$ を求めなさい．
(2)　図 3.28 の点 $\boldsymbol{x}^{(1)}$ から $\boldsymbol{d}_{\text{unit}}^{(1)}$ 方向に直線を引きなさい．
(3)　点 $\boldsymbol{x}^{(1)}$ から $\boldsymbol{d}_{\text{unit}}^{(1)}$ 方向に 1 変数探索を行う．更新パラメータ $\alpha^{(1)}$ を 0, 3, 4, 5 として $\boldsymbol{x}^{(2)} = \boldsymbol{x}^{(1)} + \alpha^{(1)}\boldsymbol{d}_{\text{unit}}^{(1)}$ と $f(\boldsymbol{x}^{(2)})$ を求め，表 3.14 の欄を埋めなさい．

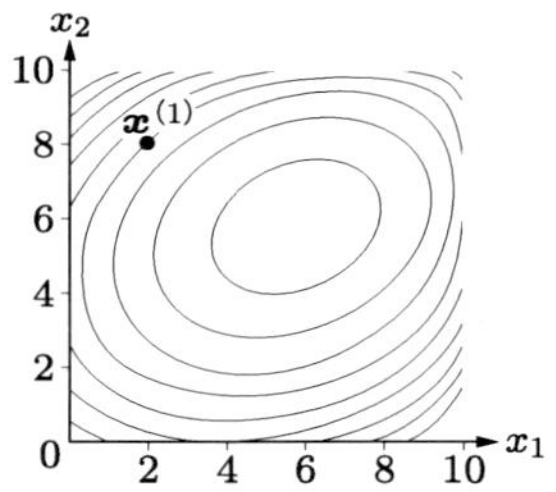

図 3.28

表 3.14

$\alpha^{(1)}$	$x_1^{(2)}$	$x_2^{(2)}$	$f(\boldsymbol{x}^{(2)})$
0			
3			
4			
5			

ポイント　最急降下法の意味と精度

- 点 $\boldsymbol{x}^{(k)}$ において，目的関数 $f(\boldsymbol{x})$ が最も減少する方向は $-\nabla f(\boldsymbol{x}^{(k)})$（勾配ベクトルの負方向）であり，最急降下法はその方向へ探索する．
- この探索方向は適切のように思われるが，勾配ベクトルは 1 次微分のみをもち，2 次微分以上の項は無視されるため，探索を進めると誤差が発生する．つまり，基準点 $\boldsymbol{x}^{(k)}$ から離れると，$-\nabla f(\boldsymbol{x}^{(k)})$ は最急降下な方向から離れてくる．
- ただし，$-\nabla f(\boldsymbol{x}^{(k)})$ は目的関数 $f(\boldsymbol{x})$ が減少する方向の主成分であり，凸目的関数の場合，ステップ数は多くても，必ず最適解に到達できる．

3.14　ニュートン法

最急降下法は，目的関数の 1 次微分のみを使用するため，目的関数の変化予測の精度が悪く，収束に多くのステップが必要でした．2 次微分を用いると，関数変化の予測精度が向上し，少ないステップで最適解に到達することが可能です．その基本となるニュートン法を説明します．

3.14.1　ニュートン法の定式化

図 3.29(a) は本来の目的関数 $f(\boldsymbol{x})$ の等高線，図 (b) はそのテイラー級数展開近似式 $f_{\mathrm{T2}}(\boldsymbol{x}^{(k)}, \delta\boldsymbol{x}^{(k)})$ の等高線です．ニュートン法（Newton method）は，$\boldsymbol{x}^{(k)}$ を基準点とする近似式 $f_{\mathrm{T2}}(\boldsymbol{x}^{(k)}, \delta\boldsymbol{x}^{(k)})$ の停留点を更新後の解 $\boldsymbol{x}^{(k+1)}$ にする方法です．

$$
\begin{aligned}
f(\boldsymbol{x}^{(k+1)}) &\approx f_{\mathrm{T2}}(\boldsymbol{x}^{(k)}, \delta\boldsymbol{x}^{(k)}) \\
&= f(\boldsymbol{x}^{(k)}) + \{\nabla f(\boldsymbol{x}^{(k)})\}^T \delta\boldsymbol{x}^{(k)} + \frac{1}{2}\delta\boldsymbol{x}^{(k)T}\nabla^2 f(\boldsymbol{x}^{(k)})\delta\boldsymbol{x}^{(k)}
\end{aligned} \tag{3.61}
$$

上式中，変更可変なパラメータは $\delta\boldsymbol{x}^{(k)}$ のみであるため，$f_{\mathrm{T2}}(\boldsymbol{x}^{(k)}, \delta\boldsymbol{x}^{(k)})$ を停留させる条件は，$\delta\boldsymbol{x}^{(k)}$ による偏微分が 0，つまり，

$$
\frac{\partial f_{\mathrm{T2}}(\boldsymbol{x}^{(k)}, \delta\boldsymbol{x}^{(k)})}{\partial \delta\boldsymbol{x}^{(k)}} = \nabla f(\boldsymbol{x}^{(k)}) + \nabla^2 f(\boldsymbol{x}^{(k)})\delta\boldsymbol{x}^{(k)} = 0 \tag{3.62}
$$

です．これより，変数の更新ベクトル $\delta\boldsymbol{x}^{(k)}$ と更新点 $\boldsymbol{x}^{(k+1)}$ が求められます．

$$
\delta\boldsymbol{x}^{(k)} = -\left[\nabla^2 f(\boldsymbol{x}^{(k)})\right]^{-1} \nabla f(\boldsymbol{x}^{(k)}) \tag{3.63}
$$

$$
\boldsymbol{x}^{(k+1)} = \boldsymbol{x}^{(k)} + \delta\boldsymbol{x}^{(k)} = \boldsymbol{x}^{(k)} - \left[\nabla^2 f(\boldsymbol{x}^{(k)})\right]^{-1} \nabla f(\boldsymbol{x}^{(k)}) \tag{3.64}
$$

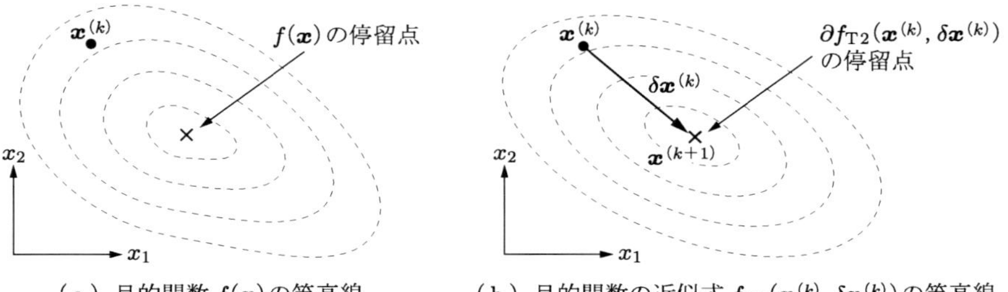

（a）目的関数 $f(\boldsymbol{x})$ の等高線　（b）目的関数の近似式 $f_{\mathrm{T2}}(\boldsymbol{x}^{(k)}, \delta\boldsymbol{x}^{(k)})$ の等高線

図 3.29　ニュートン法による最小点の探索

上記の点 $\boldsymbol{x}^{(k+1)}$ は $f_{\mathrm{T2}}(\boldsymbol{x}^{(k)}, \delta\boldsymbol{x}^{(k)})$ の停留点ですが，本来の目的関数 $f(\boldsymbol{x})$ の停留点になるか否かは，近似式 (3.61) の精度，つまり，$f_{\mathrm{T2}}(\boldsymbol{x}^{(k)})$ が表現できない項の程度や変数の増分量 $\delta\boldsymbol{x}$ の大きさに依存します．なお，ヘッセ行列が正定値行列なら停留点は最小点を意味し，**負定値行列**なら停留点は最大点を意味します．

ニュートン法は，探索方向と変化量の両者を同時に与える便利な方法です．次の最適化問題 3.5 の目的関数 $f(\boldsymbol{x})$ を用いて，ニュートン法を理解しましょう．

最適化問題 3.5（2 次の 2 変数問題）

目的関数　$f(\boldsymbol{x}) = f(x_1,\ x_2) = 2x_1 - 4x_2 + x_1^2 + 2x_2^2 + 2x_1x_2$

$$\rightarrow \quad \text{最小} \tag{3.65}$$

設計変数　$x_1,\ x_2$

ステップ 1 の基準点を $\boldsymbol{x}^{(1)} = (1,\ 1)$ とすると，勾配ベクトルとヘッセ行列は以下になります．

$$\nabla f(\boldsymbol{x}^{(1)}) = \begin{bmatrix} 2 + 2x_1^{(1)} + 2x_2^{(1)} \\ -4 + 4x_2^{(1)} + 2x_1^{(1)} \end{bmatrix} = \begin{bmatrix} 6 \\ 2 \end{bmatrix} \tag{3.66}$$

$$\nabla^2 f(\boldsymbol{x}^{(1)}) = \begin{bmatrix} 2 & 2 \\ 2 & 4 \end{bmatrix} \tag{3.67}$$

上式を式 (3.63), (3.64) に代入すると，$\delta\boldsymbol{x}^{(1)}$ と $\boldsymbol{x}^{(2)}$ が以下のように決定されます．

$$\delta\boldsymbol{x}^{(1)} = -\begin{bmatrix} 2 & 2 \\ 2 & 4 \end{bmatrix}^{-1} \begin{bmatrix} 6 \\ 2 \end{bmatrix} = -\frac{1}{4}\begin{bmatrix} 4 & -2 \\ -2 & 2 \end{bmatrix} \begin{bmatrix} 6 \\ 2 \end{bmatrix} = \begin{bmatrix} -5 \\ 2 \end{bmatrix} \tag{3.68}$$

$$\boldsymbol{x}^{(2)} = \begin{bmatrix} 1 \\ 1 \end{bmatrix} + \begin{bmatrix} -5 \\ 2 \end{bmatrix} = \begin{bmatrix} -4 \\ 3 \end{bmatrix} \tag{3.69}$$

式 (3.65) は 2 次関数であるため，近似式 $f_{\mathrm{T2}}(\boldsymbol{x}^{(1)}, \delta\boldsymbol{x}^{(1)})$ に誤差はなく，1 回のニュートン法の実施で最小点に到達します．しかし，目的関数がより高次な項をもつような場合，1 回の探索では最小点に到達できず，上記の探索を繰り返します．

次の二つの最適化問題を用いて，ニュートン法による探索の効果を検証します．

最適化問題 3.6（2 次関数問題と三角関数を含む問題）

目的関数 1　$f_1(\boldsymbol{x}) = x_1^2 + 2x_2^2 - x_1x_2 + x_1 - 2x_2$

$$\rightarrow \quad \text{最小化} \tag{3.70}$$

目的関数 2　$f_2(\boldsymbol{x}) = f_1(\boldsymbol{x}) + 4\sin((x_1 + 0.2857)^2/10)$

$$+ 12\sin((x_2 - 0.4286)^2/10) \quad \rightarrow \quad \text{最小化} \tag{3.71}$$

設計変数　$x_1,\ x_2$

両関数ともに最小点は (0.2857, 0.4276) であり，その等高線図をそれぞれ図 3.30(a) と (b) に示します．$f_1(\boldsymbol{x})$ は変数 $\boldsymbol{x} = (x_1, x_2)$ の 2 次関数であり，その等高線は x_1 軸や x_2 軸と角度をもつ楕円です．$f_2(\boldsymbol{x})$ は sin 関数による若干の揺らぎを $f_1(\boldsymbol{x})$ に与えたものです．図中の直線が $f_2(\boldsymbol{x}) = 200$ の等高線を 4 回横切っていることから，$f_2(\boldsymbol{x})$ が非凸関数であることがわかります．初期点を $\boldsymbol{x}^{(1)} = (15, 15)$ とする場合，ニュートン法で最小点を求めることができるでしょうか．

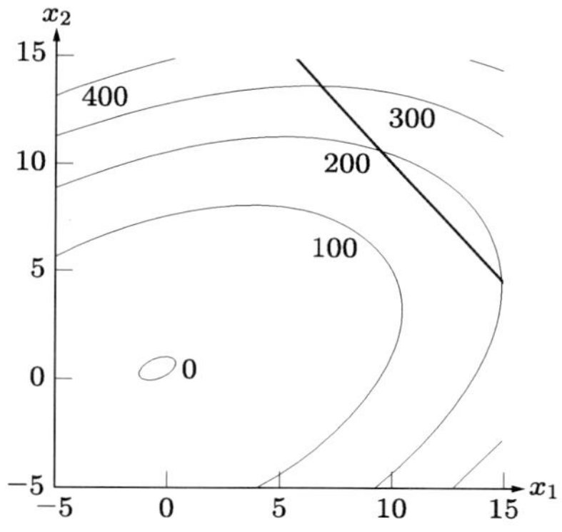

（a） $f_1(\boldsymbol{x})$

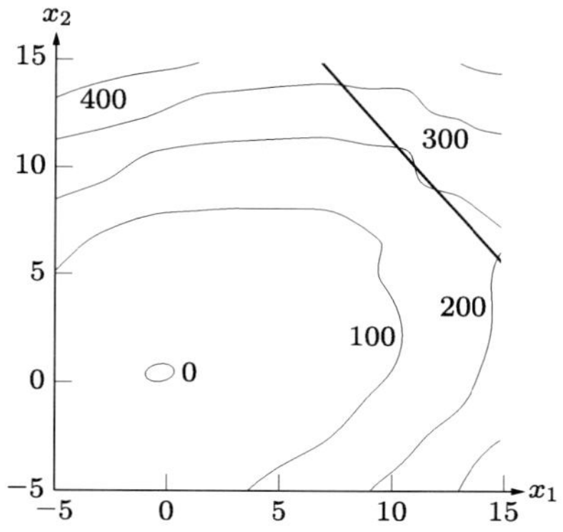

（b） $f_2(\boldsymbol{x})$

図 3.30　$f_1(\boldsymbol{x})$ と $f_2(\boldsymbol{x})$ の様子（等高線と直線上の変化）

目的関数 1（$f_1(\boldsymbol{x})$）の最小点の探索

表 3.15 に $f_1(\boldsymbol{x})$ の最小点の探索結果を示します．表 3.16 に示されるように，ヘッセ行列は正定値であるため，ニュートン法は正常に機能し，1 回の探索で最小点が求められました．

表 3.15　ニュートン法による $f_1(\boldsymbol{x})$ の最小化計算

ステップ k	$\boldsymbol{x}^{(k)}$		$f_1(\boldsymbol{x}^{(k)})$	$\boldsymbol{x}^{(k+1)}$		$f_1(\boldsymbol{x}^{(k+1)})$
1	15.0	15.0	435.0	−0.286	0.429	−0.571
2	−0.286	0.429	−0.571	−0.286	0.429	−0.571

表 3.16　$f_1(\boldsymbol{x})$ のヘッセ行列とその固有値

ステップ k	$k = 1, 2$
ヘッセ行列 $\nabla^2 f_1(\boldsymbol{x}^{(k)})$	$\begin{bmatrix} 2.0 & -1.0 \\ -1.0 & 4.0 \end{bmatrix}$
ヘッセ行列の固有値と定値性	1.59, 4.41 正定値

目的関数 2（$f_2(\boldsymbol{x})$）の最小点の探索

$f_2(\boldsymbol{x})$ の最小点の探索結果を表 3.17 に示します．$\delta f_2^{(k)}$ はステップ k における目的関数の変化量です．$\boldsymbol{x}^{(k)}$ から $\boldsymbol{x}^{(k+1)}$ への更新により，ステップ 2，4 では，目的関数が減少していますが，ステップ 1, 3, 5 では，目的関数が増加しており，ニュートン法は適切に機能していません．

表 3.17　ニュートン法による $f_2(\boldsymbol{x})$ の最小化計算

ステップ k	$\boldsymbol{x}^{(k)}$		$f_2(\boldsymbol{x}^{(k)})$	$\boldsymbol{x}^{(k+1)}$		$f_2(\boldsymbol{x}^{(k+1)})$	$\delta f_2^{(k)}$
1	15.000	15.000	439.332	14.653	15.265	439.668	0.336
2	14.653	15.265	439.668	14.163	12.763	343.537	−96.139
3	14.163	12.763	343.537	14.559	13.020	348.035	4.499
4	14.559	13.020	348.035	12.460	12.415	306.085	−42.275
5	12.460	12.415	306.085	12.167	12.869	312.664	6.879

各ステップの基準点におけるヘッセ行列とその固有値を表 3.18 に示します．ヘッセ行列は，ステップ 1 で不定値，ステップ 2 で正定値，ステップ 3 で負定値です．なお，行列の固有値と定値性は，表 3.19 のようにまとめられます．

表 3.18　$f_2(\boldsymbol{x})$ のヘッセ行列とその固有値

ステップ k	1	2	3
ヘッセ行列 $\nabla^2 f_2(\boldsymbol{x}^{(k)})$	$\begin{bmatrix} 38.51 & -1.00 \\ -1.00 & -67.85 \end{bmatrix}$	$\begin{bmatrix} 12.70 & -1.00 \\ -1.00 & 3.71 \end{bmatrix}$	$\begin{bmatrix} -28.33 & -1.00 \\ -1.00 & -32.93 \end{bmatrix}$
ヘッセ行列の固有値と定値性	−67.9, 38.5 不定値	3.61, 12.8 正定値	−33.0, −28.1 負定値
$f_2(\boldsymbol{x}^{(k)}) \to f_2(\boldsymbol{x}^{(k+1)})$	439.3 → 439.7	439.7 → 343.5	343.5 → 348.0

表 3.19　固有値と定値性の関係

固有値	正のみ	非負のみ	負のみ	非正のみ	正負が混在
定値性	正定値	半正定値	負定値	半負定値	不定値

ヘッセ行列が正定値でない場合，ニュートン法で最小点を探索することは困難です．同様に，負定値でない場合，最大点の探索は困難です．

ヘッセ行列の定値性

ヘッセ行列の定値性を説明しながら，目的関数 2（$f_2(\boldsymbol{x})$）の最小点が求められない理由を考えましょう．ステップ 1, 2, 3 における $f_2(\boldsymbol{x})$ と $f_{\mathrm{T2}}(\boldsymbol{x}^{(k)}, \delta\boldsymbol{x}^{(k)})$ の x_1 および x_2 方向の変化を，実線と破線で図 3.31 に示します．●は各ステップの基準点 $\boldsymbol{x}^{(k)}$ であり，○はニュートン法による解（$f_{\mathrm{T2}}(\boldsymbol{x}^{(k)}, \delta\boldsymbol{x}^{(k)})$ の停留点）です．近似関

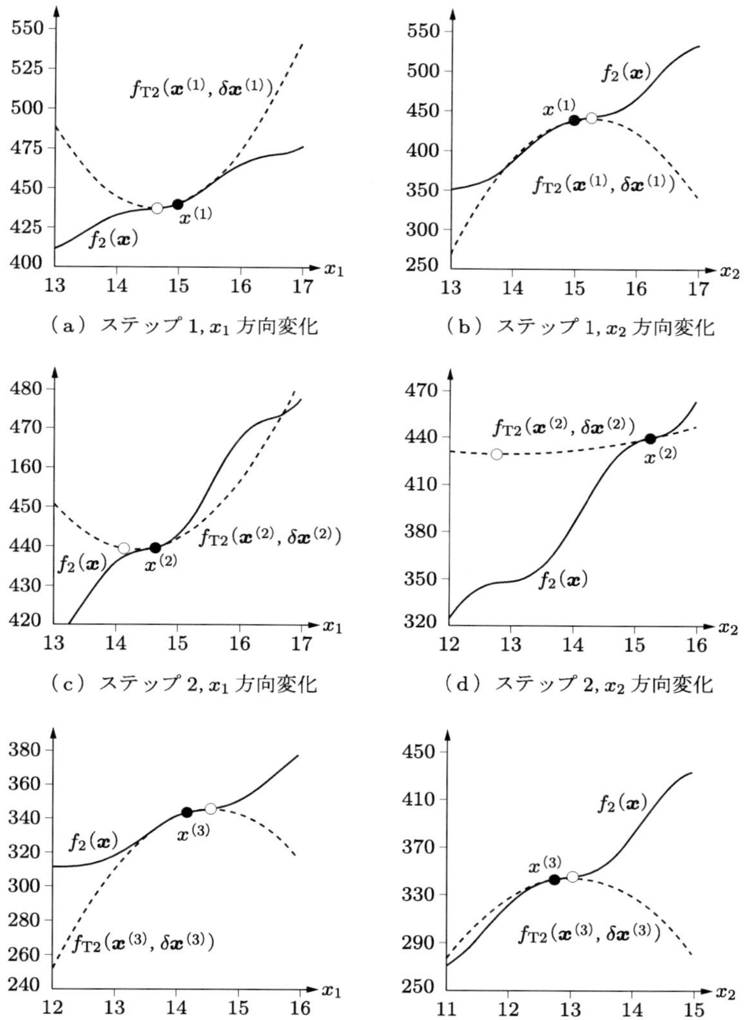

（a）ステップ 1, x_1 方向変化　（b）ステップ 1, x_2 方向変化

（c）ステップ 2, x_1 方向変化　（d）ステップ 2, x_2 方向変化

（e）ステップ 3, x_1 方向変化　（f）ステップ 3, x_2 方向変化

図 3.31　$f_2(\boldsymbol{x})$ とそのテイラー級数近似式 $f_{T2}(\boldsymbol{x}^{(k)}, \delta\boldsymbol{x}^{(k)})$

数 $f_{T2}(\boldsymbol{x}^{(k)}, \delta\boldsymbol{x}^{(k)})$ の凸の方向と $\nabla^2 f_2(\boldsymbol{x}^{(k)})$ の固有値 $\lambda_1^{(k)}$, $\lambda_2^{(k)}$ の関係は，以下のようにまとめられます．

ステップ 1：図 3.31(a) と (b)

- 破線は $f_{T2}(\boldsymbol{x}^{(1)}, \delta\boldsymbol{x}^{(1)})$ の x_1 と x_2 と方向の変化を示しており，x_1 方向には下に凸，x_2 方向には上に凸の状態である．

- ヘッセ行列 $\nabla^2 f(\boldsymbol{x}^{(1)})$ の固有値は，$\lambda_1 < 0$ と $\lambda_2 > 0$ である．これは，近似関数がある方向に上に凸であり，他方向に下に凸であることを意味し，図に合致する．
- この場合，近似式 $f_{\mathrm{T2}}(\boldsymbol{x}^{(1)}, \delta\boldsymbol{x}^{(1)})$ の停留点 $\boldsymbol{x}^{(1)*}$ における近似関数値 $f_{\mathrm{T2}}(\boldsymbol{x}^{(1)}, \delta\boldsymbol{x}^{(1)*})$ が，初期値 $f_{\mathrm{T2}}(\boldsymbol{x}^{(1)}, \mathbf{0})$ よりも増加しているか，減少しているかを判断できない．

ステップ 2：図 3.31(c) と (d)

- 破線 $f_{\mathrm{T2}}(\boldsymbol{x}^{(2)}, \delta\boldsymbol{x}^{(2)})$ は，x_1 および x_2 方向に下に凸の状態である．
- ヘッセ行列 $\nabla^2 f(\boldsymbol{x}^{(2)})$ の固有値は，$\lambda_1 > 0$，$\lambda_2 > 0$ である．これは，近似関数があらゆる 2 方向に下に凸であることを意味し，図に合致する．
- この場合，$\boldsymbol{x}^{(2)*}$ は近似式 $f_{\mathrm{T2}}(\boldsymbol{x}^{(2)}, \delta\boldsymbol{x}^{(2)})$ の最小点である．

ステップ 3：図 3.31(e) と (f)

- 破線 $f_{\mathrm{T2}}(\boldsymbol{x}^{(3)}, \delta\boldsymbol{x}^{(3)})$ は，x_1 および x_2 方向に上に凸の状態である．
- ヘッセ行列 $\nabla^2 f(\boldsymbol{x}^{(3)})$ の固有値は，$\lambda_1 < 0$，$\lambda_2 < 0$ である．これは，近似関数があらゆる 2 方向に上に凸であることを意味し，図に合致する．
- この場合，$\boldsymbol{x}^{(3)*}$ は近似式 $f_{\mathrm{T2}}(\boldsymbol{x}^{(3)}, \delta\boldsymbol{x}^{(3)})$ の最大点である．

ニュートン法は，近似式 $f_{\mathrm{T2}}(\boldsymbol{x}^{(k)}, \delta\boldsymbol{x}^{(k)})$ の停留点を求めることにより，最小点を探索する方法です．停留点が最小点，あるいはその近傍であるためには，ヘッセ行列 $\nabla^2 f_2(\boldsymbol{x}^{(k)})$ が正定値である必要があります．この条件を満足しない目的関数 2 において，ニュートン法は最小点を探索できません．

3.14.2　ニュートン法と 1 変数探索を組み合わせた手法

最適化問題 3.6 のステップ 2 において，目的関数値は減少していますが，ニュートン法の解は実際の最小点と大きく異なります．このように，近似式 $f_{\mathrm{T2}}(\boldsymbol{x}^{(k)}, \delta\boldsymbol{x}^{(k)})$ の誤差が大きい場合，ニュートン法で求めた探索方向のみを採用し，前述の 1 変数探索により更新量を定める方法が有効です．この場合，

$$\boldsymbol{d}^{(k)} = -[\nabla^2 f(\boldsymbol{x}^{(k)})]^{-1} \nabla f(\boldsymbol{x}^{(k)}) \tag{3.72}$$

$$\boldsymbol{x}^{(k+1)} = \boldsymbol{x}^{(k)} + \alpha^{(k)} \boldsymbol{d}^{(k)} \tag{3.73}$$

により探索を行います．最急降下法は勾配ベクトルのみで探索方向 $\boldsymbol{d}^{(k)} = -\nabla f(\boldsymbol{x}^{(k)})$ を決めたのに対し，ニュートン法はヘッセ行列による 2 次微分も考慮した式 (3.72) で探索方向を決定しています．目的関数の近似関数の精度がよければ，$\alpha^{(k)}$ は 1.0 程度の数値になります．なお，$\nabla^2 f(\boldsymbol{x}^{(k)})$ の代わりに単位行列 I を用いると，この手法は

最急降下法と一致します.

最適化問題 3.6 の $f_2(\boldsymbol{x})$ に，ニュートン法と 1 変数探索法を組み合わせた手法を適用した結果を表 3.20 に示し，最急降下法を用いた結果を表 3.21 に示します. α の刻み幅を $\Delta\alpha = 0.001$ とし，表中に示される有効桁の精度では，この組み合わせ手法は 5 回のステップ計算により最小点に到達しています. また，ステップ 4 と 5 で，$\alpha^{(k)}$ は 1.0 前後の値になっており，ニュートン法の精度が向上していることが把握できます. 13 回のステップを要した最急降下法と比較すると，この組み合わせ手法の収束性のよさがわかります. ただし，この問題の初期のステップでは，ニュートン法のもととなる 2 次近似式の誤差が大きく，1 次近似式のみを用いた最急降下法のほうが，よい精度で解を更新しています. ステップが進み 2 次近似式の精度が向上すると，この組み合わせ手法は，よい精度で最小点を求めています.

表 3.20 ニュートン法および 1 変数探索法による $f_2(\boldsymbol{x})$ の最小化計算（$\Delta\alpha = 0.001$ を使用）

ステップ k	$\boldsymbol{x}^{(k)}$		$f_2(\boldsymbol{x}^{(k)})$	$\boldsymbol{x}^{(k+1)}$		$f_2(\boldsymbol{x}^{(k+1)})$	$\lvert\boldsymbol{d}^{(k)}\rvert$	$\alpha^{(k)}\lvert\boldsymbol{d}^{(k)}\rvert$	$\alpha^{(k)}$
1	15.000	15.000	439.332	14.935	15.050	439.326	0.436	0.082	0.188
2	14.935	15.050	439.326	16.882	13.372	392.918	0.400	−2.570	−6.432
3	16.882	13.372	392.918	0.759	1.538	3.732	0.453	20.000	44.140
4	0.759	1.538	3.732	−0.285	0.428	−0.571	1.543	1.524	0.987
5	−0.285	0.428	−0.571	−0.286	0.429	−0.571	0.001	0.001	1.082

表 3.21 最急降下法による $f_2(\boldsymbol{x})$ の最小化計算（$\Delta\alpha = 0.001$ を使用）

ステップ k	$\boldsymbol{x}^{(k)}$		$f_2(\boldsymbol{x}^{(k)})$	$\boldsymbol{x}^{(k+1)}$		$f_2(\boldsymbol{x}^{(k+1)})$
1	15.000	15.000	439.332	3.401	−0.014	19.189
2	3.401	−0.014	19.189	1.473	1.476	5.406
3	1.473	1.476	5.406	0.533	0.260	0.596
4	0.533	0.260	0.596	0.052	0.631	−0.349
⋮	⋮	⋮	⋮	⋮	⋮	⋮
13	−0.286	0.429	−0.571	−0.286	0.429	−0.571

最適化問題で使用される多くの目的関数は，最小点近傍で 2 次関数的な挙動をするため，ステップが更新されると収束性が向上します. これが，ニュートン法などの 2 次近似に基づく探索法の利用のメリットです.

練習問題 3.7

図 3.32 のような等高線をもつ，次の $f(\boldsymbol{x})$ 最小化問題にニュートン法を適用する. 以下の設問に答えなさい.

$$f(\boldsymbol{x}) = \frac{5}{4}(x_1-6)^2 + \frac{7}{4}(x_2-6)^2 - \frac{\sqrt{3}}{2}(x_1-6)(x_2-6) - \frac{10}{x_1-10.5} - \frac{10}{x_2-10.5} \longrightarrow \text{最小}$$

(1)　式 (3.63), (3.64) に従ったニュートン法を用いて，初期点 $\boldsymbol{x}^{(1)}=(2,8)$ における更新ベクトル $\delta\boldsymbol{x}^{(1)}$ と最適解の予測値 $\boldsymbol{x}^{(2)}=\boldsymbol{x}^{(1)}+\delta\boldsymbol{x}^{(1)}$ を求めなさい．

(2)　$\boldsymbol{d}_{\text{unit}}^{(1)}=\delta\boldsymbol{x}^{(1)}/|\delta\boldsymbol{x}^{(1)}|$ の計算式に従い，探索方向ベクトル $\boldsymbol{d}_{\text{unit}}^{(1)}$ を求めなさい．なお，$|\delta\boldsymbol{x}^{(1)}|$ は更新ベクトル $\delta\boldsymbol{x}^{(1)}$ の長さである．

(3)　式 (3.72), (3.73) に従ったニュートン法を用いて，点 $\boldsymbol{x}^{(1)}$ から $\boldsymbol{d}_{\text{unit}}^{(1)}$ 方向に 1 変数探索を行う．更新パラメータ $\alpha^{(1)}$ を 3, 4, 5 として $\boldsymbol{x}^{(2)}$ と $f(\boldsymbol{x}^{(2)})$ を求め，表 3.22 を埋めなさい．

表 3.22

$\alpha^{(1)}$	$x_1^{(2)}$	$x_2^{(2)}$	$f(\boldsymbol{x}^{(2)})$
0			
3			
4			
5			

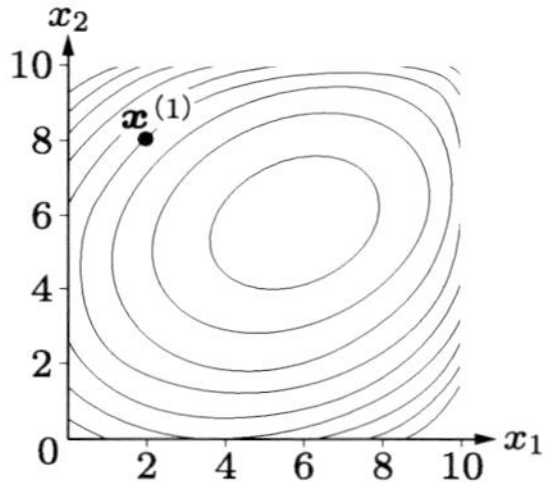

図 3.32

ポイント　ニュートン法の理論と使用方法

- ニュートン法は，ステップ k の基準点 $\boldsymbol{x}^{(k)}$ において目的関数のテイラー級数展開近似式 $f_{\text{T2}}(\boldsymbol{x}^{(k)},\delta\boldsymbol{x}^{(k)})$ を作成し，その停留点を求める方法である．この場合，探索方向 $\boldsymbol{d}^{(k)}$ と移動量 $\alpha^{(k)}$ の両者を同時に求めている．
- ヘッセ行列が正定値の場合，停留点は最小点になる．
- 近似式 $f_{\text{T2}}(\boldsymbol{x}^{(k)},\delta\boldsymbol{x}^{(k)})$ が正しければ，1 ステップの計算により最適解が得られる．また，近似式に多少の誤差があっても，比較的少ないステップ計算で最適解に到達できる．
- 近似式の誤差が大きい場合，ニュートン法で求めた探索方向 $\boldsymbol{d}^{(k)}$ のみを利用し，1 変数探索で移動量 $\alpha^{(k)}$ を求める方法が有効になる．
- 各ステップにおいて，ヘッセ行列 $\nabla^2 f(\boldsymbol{x}^{(k)})$ と勾配ベクトル $\nabla f(\boldsymbol{x}^{(k)})$ を作成し，連立方程式を解くため，計算量は多い．

3.15 準ニュートン法

準ニュートン法（quasi-Newton method）は，ニュートン法の計算量が多くなる問題点を克服するために，ヘッセ行列やその逆行列の近似（$\boldsymbol{B}^{(k)}$ と $\boldsymbol{H}^{(k)}$）を少ない計算量で作成し，解の探索に用います．1 回の計算で精度のよい近似行列を作成できなく，設計変数の数に比例する近似行列の更新が必要です．

3.15.1 準ニュートン法の定式化

ステップ k で用いる近似行列 $\boldsymbol{B}^{(k)}$ と $\boldsymbol{H}^{(k)}$ は，前ステップの $\boldsymbol{B}^{(k-1)}$ と $\boldsymbol{H}^{(k-1)}$ に増分を与える形式で表現します．

$$\left.\begin{aligned} &\nabla^2 f(\boldsymbol{x}^{(k)}) \approx \boldsymbol{B}^{(k)} = \boldsymbol{B}^{(k-1)} + \Delta\boldsymbol{B}^{(k-1)} \\ &\left[\nabla^2 f(\boldsymbol{x}^{(k)})\right]^{-1} \approx \boldsymbol{H}^{(k)} = \boldsymbol{H}^{(k-1)} + \Delta\boldsymbol{H}^{(k-1)} \end{aligned}\right\} \tag{3.74}$$

$\boldsymbol{B}^{(k)}$ と $\boldsymbol{H}^{(k)}$ は，下記の条件を満足することが要求されます．

$$\left.\begin{aligned} &\boldsymbol{B}^{(k)}\ \delta\boldsymbol{x}^{(k)} = \nabla f(\boldsymbol{x}^{(k+1)}) - \nabla f(\boldsymbol{x}^{(k)}) \\ &\boldsymbol{H}^{(k)}\ (\nabla f(\boldsymbol{x}^{(k+1)}) - \nabla f(\boldsymbol{x}^{(k)})) = \delta\boldsymbol{x}^{(k)} \end{aligned}\right\} \tag{3.75}$$

式 (3.63) や式 (3.72) に示されるように，探索方向 $\boldsymbol{d}^{(k)}$ を定めるためには，ヘッセ行列の逆行列を求めるほうが都合がよいので，代表的な更新公式である **DFP 公式**と **BFGS 公式**による，$\boldsymbol{H}^{(k)}$ の作成式を説明します．

- DFP 公式

$$\begin{aligned} \boldsymbol{H}^{(k)} &= \boldsymbol{H}^{(k-1)} + \Delta\boldsymbol{H}^{(k-1)} \\ &= \boldsymbol{H}^{(k-1)} - \frac{\boldsymbol{H}^{(k-1)}\boldsymbol{y}\boldsymbol{y}^T\boldsymbol{H}^{(k-1)}}{\gamma} + \frac{\boldsymbol{s}\boldsymbol{s}^T}{\beta} \end{aligned} \tag{3.76}$$

- BFGS 公式

$$\begin{aligned} \boldsymbol{H}^{(k)} &= \boldsymbol{H}^{(k-1)} + \Delta\boldsymbol{H}^{(k-1)} \\ &= \boldsymbol{H}^{(k-1)} - \frac{\boldsymbol{H}^{(k-1)}\boldsymbol{y}\boldsymbol{s}^T + \boldsymbol{s}\boldsymbol{y}^T\boldsymbol{H}^{(k-1)}}{\beta} + \frac{\beta+\gamma}{\beta^2}\boldsymbol{s}\boldsymbol{s}^T \end{aligned} \tag{3.77}$$

ここで，

$$\begin{aligned} &\boldsymbol{s} = \boldsymbol{x}^{(k)} - \boldsymbol{x}^{(k-1)}, \qquad \boldsymbol{y} = \nabla f(\boldsymbol{x}^{(k)}) - \nabla f(\boldsymbol{x}^{(k-1)}) \\ &\beta = \boldsymbol{s}^T\boldsymbol{y}, \qquad \gamma = \boldsymbol{y}^T\boldsymbol{H}^{(k-1)}\boldsymbol{y} \end{aligned} \tag{3.78}$$

これらの公式により更新した $\boldsymbol{H}^{(k)}$ を用いて探索方向を求め，1 変数探索を行います．

$$\boldsymbol{d}^{(k)} = -\boldsymbol{H}^{(k)} \nabla f(\boldsymbol{x}^{(k)}) \tag{3.79}$$

$$\boldsymbol{x}^{(k+1)} = \boldsymbol{x}^{(k)} + \alpha^{(k)} \boldsymbol{d}^{(k)} \tag{3.80}$$

ニュートン法の効果確認に使用した最適化問題 3.6 を，BFGS 法で解いてみましょう．

最適化問題 3.6（再掲）

目的関数 1 $f_1(\boldsymbol{x}) = x_1^2 + 2x_2^2 - x_1 x_2 + x_1 - 2x_2 \quad \rightarrow \quad$ 最小 (3.81)

目的関数 2 $f_2(\boldsymbol{x}) = f_1(\boldsymbol{x}) + 4\sin((x_1 + 0.2857)^2/10)$

$\qquad + 12\sin((x_2 - 0.4286)^2/10) \quad \rightarrow \quad$ 最小 (3.82)

設計変数 $x_1,\ x_2$

探索結果を表 3.23〜3.26 に示します．初期値として $\boldsymbol{H}^{(1)} = \boldsymbol{I}$ を用いて探索を開始します．この時点では，最急降下法と同じ探索方向です．2 次関数の $f_1(\boldsymbol{x})$ を扱う設問 (1) は，変数の数と同じ 2 回の探索で，最適解に到達しています．ニュートン法では解くことができなかった設問 (2) に対しても，4 回の探索により最小点に到達しています．準ニュートン法では，ヘッセ行列の逆行列を $\boldsymbol{H}^{(k)}$ により近似しますが，全ステップにおいて $\boldsymbol{H}^{(k)}$ は正定値行列になり，ニュートン法よりも安定して解を求められます．なお，各ステップでは 1 変数探索を行うサブステップが必要です．

表 3.23 準ニュートン法 (BFGS) による $f_1(\boldsymbol{x})$ の最小化計算

ステップ k	$\boldsymbol{x}^{(k)}$		$f_2(\boldsymbol{x}^{(k)})$	$\boldsymbol{x}^{(k+1)}$		$f_1(\boldsymbol{x}^{(k+1)})$
1	15.000	15.000	435.000	9.844	1.143	95.822
2	9.844	1.143	95.822	−0.286	0.429	−0.571

表 3.24 準ニュートン法 (BFGS) による $\boldsymbol{H}^{(k)}$ と固有値 $f_1(\boldsymbol{x})$

ステップ k	1	2	3
(ヘッセ行列)$^{-1}$ 近似 $\boldsymbol{H}^{(k)}$	$\begin{bmatrix} 1.0 & 0.0 \\ 0.0 & 1.0 \end{bmatrix}$	$\begin{bmatrix} 1.240 & 0.190 \\ 0.190 & 0.289 \end{bmatrix}$	$\begin{bmatrix} 0.039 & 0.105 \\ 0.105 & 0.283 \end{bmatrix}$
ヘッセ行列の固有値と定値性	1.0, 1.0 正定値	0.252, 1.276 正定値	1.00×10^{-5}, 0.322 正定値
$f_1(\boldsymbol{x}^{(k)}) \rightarrow f_1(\boldsymbol{x}^{(k+1)})$	$435.0 \rightarrow 95.82$	$95.82 \rightarrow -0.571$	$-0.571 \rightarrow -0.571$

表 3.25 準ニュートン法 (BFGS) による $f_2(\boldsymbol{x})$ の最小化計算

ステップ k	$\boldsymbol{x}^{(k)}$		$f_2(\boldsymbol{x}^{(k)})$	$\boldsymbol{x}^{(k+1)}$		$f_2(\boldsymbol{x}^{(k+1)})$
1	15.000	15.000	439.332	3.401	−0.014	19.188
2	3.401	−0.014	19.188	−0.051	0.727	−0.280
3	−0.051	0.727	−0.280	−0.336	0.446	−0.566
4	−0.336	0.446	−0.566	−0.286	0.429	−0.571

表 3.26 準ニュートン法 (BFGS) による $\boldsymbol{H}^{(k)}$ と固有値 $f_2(\boldsymbol{x})$

ステップ k	1	2	3
(ヘッセ行列)$^{-1}$ 近似 $\boldsymbol{H}^{(k)}$	$\begin{bmatrix} 1.0 & 0.0 \\ 0.0 & 1.0 \end{bmatrix}$	$\begin{bmatrix} 1.494 & 0.160 \\ 0.160 & 0.588 \end{bmatrix}$	$\begin{bmatrix} 0.503 & 0.496 \\ 0.496 & 0.489 \end{bmatrix}$
ヘッセ行列の固有値と定値性	1.0, 1.0 正定値	0.560, 1.52 正定値	7.68×10^{-7}, 0.992 正定値
$f_2(\boldsymbol{x}^{(k)}) \to f_2(\boldsymbol{x}^{(k+1)})$	$439.3 \to 19.19$	$19.19 \to -0.280$	$-0.280 \to -0.566$

3.15.2 近似行列 $\boldsymbol{B}$ と $\boldsymbol{H}$ の条件式

$\boldsymbol{B}$ と $\boldsymbol{H}$ に要求されている式 (3.75) を説明します．2 次の目的関数 $f(\boldsymbol{x})$ は以下のように表現できます．

$$f(\boldsymbol{x}) = \frac{1}{2}\sum_{i}^{n}\sum_{j}^{n} a_{ij}x_i x_j + \sum_{i}^{n} b_i x_i + c = \frac{1}{2}\boldsymbol{x}^T\boldsymbol{A}\boldsymbol{x} + \boldsymbol{b}^T\boldsymbol{x} + c \quad (3.83)$$

n は設計変数の数，$\boldsymbol{A}$ は 2 次項の係数をまとめた行列，$\boldsymbol{b}$ は 1 次項の係数をまとめたベクトル，c は定数項です．上式を $\boldsymbol{x}$ で偏微分すると，以下を得ます．

$$\nabla f(\boldsymbol{x}) = \boldsymbol{A}\boldsymbol{x} + \boldsymbol{b} \quad (3.84)$$

$\boldsymbol{A}$ は $\nabla^2 f(\boldsymbol{x})$ に等しく，点 $\boldsymbol{x}^{(k)}$ と $\boldsymbol{x}^{(k+1)}$ において次式が成立します．

$$\left.\begin{aligned} &\nabla^2 f(\boldsymbol{x}^{(k)}) = \nabla^2 f(\boldsymbol{x}^{(k+1)}) = \boldsymbol{A} \\ &\nabla f(\boldsymbol{x}^{(k)}) = \boldsymbol{A}\boldsymbol{x}^{(k)} + \boldsymbol{b} \\ &\nabla f(\boldsymbol{x}^{(k+1)}) = \boldsymbol{A}\boldsymbol{x}^{(k+1)} + \boldsymbol{b} \end{aligned}\right\} \quad (3.85)$$

これより，セカント条件とよばれる次の関係式が得られます．

$$\left.\begin{aligned} &\nabla f(\boldsymbol{x}^{(k+1)}) - \nabla f(\boldsymbol{x}^{(k)}) = \boldsymbol{A}(\boldsymbol{x}^{(k+1)} - \boldsymbol{x}^{(k)}) = \boldsymbol{A}\,\delta\boldsymbol{x} = \nabla^2 f(\boldsymbol{x})\,\delta\boldsymbol{x}^{(k)} \\ &\longrightarrow \quad \boldsymbol{B}^{(k)}\,\delta\boldsymbol{x}^{(k)} = \nabla f(\boldsymbol{x}^{(k+1)}) - \nabla f(\boldsymbol{x}^{(k)}) \\ &\longrightarrow \quad \boldsymbol{H}^{(k)}\,\left\{\nabla f(\boldsymbol{x}^{(k+1)}) - \nabla f(\boldsymbol{x}^{(k)})\right\} = \delta\boldsymbol{x}^{(k)} \end{aligned}\right\}$$

(3.86)

$\boldsymbol{B}^{(k)}$ や $\boldsymbol{H}^{(k)}$ の近似行列は，このセカント条件を満足する正定値対称マトリックスであればよく，計算量や収束性の観点から，式 (3.76) と (3.77) で示された DFP 公式と BFGS 公式がよく用いられます．

練習問題 3.8

初期点を $\boldsymbol{x} = (-4, -2)$ として，準ニュートン法により次の目的関数の最小化を行う．

$$f(\boldsymbol{x}) = x_1^2 + 4x_2^2$$

これは，式 (3.57) で与えられた $f(\boldsymbol{x})$ と同式であり，最急降下法による結果は表 3.10 に示されている．ステップ 1 の準ニュートン法によるヘッセ行列およびその逆行列の近似は，単位行列，つまり，$\boldsymbol{B}^{(1)} = \boldsymbol{H}^{(1)} = \boldsymbol{I}$ となり，その解は最急降下法の解と等しい．これを考慮して，次の設問に答えなさい．

(1)　DFP 公式を用いて，$\boldsymbol{H}^{(2)}$ と探索方向ベクトル $\boldsymbol{d}^{(2)}$ を求めなさい．

(2)　設問 (1) で求めた $\boldsymbol{d}^{(2)}$ を用いて 1 変数探索を行い，この方向における最小点 $\boldsymbol{x}^{(3)}$ を求めなさい．

3.16　共役方向法

ニュートン法や準ニュートン法は行列 $\nabla^2 f(\boldsymbol{x}^{(k)})$ や $\boldsymbol{H}^{(k)}$ を作成し，探索方向を決定しますが，ベクトルのみを用いる共役方向法も，有効な方法です．

3.16.1　共役方向法

ニュートン法などでは，各ステップで最適解を目指して探索方向ベクトル $\boldsymbol{d}$ を決定していました．これに対して，**共役方向法**（conjugate direction method）では，目的関数の特徴を考慮した複数方向への探索の組み合わせにより，最適解に到達することを目指します．2 次関数問題の場合，設計変数と同数以下の探索方向で，最適解に到達できます．

式 (3.83) にて説明されたように，2 次の目的関数は以下のように表現できます．

$$f(\boldsymbol{x}) = \frac{1}{2}\sum_{i}^{n}\sum_{j}^{n} a_{ij}x_i x_j + \sum_{i}^{n} b_i x_i + c = \frac{1}{2}\boldsymbol{x}^T\boldsymbol{A}\boldsymbol{x} + \boldsymbol{b}^T\boldsymbol{x} + c \tag{3.87}$$

$\boldsymbol{A}\ (= \nabla^2 f(\boldsymbol{x}))$ に対して二つのベクトル $\boldsymbol{d}_i$ と $\boldsymbol{d}_j$ が以下の関係を満たすとき，ベクトル $\boldsymbol{d}_i$ と $\boldsymbol{d}_j$ はこの目的関数に関して**共役**（conjugate）な関係になり，$\boldsymbol{d}_i$ と $\boldsymbol{d}_j$ は共役方向ベクトルとよばれます．

$$\boldsymbol{d}_i^T\ \boldsymbol{A}\ \boldsymbol{d}_j = 0 \quad （または，\boldsymbol{d}_i^T\ \nabla^2 f(\boldsymbol{x})\ \boldsymbol{d}_j = 0） \tag{3.88}$$

たとえば，$n = 3$ のとき，以下の関係を満足する共役ベクトル $\boldsymbol{d}_1$, $\boldsymbol{d}_2$, $\boldsymbol{d}_3$ が存在します．

$$\boldsymbol{d}_1^T\boldsymbol{A}\boldsymbol{d}_2 = 0, \quad \boldsymbol{d}_1^T\boldsymbol{A}\boldsymbol{d}_3 = 0, \quad \boldsymbol{d}_2^T\boldsymbol{A}\boldsymbol{d}_3 = 0 \tag{3.89}$$

これを満足する $\boldsymbol{d}_1$, $\boldsymbol{d}_2$, $\boldsymbol{d}_3$ 方向を用いると，3 回以下の探索で最小点に到達できます．

次の例題 3.8 を用いて，共役方向法を具体的に説明します．

例題 3.8

次の目的関数 $f(\boldsymbol{x})$ の最小化問題において，一つの探索方向ベクトル $\boldsymbol{d}_1 = (1, 0)$ と共役な関係にある探索方向ベクトル $\boldsymbol{d}_2$ を求めなさい．

$$\text{目的関数} \quad f(\boldsymbol{x}) = x_1^2 + 2x_2^2 - x_1x_2 + x_1 + 2x_2 \longrightarrow \text{最小} \tag{3.90}$$

解　式 (3.90) を式 (3.87) に当てはめると，以下のように，$\boldsymbol{A}$ と $\boldsymbol{b}$ を得ます．

$$\boldsymbol{A} = \nabla^2 f(\boldsymbol{x}) = \begin{bmatrix} 2 & -1 \\ -1 & 4 \end{bmatrix}, \quad \boldsymbol{b} = \begin{bmatrix} 1 \\ 2 \end{bmatrix} \tag{3.91}$$

$\boldsymbol{d}_2 = (v_1, v_2)$ とし，上記の $\boldsymbol{A}$ と共に式 (3.88) に代入すると，

$$\boldsymbol{d}_1^T\boldsymbol{A}\boldsymbol{d}_2 = \boldsymbol{d}_2^T\boldsymbol{A}\boldsymbol{d}_1 = \begin{bmatrix} v_1 \\ v_2 \end{bmatrix}^T \begin{bmatrix} 2 & -1 \\ -1 & 4 \end{bmatrix} \begin{bmatrix} 1 \\ 0 \end{bmatrix} = 2v_1 - v_2 = 0 \tag{3.92}$$

となり，$\boldsymbol{d}_1$ と共役な関係にある $\boldsymbol{d}_2$ が得られます．

$$\boldsymbol{d}_2 = v \begin{bmatrix} 1 \\ 2 \end{bmatrix} \tag{3.93}$$

v は 0 以外の実数ですが，適切な値（たとえば，$v = 1$）にします．

点 $(-10, -10)$ を初期の点として $\boldsymbol{d}_1$ 方向と $\boldsymbol{d}_2$ 方向への探索の様子を図 3.33 に示します．共役な関係にある 2 方向への探索により，最適解に到達しています．共役方向ベクトルの組は上記以外にも無数に存在し，以下はその例です．

$$\boldsymbol{d}_1 = (0, 1) \Leftrightarrow \boldsymbol{d}_2 = (4, 1), \quad \boldsymbol{d}_1 = (1, 1) \Leftrightarrow \boldsymbol{d}_2 = (3, -1)$$

□

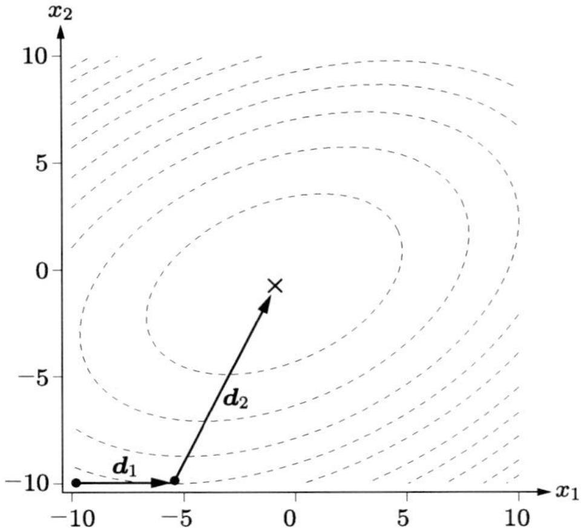

図 3.33　$f(\boldsymbol{x}) = x_1^2 + 2x_2^2 - x_1x_2 + x_1 + 2x_2$ の等高線と $\boldsymbol{d}_1$，$\boldsymbol{d}_2$ 方向の探索

3.16.2　共役方向ベクトルの意味

共役方向ベクトルの意味を図的に考えてみましょう．

ケース A

図 3.34(a) のケース A は，等高線が真円で与えられる目的関数を考えます．直交するベクトル $\boldsymbol{a}$ と $\boldsymbol{b}$ は共役な関係であり，$\boldsymbol{c}$ と $\boldsymbol{d}$ も共役な関係です．点●から $\boldsymbol{a}$ 方向に探索した際の最小点は○になり，点○から $\boldsymbol{b}$ 方向に探索すると，関数 $f(\boldsymbol{x})$ の最小点（原点）に到達します．

ケース B

図 (b) のケース B は，ケース A の等高線と共役方向ベクトルを横方向に $\sqrt{2}$ 倍に拡大したものです．$\boldsymbol{a}'$ のように，拡大されたベクトルには $'$ を付けています．ベクトルと等高線が一緒に拡大されているため，$\boldsymbol{a}'$ が○の位置で目的関数の等高線に接し，その点から伸びる $\boldsymbol{b}'$ が原点に到達することに変わりはありません．つまり，$\boldsymbol{a}'$ と $\boldsymbol{b}'$ は楕円の等高線をもつ関数（拡大された関数）$f_1(\boldsymbol{x})$ に対して共役な方向ベクトルです．また，$\boldsymbol{c}'$ と $\boldsymbol{d}'$ も関数 $f_1(\boldsymbol{x})$ に関する共役な方向ベクトルです．

ケース C

図 (c) のケース C は，ケース B の等高線と方向ベクトルを反時計方向に 30° 回転したものです．$\boldsymbol{a}''$ のように，回転後のベクトルには $''$ を付けています．この回転した楕円の等高線を与える目的関数 $f_2(\boldsymbol{x})$ とベクトル $\boldsymbol{a}''$ や $\boldsymbol{b}''$ の相対関係はケース B

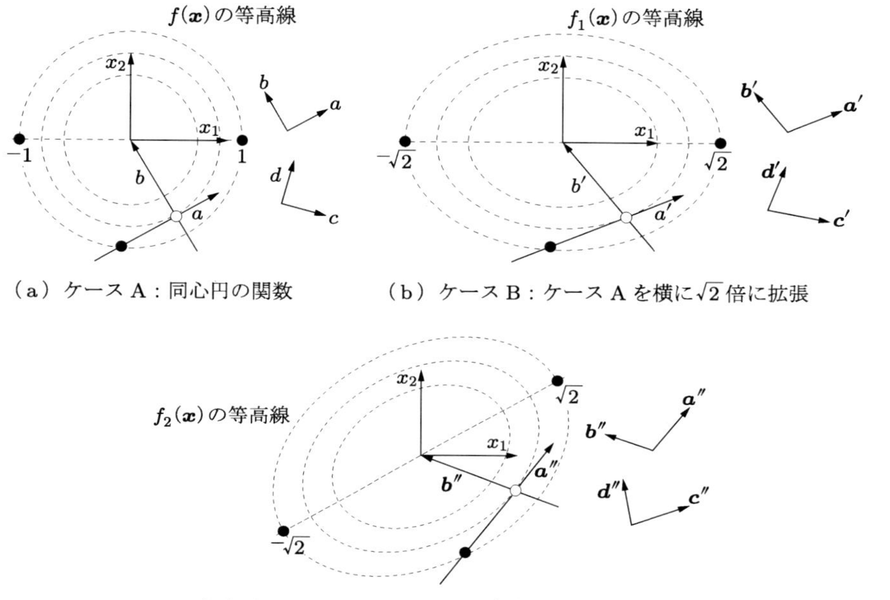

（a）ケース A：同心円の関数　（b）ケース B：ケース A を横に $\sqrt{2}$ 倍に拡張

（c）ケース C：ケース B を反時計回りに 30° 回転

図 3.34　目的関数の等高線と共役方向ベクトルの拡大と回転

と変わらず，ベクトル $\boldsymbol{a}''$ と $\boldsymbol{b}''$，$\boldsymbol{c}''$ と $\boldsymbol{d}''$ は，関数 $f_2(\boldsymbol{x})$ に関する共役な方向ベクトルです．

次の例題 3.9 を用いて，上述の共役方向ベクトルの意味を，式を用いて検証します．

例題 3.9

次の目的関数 $f(\boldsymbol{x})$ を x_1 方向に $\sqrt{2}$ 倍拡大して，上述のケース A からケース B への変換を行いなさい．また，変換により得られた $\boldsymbol{a}'$ と $\boldsymbol{b}'$ が，関数 $f_1(\boldsymbol{x})$ に関して共役な方向ベクトルであることを確かめなさい．

$$f(\boldsymbol{x}) = x_1^2 + x_2^2 \tag{3.94}$$

解　この関数 $f(x)$ の等高線は真円であり，上述のケース A に対応します．ヘッセ行列は

$$\nabla^2 f(\boldsymbol{x}) = 2 \begin{bmatrix} 1 & 0 \\ 0 & 1 \end{bmatrix} = 2\,\boldsymbol{I} \tag{3.95}$$

であり，共役方向ベクトル $\boldsymbol{a}, \boldsymbol{b}$ は以下の関係を満足します．

$$\boldsymbol{a}^T\ \nabla^2 f(\boldsymbol{x})\ \boldsymbol{b} = 2\ \boldsymbol{a}^T \boldsymbol{I}\boldsymbol{b} = 2\ \boldsymbol{a}^T\boldsymbol{b} = 2\boldsymbol{a}\cdot\boldsymbol{b} = 0 \tag{3.96}$$

内積が 0，つまり，直交する二つのベクトルが共役関係にあることがわかります．

ケース B で示されるように，x_1 方向に $\sqrt{2}$ 倍拡大された場合すると，ベクトル $\boldsymbol{a}$ や $\boldsymbol{b}$ は次のように変形されます．

$$\boldsymbol{a}' = \begin{bmatrix} a_1' \\ a_2' \end{bmatrix} = \begin{bmatrix} \sqrt{2} & 0 \\ 0 & 1 \end{bmatrix} \begin{bmatrix} a_1 \\ a_2 \end{bmatrix} = \boldsymbol{T}_e\boldsymbol{a}, \quad \boldsymbol{b}' = \boldsymbol{T}_e\boldsymbol{b} \tag{3.97}$$

一方，図 3.34(b) に示される楕円の等高線は，次の関数 $f_1(\boldsymbol{x})$ により与えられます．

$$\left.\begin{aligned} f_1(\boldsymbol{x}) &= \left(\frac{1}{\sqrt{2}}x_1\right)^2 + x_2^2 = \frac{1}{2}\ x_1^2 + x_2^2 \\ \nabla^2 f_1(\boldsymbol{x}) &= \begin{bmatrix} 1 & 0 \\ 0 & 2 \end{bmatrix} \end{aligned}\right\} \tag{3.98}$$

ベクトル $\boldsymbol{a}'$ と $\boldsymbol{b}'$ を $\nabla^2 f_1(\boldsymbol{x})$ の両側から掛けて，式 (3.97), (3.98) を代入すると

$$\begin{aligned} \boldsymbol{a}'^{\ T}\ \nabla^2 f_1(\boldsymbol{x})\ \boldsymbol{b}' &= (\boldsymbol{T}_e\boldsymbol{a})^T\ \nabla^2 f_1(\boldsymbol{x})\ \boldsymbol{T}_e\boldsymbol{b} \\ &= \boldsymbol{a}^T\boldsymbol{T}_e^T\ \nabla^2 f_1(\boldsymbol{x})\ \boldsymbol{T}_e\boldsymbol{b} \\ &= \boldsymbol{a}^T \begin{bmatrix} \sqrt{2} & 0 \\ 0 & 1 \end{bmatrix} \begin{bmatrix} 1 & 0 \\ 0 & 2 \end{bmatrix} \begin{bmatrix} \sqrt{2} & 0 \\ 0 & 1 \end{bmatrix} \boldsymbol{b} = 2\ \boldsymbol{a}^T\boldsymbol{b} = 0 \end{aligned} \tag{3.99}$$

が得られ，$\boldsymbol{a}'$ と $\boldsymbol{b}'$ が関数 $f_1(\boldsymbol{x})$ に対して共役方向ベクトルであることがわかります．

□

練習問題 3.9

点 $\boldsymbol{x}^{(1)} = (-3, -3)$ における目的関数 $f(x_1, x_2)$ の微分値が以下のように与えられている．

$$\partial f(\boldsymbol{x})/\partial x_1 = -2, \quad \partial f(\boldsymbol{x})/\partial x_2 = -7$$

$$\partial^2 f(\boldsymbol{x})/\partial x_1^2 = 2, \quad \partial^2 f(\boldsymbol{x})/\partial x_2^2 = 4, \quad \partial^2 f(\boldsymbol{x})/\partial x_1 \partial x_2 = -1$$

(1)　$\boldsymbol{d}^{(1)} = (0,\ 1)$ と共役な関係にあるベクトル $\boldsymbol{d}^{(2)}$ を求めなさい．

(2)　$\boldsymbol{x}^{(1)} = (-3, -3)$ より $\boldsymbol{d}^{(1)}$ 方向に探索を実施し，その方向で $f(\boldsymbol{x})$ を最小にする点 $\boldsymbol{x}^{(1)*}$ を求めなさい．図 3.35 の楕円は目的関数の等高線であり，探索方向ベクトルと目的関数の等高線の関係から図的に求めてよい．

(3)　$\boldsymbol{x}^{(2)} = \boldsymbol{x}^{(1)*}$ より $\boldsymbol{d}^{(2)}$ 方向に探索を実施し，その方向で $f(\boldsymbol{x})$ を最小にする点 $\boldsymbol{x}^{(2)*}$ を求めなさい．探索方向ベクトルと目的関数の等高線の関係から図的に求めてよい．

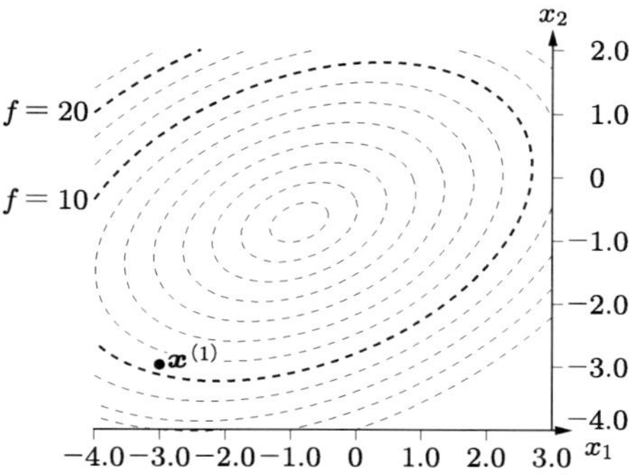

図 3.35

ポイント　共役方向法の概略

- n 個の設計変数からなる目的関数 $f(\boldsymbol{x})$ が 2 次関数の場合，次の条件を満足する共役な方向ベクトル $\boldsymbol{d}_i$ と $\boldsymbol{d}_j$ が存在する．

$$\boldsymbol{d}_i^T\ \nabla^2 f(\boldsymbol{x})\ \boldsymbol{d}_j = 0$$

- この共役方向ベクトルを用いると，n 回以下の探索で最適解に到達する．
- ニュートン法がヘッセ行列による連立 1 次方程式を解くのに対し，共役方向法はヘッセ行列から共役方向ベクトルを作成し，1 変数探索を行う．ニュートン法も共役方向法も，テイラー級数展開の 2 次近似式に基づくものであり，両者の精度や計算量に大きな差はない．

3.17 共役方向法（更新法）

ヘッセ行列と共役方向ベクトルの作成は，多くの計算を要します．共役方向法（更新法）は，これを削減するための方法です．

共役方向法（更新法）の基本形式

共役方向法（更新法）の基本形式を示します．

$$\boldsymbol{d}^{(k)} = -\nabla f(\boldsymbol{x}^{(k)}) + \beta^{(k)}\boldsymbol{d}^{(k-1)} \tag{3.100}$$

上式は，点 $\boldsymbol{x}^{(k)}$ における最急降下方向 $-\nabla f(\boldsymbol{x}^{(k)})$ を，前ステップの探索方向ベクトル $\boldsymbol{d}^{(k-1)}$ を用いて修正し，新しい探索方向ベクトル $\boldsymbol{d}^{(k)}$ を決定します．$\beta^{(k)}$ は修正の度合いを示すスカラー量であり，以下の公式が知られています．

- Hestenes-Stiefel の公式

$$\beta^{(k)} = \frac{\{\nabla f(\boldsymbol{x}^{(k)})\}^T \{\nabla f(\boldsymbol{x}^{(k)}) - \nabla f(\boldsymbol{x}^{(k-1)})\}}{(\boldsymbol{d}^{(k-1)})^T\{\nabla f(\boldsymbol{x}^{(k)}) - \nabla f(\boldsymbol{x}^{(k-1)})\}} \tag{3.101}$$

- Polak-Ribiere-Polyak の公式

$$\beta^{(k)} = \frac{\left\{\nabla f(\boldsymbol{x}^{(k)})\right\}^T \left\{\nabla f(\boldsymbol{x}^{(k)}) - \nabla f(\boldsymbol{x}^{(k-1)})\right\}}{|\nabla f(\boldsymbol{x}^{(k-1)})|^2} \tag{3.102}$$

- Fletcher-Reeves の公式

$$\beta^{(k)} = \frac{|\nabla f(\boldsymbol{x}^{(k)})|^2}{|\nabla f(\boldsymbol{x}^{(k-1)})|^2} \tag{3.103}$$

すべての公式において，ステップ 1 $(k = 1)$ のとき，$\beta^{(1)} = 0$，つまり，$\boldsymbol{d}^{(1)} = -\nabla f(\boldsymbol{x}^{(1)})$ を用います．また，$|\nabla f(\boldsymbol{x}^{(k)})|^2 = \left\{\nabla f(\boldsymbol{x}^{(k)})\right\}^T \nabla f(\boldsymbol{x}^{(k)})$ です．

上記公式は，共役方向ベクトルの条件式 $\boldsymbol{d}^{(k)T}\nabla^2 f(\boldsymbol{x})\boldsymbol{d}^{(k-1)} = 0$ にさまざまな近似式を代入して導かれます．$\boldsymbol{d}^{(k-1)} \approx -\nabla f(\boldsymbol{x}^{(k-1)})$ や $\{\nabla f(\boldsymbol{x}^{(k-1)})\}^T\nabla f(\boldsymbol{x}^{(k)}) \approx 0$ の仮定を採用するか否かで，Hestenes-Stiefel の公式，Polak-Ribiere-Polyak の公式，Fletcher-Reeves の公式に分かれます．図 3.36 に上記公式の導出の過程を示します．

ニュートン法の検証で用いた最適化問題 3.6 で，共役方向法（更新法）による探索の効果を検証します．

最適化問題 3.6（再掲）

目的関数 1　$f_1(\boldsymbol{x}) = x_1^2 + 2x_2^2 - x_1x_2 + x_1 - 2x_2$

$$\rightarrow \quad \text{最小化} \tag{3.104}$$

目的関数 2　$f_2(\boldsymbol{x}) = f_1(\boldsymbol{x}) + 4\sin((x_1 + 0.2857)^2/10)$

$$+ 12\sin((x_2 - 0.4286)^2/10) \quad \rightarrow \quad \text{最小化} \tag{3.105}$$

設計変数　x_1，x_2

目的関数 1 の探索

最急降下法と共役方向法による目的関数 $f_1(\boldsymbol{x})$ の最小化の状況を，それぞれ表 3.27 と表 3.28 に示します．初期点を $\boldsymbol{x}^{(1)} = (15, 15)$，1 変数探索の刻み幅を 0.00001 とし，四捨五入により小数点以下 3 桁の解 $(-0.286, 0.429)$ への到達を収束と判断しま

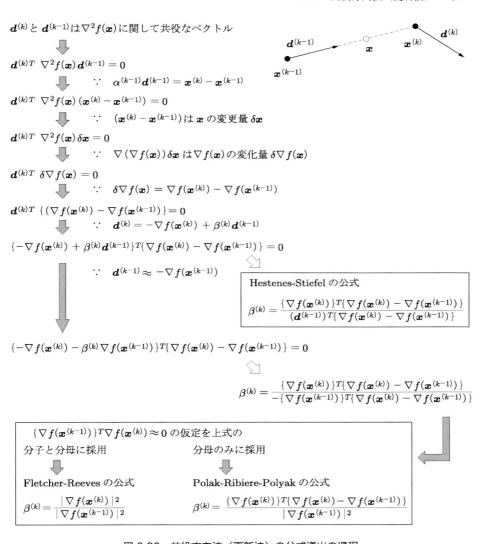

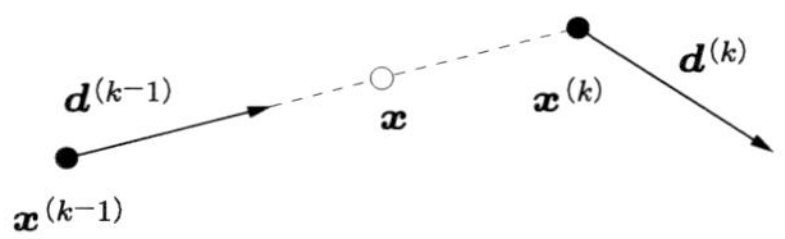

$\boldsymbol{d}^{(k)}$ と $\boldsymbol{d}^{(k-1)}$ は $\nabla^2 f(\boldsymbol{x})$ に関して共役なベクトル

⇓

$\boldsymbol{d}^{(k)T}\ \nabla^2 f(\boldsymbol{x})\boldsymbol{d}^{(k-1)} = 0$

⇓ $\because\ \alpha^{(k-1)}\boldsymbol{d}^{(k-1)} = \boldsymbol{x}^{(k)} - \boldsymbol{x}^{(k-1)}$

$\boldsymbol{d}^{(k)T}\ \nabla^2 f(\boldsymbol{x})(\boldsymbol{x}^{(k)} - \boldsymbol{x}^{(k-1)}) = 0$

⇓ $\because$ $(\boldsymbol{x}^{(k)} - \boldsymbol{x}^{(k-1)})$ は $\boldsymbol{x}$ の変更量 $\delta\boldsymbol{x}$

$\boldsymbol{d}^{(k)T}\ \nabla^2 f(\boldsymbol{x})\delta\boldsymbol{x} = 0$

⇓ $\because$ $\nabla(\nabla f(\boldsymbol{x}))\delta\boldsymbol{x}$ は $\nabla f(\boldsymbol{x})$ の変化量 $\delta\nabla f(\boldsymbol{x})$

$\boldsymbol{d}^{(k)T}\ \delta\nabla f(\boldsymbol{x}) = 0$

⇓ $\because\ \delta\nabla f(\boldsymbol{x}) = \nabla f(\boldsymbol{x}^{(k)}) - \nabla f(\boldsymbol{x}^{(k-1)})$

$\boldsymbol{d}^{(k)T}\ \{(\nabla f(\boldsymbol{x}^{(k)}) - \nabla f(\boldsymbol{x}^{(k-1)})\} = 0$

⇓ $\because\ \boldsymbol{d}^{(k)} = -\nabla f(\boldsymbol{x}^{(k)}) + \beta^{(k)}\boldsymbol{d}^{(k-1)}$

$\{-\nabla f(\boldsymbol{x}^{(k)}) + \beta^{(k)}\boldsymbol{d}^{(k-1)}\}^T\{\nabla f(\boldsymbol{x}^{(k)}) - \nabla f(\boldsymbol{x}^{(k-1)})\} = 0$

⇘

Hestenes-Stiefel の公式

$$\beta^{(k)} = \frac{\{\nabla f(\boldsymbol{x}^{(k)})\}^T\{\nabla f(\boldsymbol{x}^{(k)}) - \nabla f(\boldsymbol{x}^{(k-1)})\}}{(\boldsymbol{d}^{(k-1)})^T\{\nabla f(\boldsymbol{x}^{(k)}) - \nabla f(\boldsymbol{x}^{(k-1)})\}}$$

⇓ $\because\ \boldsymbol{d}^{(k-1)} \approx -\nabla f(\boldsymbol{x}^{(k-1)})$

$\{-\nabla f(\boldsymbol{x}^{(k)}) - \beta^{(k)}\nabla f(\boldsymbol{x}^{(k-1)})\}^T\{\nabla f(\boldsymbol{x}^{(k)}) - \nabla f(\boldsymbol{x}^{(k-1)})\} = 0$

⇘

$$\beta^{(k)} = \frac{\{\nabla f(\boldsymbol{x}^{(k)})\}^T\{\nabla f(\boldsymbol{x}^{(k)}) - \nabla f(\boldsymbol{x}^{(k-1)})\}}{-\{\nabla f(\boldsymbol{x}^{(k-1)})\}^T\{\nabla f(\boldsymbol{x}^{(k)}) - \nabla f(\boldsymbol{x}^{(k-1)})\}}$$

⇙

$\{\nabla f(\boldsymbol{x}^{(k-1)})\}^T\nabla f(\boldsymbol{x}^{(k)}) \approx 0$ の仮定を上式の

分子と分母に採用

⇓

Fletcher-Reeves の公式

$$\beta^{(k)} = \frac{|\nabla f(\boldsymbol{x}^{(k)})|^2}{|\nabla f(\boldsymbol{x}^{(k-1)})|^2}$$

分母のみに採用

⇓

Polak-Ribiere-Polyak の公式

$$\beta^{(k)} = \frac{\{\nabla f(\boldsymbol{x}^{(k)})\}^T\{\nabla f(\boldsymbol{x}^{(k)}) - \nabla f(\boldsymbol{x}^{(k-1)})\}}{|\nabla f(\boldsymbol{x}^{(k-1)})|^2}$$

図 3.36 共役方向法（更新法）の公式導出の過程

す．$f_1(\boldsymbol{x})$ は 2 変数による 2 次関数ですが，最急降下法は収束に 16 ステップの計算を要します．共役方向法（Hestenes-Stiefel, Polak-Ribiere-Polyak, Fletcher-Reeves の全公式）は，設計変数の数と同じ 2 ステップの探索で最適解に到達しています．また，$\eta = \boldsymbol{d}_{\mathrm{unit}}^{(k-1)T}\ \{\nabla^2 f(\boldsymbol{x})^{(k)})\}\boldsymbol{d}_{\mathrm{unit}}^{(k)} / |\{\nabla^2 f(\boldsymbol{x})^{(k)})\}\boldsymbol{d}_{\mathrm{unit}}^{(k)}| = 0$ が得られており，探索方向ベクトルの共役性が確認できます．$\{\nabla^2 f(\boldsymbol{x}^{(k)})\}\boldsymbol{d}_{\mathrm{unit}}^{(k)}$ を単位長さのベクトルにするために，$|\{\nabla^2 f(\boldsymbol{x}^{(k)})\}\boldsymbol{d}_{\mathrm{unit}}^{(k)}|$ で割り算しています．

表 3.27　最急降下法の計算例（設問 (1)）

ステップ k	$\boldsymbol{x}^{(k)}$		$\nabla f(\boldsymbol{x}^{(k)})$		$\boldsymbol{d}^{(k)}$		$\boldsymbol{x}^{(k+1)}$		$\mid\delta\boldsymbol{x}\mid$	η
1	15.0	15.0	16.0	43.0	−16.0	−43.0	9.844	1.143	14.785	
2	9.844	1.143	19.545	−7.273	−19.545	7.273	3.097	3.653	7.199	−0.414
3	3.097	3.653	3.541	9.516	−3.541	−9.516	1.956	0.587	3.272	−0.438
⋮	⋮	⋮	⋮	⋮	⋮	⋮	⋮	⋮	⋮	⋮
15	−0.285	0.429	0.000	0.001	0.000	−0.001	−0.285	0.429	0.000	−0.457
16	−0.285	0.429	0.001	0.000	−0.001	0.000	−0.286	0.429	0.000	−0.443

表 3.28　共役方向法の計算例（設問 (1)：全公式）

ステップ k	$\boldsymbol{x}^{(k)}$		$\nabla f(\boldsymbol{x}^{(k)})$		$\boldsymbol{d}^{(k)}$		$\boldsymbol{x}^{(k+1)}$		$\mid\delta\boldsymbol{x}\mid$	η	β
1	15.0	15.0	16.0	43.0	−16.0	−43.0	9.844	1.143	14.785		0.000
2	9.844	1.143	19.545	−7.273	−22.850	−1.611	−0.286	0.429	10.155	0.000	0.207

目的関数 2 の探索

初期点，刻み幅，収束判定を問題 1 と同じとした目的関数 $f_2(\boldsymbol{x})$ の最小点探索の状況を表 3.29, 3.30 に示します．Hestenes-Stiefel の公式と Polak-Ribiere-Polyak の公式の結果は，小数点第 3 位までの精度で等しく，4 ステップの探索で最適解に到達し，探索方向ベクトルの共役性（$\eta = 0$）も得られました．Fletcher-Reeves の公式は 7 ステップで収束しましたが，最終の 2 ステップでも η は −0.259, −0.119 となり，探索方向ベクトルに共役性は少し弱いです．

表 3.29　共役方向法の計算例（設問 (2)：Hestenes-Stiefel，Polak-Ribiere-Polyak の公式）

ステップ k	$\boldsymbol{x}^{(k)}$		$\nabla f(\boldsymbol{x}^{(k)})$		$\boldsymbol{d}^{(k)}$		$\boldsymbol{x}^{(k+1)}$		$\mid\delta\boldsymbol{x}\mid$	η	β
1	15.000	15.000	13.611	17.617	−13.611	−17.617	3.401	−0.014	18.972		0.000
2	3.401	−0.014	8.435	−6.517	−11.555	2.478	−0.051	0.727	3.531	−0.372	0.229
3	−0.051	0.727	0.359	1.673	−1.457	−1.437	−0.336	0.446	0.400	0.125	0.095
4	−0.336	0.446	−0.158	0.160	0.238	−0.081	−0.286	0.429	0.053	0.000	−0.055

表 3.30　共役方向法の計算例（設問 (2)：Fletcher-Reeves の公式）

ステップ k	$\boldsymbol{x}^{(k)}$		$\nabla f(\boldsymbol{x}^{(k)})$		$\boldsymbol{d}^{(k)}$		$\boldsymbol{x}^{(k+1)}$		$\mid\delta\boldsymbol{x}\mid$	η	β
1	15.000	15.000	13.611	17.617	−13.611	−17.617	3.401	−0.014	18.972		0.000
2	3.401	−0.014	8.435	−6.517	−11.555	2.478	−0.051	0.727	3.531	−0.372	0.229
3	−0.051	0.727	0.359	1.673	−0.656	−1.609	−0.174	0.426	0.325	−0.276	0.026
⋮	⋮	⋮	⋮	⋮	⋮	⋮	⋮	⋮	⋮	⋮	⋮
6	−0.282	0.428	0.011	−0.006	−0.012	0.004	−0.285	0.429	0.003	−0.259	0.017
7	−0.285	0.429	0.001	0.004	−0.003	−0.004	−0.286	0.429	0.001	−0.119	0.130

練習問題 3.10

初期点を $\boldsymbol{x} = (-4, -2)$ として，共役方向法（更新法）によって次の目的関数 $f(\boldsymbol{x})$ の最小化を行う．

$$f(\boldsymbol{x}) = x_1^2 + 4x_2^2$$

これは，式 (3.57) で与えられた $f(\boldsymbol{x})$ と同じであり，最急降下法による結果は表 3.11 に示されている．ステップ 1 の共役方向法（更新法）による探索方向ベクトルは $\boldsymbol{d}^{(1)} = -\nabla f(\boldsymbol{x}^{(1)})$ となり，その解は最急降下法の解と等しい．これを考慮して，次の設問に答えなさい．

(1) Polak-Ribiere-Polyak 公式を用いて，$\beta^{(2)}$ と探索方向ベクトル $\boldsymbol{d}^{(2)}$ と $\boldsymbol{d}_{\mathrm{unit}}^{(2)}$ を求めなさい．

(2) 上記で求めた $\boldsymbol{d}_{\mathrm{unit}}^{(2)}$ を用いて 1 変数探索を行い，この方向における最小点 $\boldsymbol{x}^{(2)*}$ を求めなさい．

(3) $\eta = \boldsymbol{d}_{\mathrm{unit}}^{(1)\,T} \nabla^2 f(\boldsymbol{x}^{(2)}) \boldsymbol{d}_{\mathrm{unit}}^{(2)} / |\{\nabla^2 f(\boldsymbol{x}^{(2)})\} \boldsymbol{d}_{\mathrm{unit}}^{(2)}|$ を計算し，探索方向ベクトルの共役性を確認しなさい．

ポイント　準ニュートン法と共役方向法（更新法）

- 準ニュートン法は，ヘッセ行列の逆行列の近似式 $\boldsymbol{H}^{(k)}$ を作成する．近似式の精度がよければ，設計変数と同数回以下の更新で最適解を得ることができる．この逆行列のサイズは $n \times n$ である．
- 計算回数の増加に伴い，近似行列 $\boldsymbol{H}^{(k)}$ に誤差が蓄積し，収束性が鈍る場合がある．適切なタイミングで近似行列をリセット（現在の点から新しい近似式を作成し，探索を再開）することにより，この問題を回避する．
- 共役方向法（更新法）は，探索方向ベクトル $\boldsymbol{d}^{(k)}$ を更新し，その方向に一方向探索を実施する．探索方向ベクトルの精度がよければ，設計変数と同数回以下の更新で最適解に到達する．サイズが n の探索方向ベクトルを n 個作成するため，その総量はサイズが $n \times n$ の $\boldsymbol{H}^{(k)}$ と同程度になる．
- 計算回数の増加に伴い，共役方向ベクトルの近似式に誤差が蓄積し，収束性が鈍る場合がある．適切なタイミングで探索方向をリセットすることにより，この問題を回避する．

3.18 設計変数の数と各種数理計画法の比較

以下の目的関数 $f(\boldsymbol{x})$ を用いて，設計変数の数を増やした場合の各探索法の効果を検証しましょう．

$$f(\boldsymbol{x}) = \sum_{i=1}^{n}(14+4i_m\%5)x_i^2 + \sum_{i=1}^{n}\sum_{j=i+1}^{n}(1+i_m\%3+j_m\%2)x_i x_j \quad (3.106)$$

ここで，n は設計変数の数，$i\%5$ は整数 i の 5 による剰余です．また，$i_m = i-1$ と定義します．設計変数の数を $n = 4, 10, 20, 50, 100$ に設定した 5 ケースにおいて，目的関数を最小とする点 $(0, 0, \ldots, 0)$ を以下の方法により探索します．

- 各軸方向探索法
- 最急降下法
- 準ニュートン法（BFGS 公式）
- 共役方向法（Polak-Ribiere-Polyak 公式）

点 $\boldsymbol{x}^{(1)} = (15, 15, \ldots, 15)$ を初期値として探索を開始し，すべての設計変数が $|x_i| \leq 0.005$ を満足することを収束条件にします．

各軸方向探索法

収束に要した計算回数（トータルステップ）を表 3.31 に示します．n 個の設計変数の場合，全方向に 1 回ずつ探索すると n ステップを要しますが，これを 1 サイクルと定義します．表中の $n = 4$ の場合の「12 (3, 4)」は「第 3 サイクルの第 4 ステップ」で収束し，合計で 12 ステップの計算をしたことを意味します．各軸方向探索法は目的関数の特徴を考慮した探索法でないため，最小点への到達に多くの計算回数を費やしています．この問題の場合，計算回数は概ね変数の数 n の 2 乗に比例しています．

表 3.31　各軸方向探索法の収束回数

変数の数 n	トータルステップ
4	12 (3, 4)
10	46 (5, 6)
20	136 (7, 16)
50	806 (17, 6)
100	4296 (43, 96)

表 3.32　最急降下法の収束回数

変数の数 n	トータルステップ
4	7
10	10
20	12
50	25
100	107

最急降下法

最急降下法の結果を表 3.32 に示します．設計変数の数と同数程度のステップ数で収束しています．設計変数の数と収束のステップ数にばらつきがあるのは，最急降下法の収束性が目的関数の複雑さや初期値に大きく依存するためです．

準ニュートン法（BFGS 公式）

準ニュートン法を用いた最小点探索の様子を表 3.33 に示します．設計変数が少ない場合は変数の数と同じステップ数で収束し（$n = 4$，トータルステップ $= 4$），設計変数の数が増加するに従い，収束ステップ数は設計変数の数よりも減少しています

表 3.33　準ニュートン法の収束回数

変数の数 n	トータルステップ
4	4
10	5
20	7
50	8
100	11

表 3.34　共役方向法の収束回数

変数の数 n	トータルステップ
4	4
10	5
20	7
50	8
100	12

($n = 100$，トータルステップ $= 11$)．このように，2 次の目的関数においては，準ニュートン法は設計変数が多くなるほど高い収束性をもっています．

共役方向法（Polak-Ribiere-Polyak 公式）

共役方向法を用いた最小点探索の様子を表 3.34 に示します．共役方向法は準ニュートン法と同程度の高い収束性をもっています．

4 制約条件をもつ非線形計画法

次の不等式制約条件をもつ目的関数の最小化問題を考えましょう．

最適化問題 4.1（不等式制約条件をもつ 2 変数非線形問題，その 1）

設計変数　x_1, x_2

目的関数　$f(x_1, x_2) = (x_1 - 2)^2 + (x_2 - 4)^2 \longrightarrow$ 最小　(4.1)

制約条件
$$\left.\begin{array}{l} g_1(x_1, x_2) = (x_1 - 4)^2 - 2x_2 \leq 0 \\ g_2(x_1, x_2) = -x_1 + 2x_2 - 2 \leq 0 \end{array}\right\} \quad (4.2)$$

図 4.1 に示される破線の同心円は目的関数の等高線，実線は制約条件の境界線，陰影部は実行可能領域です．制約条件 $g_2(\boldsymbol{x})$ により目的関数の減少が阻止され，最適解 $\boldsymbol{x}^* = (2.8, 2.4)$（図中の●）が生成されます．制約条件をもたない非線形最適化問題では，目的関数の停留点の探索により最適解を求めましたが，この目的関数の最小点 $\boldsymbol{x}^S = (2.0, 4.0)$（図中の×）は実行可能領域外にあり，最適解ではありません．したがって，目的関数の停留点の探索では最適解を求めることはできません．

制約条件の壁

点 $\boldsymbol{x}^A = (4.0, 3.0)$（図中の○）から各軸方向探索を試みます．探索方向を $\boldsymbol{d}_1 = (1, 0)$ とすると，目的関数が減少する負方向（図の左方向）に進みたいのですが，制約条件

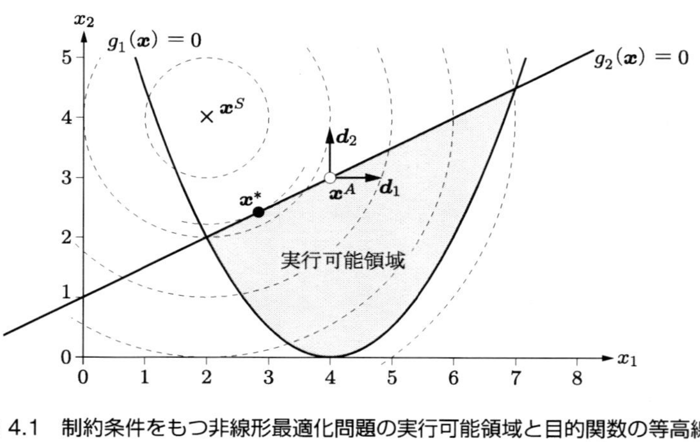

図 4.1　制約条件をもつ非線形最適化問題の実行可能領域と目的関数の等高線

により，負方向に進むことはできません．探索方向が $\boldsymbol{d}_2 = (0, 1)$ の場合は，目的関数が減少する正方向に進みたいのですが，制約条件により正方向に進むことはできません．$g_2(\boldsymbol{x}) = 0$ の境界上に制約条件の壁が形成され，点 $\boldsymbol{x}^A$ からどちらの探索方向にも動けない状態です．このように，制約条件が付加されると非線形最適化問題の最適解を得ることは格段に難しくなります．本章では，等式や不等式で与えられる制約条件をもつ最適化問題の，特徴と解析方法について説明します．

4.1　逐次線形計画法

逐次線形計画法（SLP: sequential linear programming）は，基準点における情報に基づいて，非線形最適化問題を線形最適化問題に置き換えて解くことを繰り返して，最適解を求める方法です．古くからありますが，現在も使われている，確実性がある手法です．

4.1.1　逐次線形計画法の概要

非線形問題の線形化のイメージ

図 4.2 に非線形最適化問題の線形化近似の様子を示します．図 (a) の実線は，本来の非線形最適化問題の目的関数 $f(\boldsymbol{x})$ の等高線と，不等式制約条件の境界線（$g_i(\boldsymbol{x}) = 0$）です．陰影部は実行可能領域であり，● は最適解 $\boldsymbol{x}^*$ を表します．図 (b) の実線は，ステップ k で線形近似された目的関数 $\tilde{f}^{(k)}(\boldsymbol{x})$ の等高線と制約条件の境界線（$\tilde{g}_i^{(k)}(\boldsymbol{x}) = 0$），○ は，線形化された最適化問題の最適解 $\boldsymbol{x}^{(k)*}$ です．線形近似の精度がよければ，$\boldsymbol{x}^{(k)*}$ は $\boldsymbol{x}^*$ に近づきます．

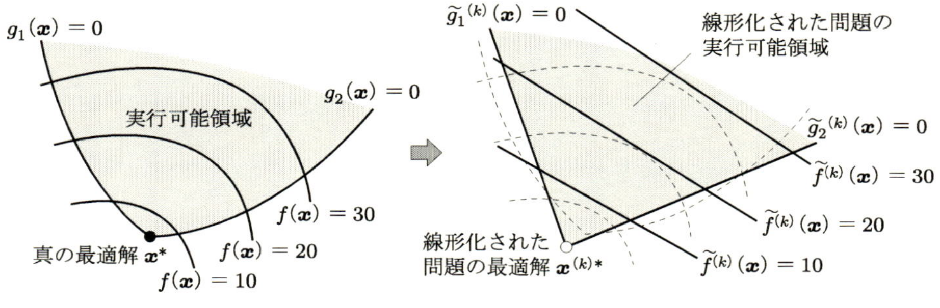

（a）本来の非線形最適化問題　　（b）線形化された最適化問題

図 4.2　非線形最適化問題を線形最適化問題に近似した様子

最適解の逐次更新のイメージ

ステップ k の基準点 $\boldsymbol{x}^{(k)}$ で線形化された最適化問題の解 $\boldsymbol{x}^{(k)*}$ が，非線形問題の最適解 $\boldsymbol{x}^*$ に近づいたとすると，この解をステップ $(k+1)$ の基準点 $\boldsymbol{x}^{(k+1)}$ として次の線形化を施し，新たな解を求めます．これを繰り返すことにより，真の最適解に到達します．図 4.3 に示される例は，以下の様子を示しています．

1. 点 $\boldsymbol{x}^{(1)}$（図中の○）を基準点とした線形化式（$\tilde{f}^{(1)}(\boldsymbol{x})$, $\tilde{g}_1^{(1)}(\boldsymbol{x})$, $\tilde{g}_2^{(1)}(\boldsymbol{x})$）の最適解 $\boldsymbol{x}^{(1)*}$（図中の◇）を求める．
2. 点 $\boldsymbol{x}^{(1)*}$ を新しい基準点 $\boldsymbol{x}^{(2)}$ とした線形化式（$\tilde{f}^{(2)}(\boldsymbol{x})$, $\tilde{g}_1^{(2)}(\boldsymbol{x})$, $\tilde{g}_2^{(2)}(\boldsymbol{x})$）の最適解 $\boldsymbol{x}^{(2)*}$（図中の△）を求める．
3. 解が収束するまで，このような「基準点の更新」，「目的関数と制約条件式の線形化」，「線形化された最適化問題の求解」を繰り返す．

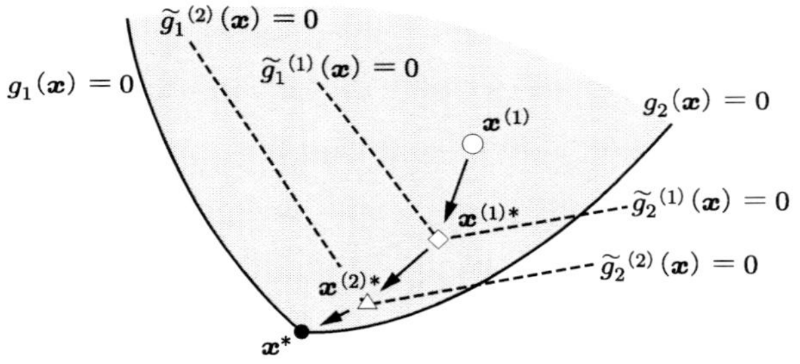

ステップ k	線形化の基準点	線形問題の最適解
1	$\boldsymbol{x}^{(1)}$	$\boldsymbol{x}^{(1)*}$
2	$\boldsymbol{x}^{(2)} = \boldsymbol{x}^{(1)*}$	$\boldsymbol{x}^{(2)*}$

図 4.3　線形化された最適化問題の逐次更新

4.1.2　非線形最適化問題の線形近似

ステップ k の基準点 $\boldsymbol{x}^{(k)}$ における，目的関数 $f(\boldsymbol{x})$ と m 個の不等式制約条件 $g_i(\boldsymbol{x}) \leq 0$ の線形近似式 $\tilde{f}^{(k)}(\boldsymbol{x})$ と $\tilde{g}_i^{(k)}(\boldsymbol{x})$ を，次式により作成します．これは，前章で説明したテイラー級数展開式の 1 次項までの表現式です．

$$\text{目的関数}\quad \tilde{f}^{(k)}(\boldsymbol{x}) \equiv f(\boldsymbol{x}^{(k)}) + \{\nabla f(\boldsymbol{x}^{(k)})\}^T(\boldsymbol{x} - \boldsymbol{x}^{(k)}) \longrightarrow \text{最小} \tag{4.3}$$

$$\text{制約条件}\quad \tilde{g}_i^{(k)}(\boldsymbol{x}) \equiv g_i(\boldsymbol{x}^{(k)}) + \{\nabla g_i(\boldsymbol{x}^{(k)})\}^T(\boldsymbol{x} - \boldsymbol{x}^{(k)}) \leq 0 \quad (i = 1, 2, \ldots, m) \tag{4.4}$$

非線形関数の線形近似を具体的に考えます．基準点 $\boldsymbol{x}^{(1)} = (0.8, 0.6)$ において，次の最適化問題の線形近似式を作成し，解いてみましょう．

最適化問題 4.2（線形化のための非線形最適化問題）

設計変数	$x_1 \geq 0, \quad x_2 \geq 0$	
目的関数	$f(\boldsymbol{x}) = x_2 \longrightarrow$ 最小	(4.5)
制約条件	$g(\boldsymbol{x}) = 0.4 - x_2 + 0.5x_1^2 \leq 0$	(4.6)

目的関数 $f(\boldsymbol{x})$ は 1 次関数であるため，線形化の必要がありません．制約条件 $g(\boldsymbol{x})$ の線形化を考えます．基準点 $\boldsymbol{x}^{(1)}$ における制約条件とその勾配ベクトルの値は，

$$g(\boldsymbol{x}^{(1)}) = 0.4 - 0.6 + 0.5 \times 0.8^2 = 0.12 \tag{4.7}$$

$$\nabla g(\boldsymbol{x}^{(1)}) = \begin{pmatrix} x_1^{(1)} \\ -1 \end{pmatrix} = \begin{pmatrix} 0.8 \\ -1 \end{pmatrix} \tag{4.8}$$

です．式 (4.7), (4.8) を式 (4.4) に代入すると，

$$\begin{aligned} \tilde{g}^{(1)}(\boldsymbol{x}) &= 0.12 + \begin{pmatrix} 0.8 \\ -1 \end{pmatrix}^T \begin{pmatrix} x_1 - 0.8 \\ x_2 - 0.6 \end{pmatrix} \\ &= 0.08 + 0.8x_1 - x_2 \end{aligned} \tag{4.9}$$

を得ます．これが，基準点を $\boldsymbol{x}^{(1)}$ とした $g(\boldsymbol{x})$ の線形近似式 $\tilde{g}^{(1)}(\boldsymbol{x})$ です．

ステップ 1 の実行可能領域と最適解 $\boldsymbol{x}^{(1)*}$

図 4.4 に，非線形制約条件式 (4.6) の境界線 $g(\boldsymbol{x}) = 0$ を実線で，線形近似式 (4.9) の境界線 $\tilde{g}^{(1)}(\boldsymbol{x}) = 0$ を破線で示します．変数の非負条件も加えられるため，非線形

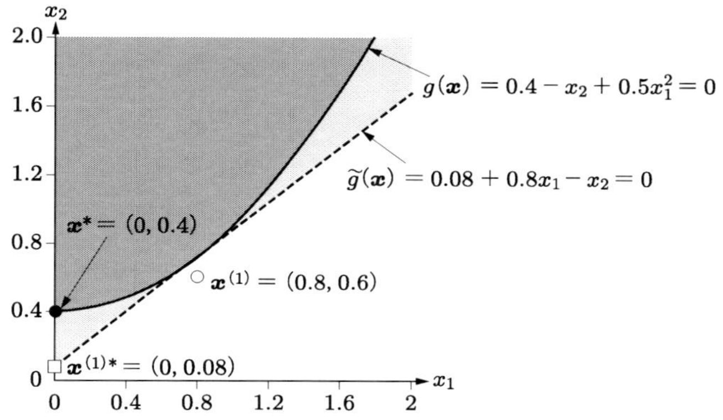

図 4.4 非線形制約条件式 $g(\boldsymbol{x})$ とその線形近似式 $\tilde{g}^{(1)}(\boldsymbol{x})$

制約条件の実行可能領域は濃い陰影部になり，線形化された制約条件の実行可能領域は薄い陰影部を加えた部分になります．なお，図中の○は基準点 $\boldsymbol{x}^{(1)}=(0.8, 0.6)$ です．

目的関数は $f(\boldsymbol{x})=x_2$ の最小化であるため，最適解は，それぞれの実行可能領域の最下点（x_2 が最も小さい点）です．非線形最適化問題の解は●で示される $\boldsymbol{x}^*=(0, 0.4)$ であり，線形化された最適化問題の解は，□で示される $\boldsymbol{x}^* = (0, 0.08)$ です．

練習問題 4.1

設問の手順に従い，以下の非線形最適化問題を，逐次線形計画法を用いて解きなさい．

設計変数	x_1, x_2	（ただし，$x_1 \geq 0$，$x_2 \geq 0$）
目的関数	$f(x_1, x_2) = x_1^2 + (x_2 - 1)^2 \quad \rightarrow \quad$ 最大	
制約条件	$g_1(x_1, x_2) = x_1^2 - 4x_2 \leq 0$	
	$g_2(x_1, x_2) = -40 + x_1 + x_1^2 + 10x_2 \leq 0$	

(1)　ステップ 1 の線形近似式 $\tilde{f}^{(1)}(\boldsymbol{x})$, $\tilde{g}_1^{(1)}(\boldsymbol{x})$, $\tilde{g}_2^{(1)}(\boldsymbol{x})$ を導出しなさい．ここで，基準点を $\boldsymbol{x}^{(1)} = (2, 3)$ とする．

(2)　導出した制約条件の線形近似式による実行可能領域を，図 4.5 のグラフ上に示しなさい．

(3)　描いたグラフを参考にして，線形化された最適化問題の解（ステップ 1）を求めなさい．

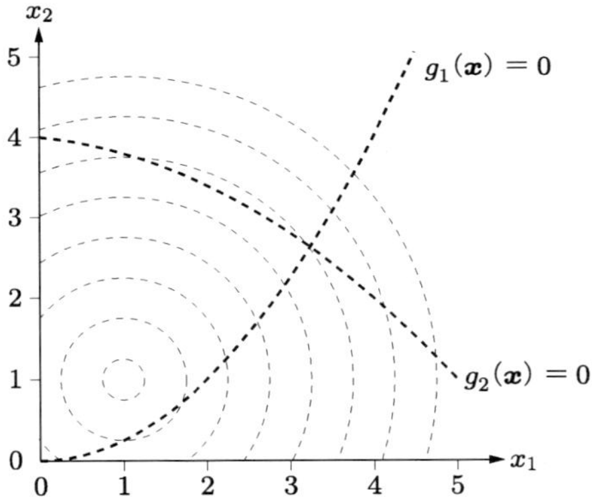

図 4.5

4.1.3　逐次線形計画法の移動制約

線形化された最適化問題を解いても，必ずしも真の最適解に近づくとは限りません．図 4.6 にその例を示します．実線は非線形最適化問題の様子，破線は線形化された最適化問題の様子です．ステップ k の基準点 $\boldsymbol{x}^{(k)}$（図中の○）で線形化された最適化問

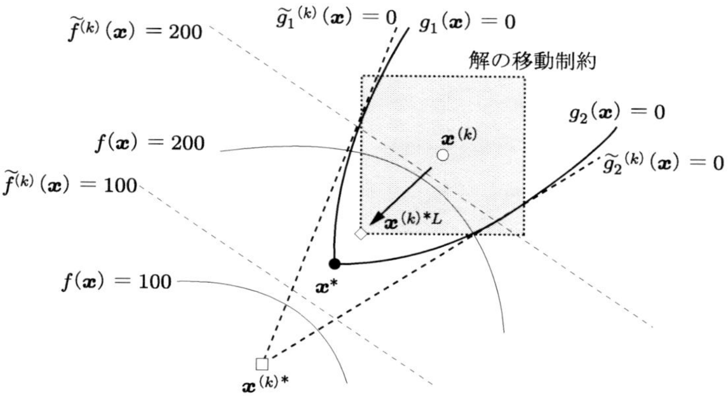

図 4.6 逐次線形計画法における変数の移動制約

題の解 $\boldsymbol{x}^{(k)*}$（図中の□）は，真の解 $\boldsymbol{x}^*$（図中の●）を大幅に通り越しています．設計変数の更新量（$\delta\boldsymbol{x} = \boldsymbol{x}^{(k)*} - \boldsymbol{x}^{(k)}$）が大きすぎて，到達点では線形近似式が十分な精度をもたないためです．

そこで，設計変数に移動制約を付加します．たとえば，

$$|x_i^{(k+1)} - x_i^{(k)}| \leq \delta x_i^{(k)L} = \alpha \delta x_i^{(k-1)L} \tag{4.10}$$

$$|\boldsymbol{x}^{(k+1)} - \boldsymbol{x}^{(k)}| \leq \delta x^{(k)L} = \alpha \delta x^{(k-1)L} \tag{4.11}$$

などです．$\delta x_i^{(k)L}$ はステップ k における設計変数 x_i の許容される増分値，$\delta x^{(k)L}$ は許容される移動距離です．また，α は移動制約の縮小率であり，1 以下の正数です．$\alpha = 0.5$ を用いると，解の移動可能範囲は前ステップの半分に縮小されます．式 (4.10) を用いると，図 4.6 に示される点線の長方形が移動制約となり，設計変数の更新は $\boldsymbol{x}^{(k)} \to \boldsymbol{x}^{(k)*L}$（図中の◇）に抑制されます．

基準点を $\boldsymbol{x}^{(1)} = (4, 3)$ として，最小化問題 4.1 に逐次線形計画法を適用します．移動制約がない場合と，$\delta x^{(1)} = 1$ の移動制約を与える場合を考えます．

最適化問題 4.1（再掲）

設計変数 x_1, x_2

目的関数 $f(x_1, x_2) = (x_1 - 2)^2 + (x_2 - 4)^2 \longrightarrow$ 最小 (4.12)

制約条件

$$\left.\begin{aligned} g_1(x_1, x_2) &= (x_1 - 4)^2 - 2x_2 \leq 0 \\ g_2(x_1, x_2) &= -x_1 + 2x_2 - 2 \leq 0 \end{aligned}\right\} \tag{4.13}$$

ステップ 1 の基準点 $\boldsymbol{x}^{(1)} = (4,3)$ における，$f(\boldsymbol{x})$ と $g_i(\boldsymbol{x})$，およびそれらの偏微分は

$$
\begin{aligned}
&f(\boldsymbol{x}^{(1)}) = 5, && \partial f/\partial x_1 = 4, && \partial f/\partial x_2 = -2 \\
&g_1(\boldsymbol{x}^{(1)}) = -6, && \partial g_1/\partial x_1 = 0, && \partial g_1/\partial x_2 = -2 \\
&g_2(\boldsymbol{x}^{(1)}) = 0, && \partial g_2/\partial x_1 = -1, && \partial g_2/\partial x_2 = 2
\end{aligned}
$$

です．これらの数値を式 (4.3), (4.4) に代入すると，ステップ 1 の線形化された目的関数と制約条件が得られます．

$$
\text{目的関数} \quad \tilde{f}^{(1)}(\boldsymbol{x}) = 5 + 4(x_1 - 4) - 2(x_2 - 3) \quad \longrightarrow \quad \text{最小} \tag{4.14}
$$

$$
\text{制約条件} \quad \left.\begin{aligned}
&\tilde{g}_1^{(1)}(\boldsymbol{x}) = -6 - 2(x_2 - 3) \le 0 \\
&\tilde{g}_2^{(1)}(\boldsymbol{x}) = 0 - 1(x_1 - 4) + 2(x_2 - 3) \le 0
\end{aligned}\right\} \tag{4.15}
$$

上式で与えられる目的関数の等高線と制約条件から形成される実行可能領域を，図 4.7(b) に示します．図 4.7(a) に示される本来の非線形最適化問題と比較すると，実行可能領域全体に渡り，大きな違いが見られます．

移動制約がない場合

◎ステップ 1

移動制約を用いずに，式 (4.14) と (4.15) で与えられるステップ 1 の最適化問題を解きます．これは，図 4.7(b) に示される線形最適化問題であり，最適解は実行可能領域の頂点に存在します．ステップ 1 の最適解は $\boldsymbol{x}^{(1)*} = (-2, 0)$（図中の□）となり，本来の非線形最適化問題の解 $\boldsymbol{x}^* = (2.8, 2.4)$（図中の●）から大きく離れています．

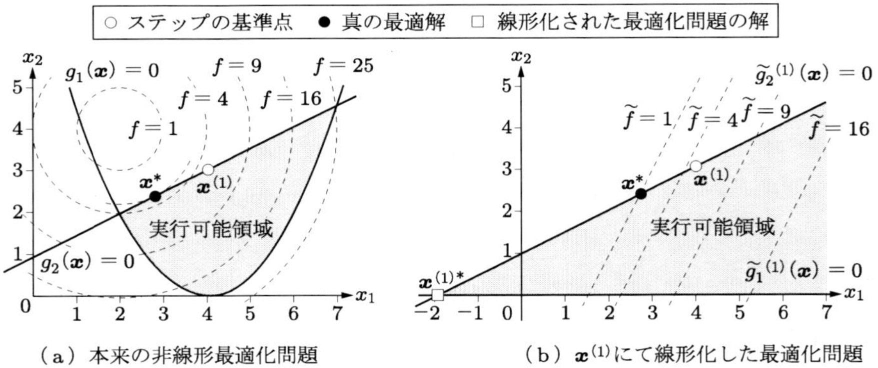

（a）本来の非線形最適化問題　　（b）$\boldsymbol{x}^{(1)}$にて線形化した最適化問題

図 4.7　逐次線形計画法の適用例

移動制約 ($\alpha = 1$) を用いた場合

● ステップ 1

$\delta x_i^{(1)L} = 2$ とする移動制約を用います．ステップ 1 の基準点，実行可能領域などは，前述の移動制約がない場合と同じです．移動制約がない場合の解 $\boldsymbol{x}^{(1)*} = (-2, 0)$（図 4.7(b) の□）が得られた状態を考えます．$\boldsymbol{x}^{(1)*}$ が移動制約の外側にあるとき，基準点 $\boldsymbol{x}^{(1)}$ と $\boldsymbol{x}^{(1)*}$ を結ぶ線分と移動制約の限界線の交点が，ステップ 1 の最適解 $\boldsymbol{x}^{(1)*L} = (2, 2)$ です．図 4.8(a) に◇で示される $\boldsymbol{x}^{(1)*L}$ は，$\boldsymbol{x}^{(1)*}$ より真の最適解 $\boldsymbol{x}^*$ に近づいています．

● ステップ 2

ステップ 1 の最適解 $\boldsymbol{x}^{(1)*L} = (2, 2)$ をステップ 2 の基準点 $\boldsymbol{x}^{(2)}$ として最適化問題を線形化すると，

$$\text{目的関数}\quad \tilde{f}^{(2)}(\boldsymbol{x}) = 4 - 4(x_2 - 2) \quad \longrightarrow \quad \text{最小} \tag{4.16}$$

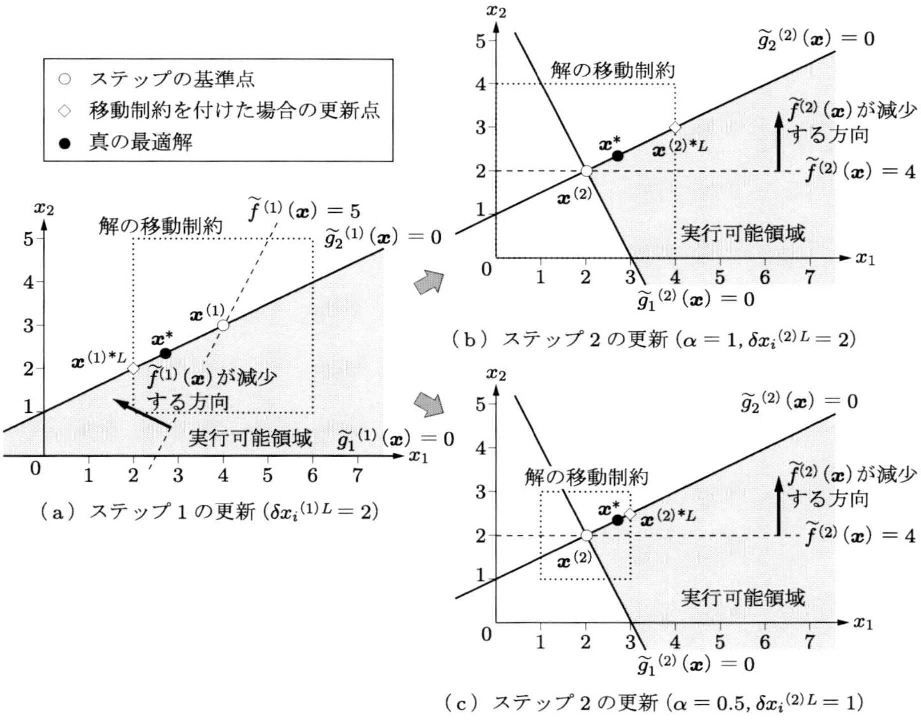

（a）ステップ 1 の更新 ($\delta x_i{}^{(1)L} = 2$)

（b）ステップ 2 の更新 ($\alpha = 1, \delta x_i{}^{(2)L} = 2$)

（c）ステップ 2 の更新 ($\alpha = 0.5, \delta x_i{}^{(2)L} = 1$)

図 4.8　解の移動制約を追加した逐次線形計画法

$$\text{制約条件}\quad \left.\begin{aligned} \tilde{g}_1^{(2)}(\boldsymbol{x}) &= -4(x_1-2)-2(x_2-2) \leq 0 \\ \tilde{g}_2^{(2)}(\boldsymbol{x}) &= -(x_1-2)+2(x_2-2) \leq 0 \end{aligned}\right\} \tag{4.17}$$

を得ます．この線形最適化問題の状態を図 4.8(b) に示します．$\alpha = 1$ であるため，移動制約はステップ 1 と変わらず，$\delta x_i^{(2)} = \alpha \delta x_i^{(1)} = 2$ を用います．最適解として $\boldsymbol{x}^{(2)*L} = (4.0, 3.0)$（図中の◇）を得ますが，これはステップ 1 の基準点 $\boldsymbol{x}^{(1)}$ と同じ点です．したがって，以降，$\alpha = 1$ の移動制約を用いた逐次線形計画法を続けても，同じ点を行ったり来たりする解の振動が起こり，真の最適解に到達できません．

移動制約 ($\alpha = 0.5$) を用いた場合

- ステップ 1

ステップ 1 の移動制約は，$\delta x_i^{(1)L} = 2$ であるため，最適解 $\boldsymbol{x}^{(1)*L}$ は，前述の $\alpha = 1$ の移動制約を用いた結果と同じです．

- ステップ 2

移動制約を前ステップの半分にした例を図 4.8(c) に示します．ステップ 2 の移動制約は，$|x_i^{(3)} - x_i^{(2)}| \leq \delta x_i^{(2)L} = 0.5\delta x_i^{(1)L} = 1.0$ となり，$\boldsymbol{x}^{(2)*L} = (3.0, 2.5)$（図中の◇）に到達します．

このような移動制約の縮小を続けると，以下の解が得られます．

$$\begin{aligned} \boldsymbol{x}^{(1)*L} = (2.0, 2.0) \quad &\rightarrow \quad \boldsymbol{x}^{(2)*L} = (3.0, 2.5) \quad \rightarrow \quad \boldsymbol{x}^{(3)*L} = (2.5, 2.25) \\ &\rightarrow \quad \boldsymbol{x}^{(4)*L} = (2.75, 2.375) \end{aligned}$$

この手順により，真の最適解 $\boldsymbol{x}^* = (2.8, 2.4)$ に収束していきます．

練習問題 4.2

以下の設問に従い，最適化問題 4.1 を逐次線形計画法を用いて解きなさい．

(1)　$\boldsymbol{x}^{(1)} = (3.0, 2.5)$ を基準点として，目的関数と制約条件の線形近似式 $\tilde{f}^{(1)}(\boldsymbol{x})$, $\tilde{g}_1^{(1)}(\boldsymbol{x})$, $\tilde{g}_2^{(1)}(\boldsymbol{x})$ を求めなさい．

(2)　移動制約を用いずに，線形化された最適化問題の最適解 $\boldsymbol{x}^{(1)*}$ を求めなさい．

(3)　$|x_i^{(2)} - x_i^{(1)}| \leq 0.5$ の移動制約を用いて，線形化された最適化問題の最適解 $\boldsymbol{x}^{(1)*L}$ を求めなさい．

ポイント　逐次線形計画法の考え方と方法

- ステップ k の基準点 $\boldsymbol{x}^{(k)}$ の情報に基づいて，非線形最適化問題の目的関数 $f(\boldsymbol{x})$ と制約条件式 $g_i(\boldsymbol{x})$ の線形近似式 $\tilde{f}^{(k)}(\boldsymbol{x})$, $\tilde{g}_i^{(k)}(\boldsymbol{x})$ を作成する．
- 線形化された最適化問題を解き，ステップ k の最適解 $\boldsymbol{x}^{(k)*}$ を求める．

- $\boldsymbol{x}^{(k)*}$ をステップ $k+1$ の基準点とし，上記手順を繰り返す．
- 更新量が大きいと，線形近似式の精度が悪化する．これを回避するため，ステップ k における設計変数の更新に移動制約 $|\boldsymbol{x}^{(k)*} - \boldsymbol{x}^{(k)}| \leq \delta \boldsymbol{x}^{(k)L}$ などを設定する．

4.2 ペナルティー関数法

ペナルティー関数法（penalty function method）は，制約条件の状態を表す**ペナルティー関数**（penalty function）を目的関数に加えた**拡張目的関数**（augmented objective function）を作成し，その最小化や最大化により最適解を求める方法です．

4.2.1 ペナルティー関数法の一般形式

m 個の不等式制約条件 $g_i(\boldsymbol{x}) \leq 0$ が付加された目的関数 $f(\boldsymbol{x})$ の最小化問題を考えます．

$$\text{目的関数} \quad f(x) \quad \longrightarrow \quad \text{最小}$$

$$\text{制約条件} \quad g_i(\boldsymbol{x}) \leq 0 \qquad (i = 1, 2, \ldots, m)$$

制約条件の状態を表現するペナルティー関数 $p(\boldsymbol{x}, \boldsymbol{r})$ を目的関数に加えた拡張目的関数 $F(\boldsymbol{x}, \boldsymbol{r})$ を用いて，最適解を求めます．

$$\text{拡張目的関数} \quad F(\boldsymbol{x}, \boldsymbol{r}) = f(\boldsymbol{x}) + p(\boldsymbol{x}, \boldsymbol{r}) \quad \longrightarrow \quad \text{最小} \tag{4.18}$$

$$\text{ペナルティー関数} \quad p(\boldsymbol{x}, \boldsymbol{r}) = \sum_{i=1}^{m} r_i \phi_i(\boldsymbol{x}) \tag{4.19}$$

制約条件が満足されない領域，またはその境界近傍で，ペナルティー関数 $p(\boldsymbol{x}, \boldsymbol{r})$ が大きな値を採り，拡張目的関数を悪化させます．制約条件 $g_i(\boldsymbol{x})$ に対するペナルティーの強さをコントロールするペナルティー係数 r_i と，制約条件の評価値を反映する関数 $\phi_i(\boldsymbol{x})$ の積で，$p(\boldsymbol{x}, \boldsymbol{r})$ を定義します．ペナルティー係数 r_i は，制約条件ごとに設定することも，全制約条件に対して同一にすることもあります．

ペナルティー関数法のイメージ

図 4.9(a) に示される，制約条件付き最適化問題に対する理想的な拡張目的関数を，図 (b) に実線で示します．拡張目的関数は，本来の目的関数の減少と制約条件の悪化によるペナルティー関数の増加の両影響を含み，この最小化により，制約条件を満足しながら目的関数を最小にする解を求めます．

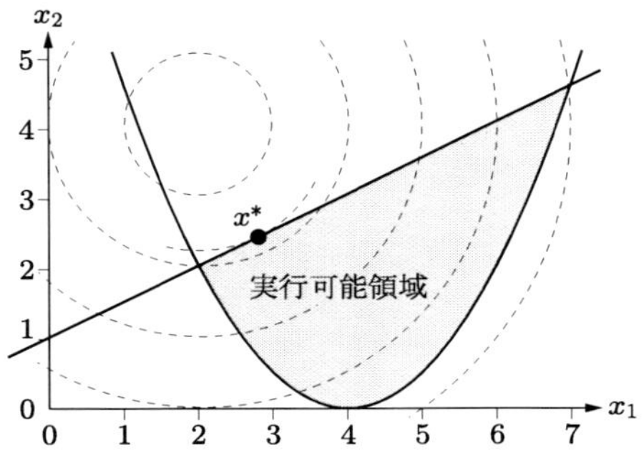

（a）制約条件付き最適化問題

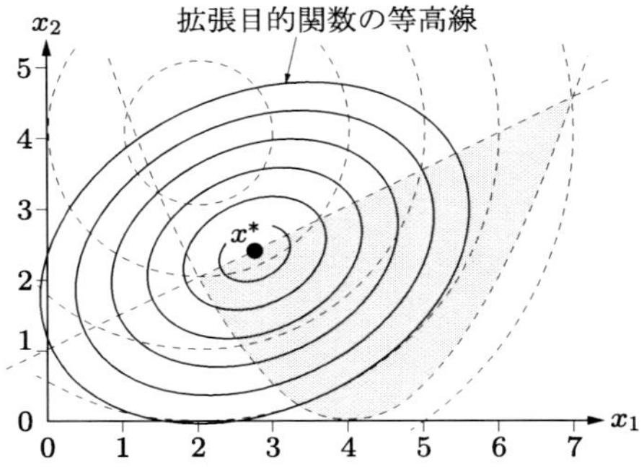

（b）理想的な拡張目的関数

図 4.9　制約条件付き最適化問題と理想的な拡張目的関数

解の探索範囲とペナルティー関数の強さには良好なバランスが必要です．ペナルティーが強すぎると，拡張目的関数の局所的非線形性が強くなり，最小点の探索が困難です．一方，ペナルティーが弱すぎると，拡張目的関数の最小点は最適解から遠く離れてしまいます．そこで，ペナルティーが弱い拡張目的関数から強い拡張目的関数に移行しながら，逐次的に最適解への到達を目指す **SUMT 法**（sequential unconstrained minimization technique）と組み合わせて解くことが有効です．代表的なペナルティー関数法として，外点ペナルティー関数法，内点ペナルティー関数法，拡張ペナルティー関数法があり，それぞれを説明します．

4.2.2　外点ペナルティー関数法

外点ペナルティー関数法（exterior penalty function method）は，制約条件 $g_i(\boldsymbol{x})$ が満足されない場合に，その不満足度に応じたペナルティーを目的関数に与えます．制約条件の評価関数 $\phi_i(\boldsymbol{x})$ を次式で定義します．

$$\text{制約条件の評価関数}\qquad \phi_i(\boldsymbol{x}) = (\max[0,\ g_i(\boldsymbol{x})])^{\beta}, \quad \beta \geq 0 \tag{4.20}$$

制約条件が満足される場合は $\phi_i(\boldsymbol{x}) = 0$ となり，満足されない場合は $\phi_i(\boldsymbol{x}) > 0$ になります．β は 1 以上の定数ですが，$\beta \geq 2$ にすると，$g_i(\boldsymbol{x}) = 0$ の点においても拡張目的関数の勾配 ∇F に連続性が確保されやすくなるため，勾配を用いた探索法に適します．これより，外点ペナルティー関数法の拡張目的関数が次のように導かれます．

$$\text{拡張目的関数}\qquad F(\boldsymbol{x}, \boldsymbol{r}) = f(\boldsymbol{x}) + \sum_{i=1}^{m} r_i \phi_i(\boldsymbol{x})$$

$$= f(\boldsymbol{x}) + \sum_{i=1}^{m} r_i \left(\max[0, g_i(\boldsymbol{x})]\right)^{\beta} \quad \longrightarrow \quad 最小 \tag{4.21}$$

外点ペナルティー関数を用いた拡張目的関数の様子

最適化問題 4.3 に外点ペナルティー関数法を用いて，その機能を確認します．なお，この問題の最適解は $x = 4$ です．

最適化問題 4.3（ペナルティー関数法のための 1 変数問題）

設計変数	x	
目的関数	$f(x) = 5 - x \quad \to \quad 最小$	(4.22)
制約条件	$g(x) = x - 4 \leq 0$	(4.23)

$\beta = 2$ とすると，次の拡張目的関数を得ます．

$$F(x, r) = f(x) + r\phi(x) = 5 - x + r(\max[0, x-4])^2 \quad \longrightarrow \quad 最小 \tag{4.24}$$

広範囲（$-40 \leq x \leq 20$）における $F(x, r)$

$r = 0.2$, $r = 2$, $r = 20$ に設定した三つの拡張目的関数 $F(x, r)$ の広範囲（$-40 \leq x \leq 20$）における変化を，点線，破線，太い実線で図 4.10(a) に示します．細い実線は，本来の目的関数 $f(x)$ です．$F(x, r)$ は，制約条件が満足されている実行可能領域の内部では $f(x)$ と等しく，実行可能領域から外に出ると $f(x)$ より大きくなり始め，最小点を経て増加に転じます．ペナルティー係数 r を小さく設定すると，$F(x, r)$ の変化は緩やかですが，増加開始が遅れ，最小点と最適解の差が大きく

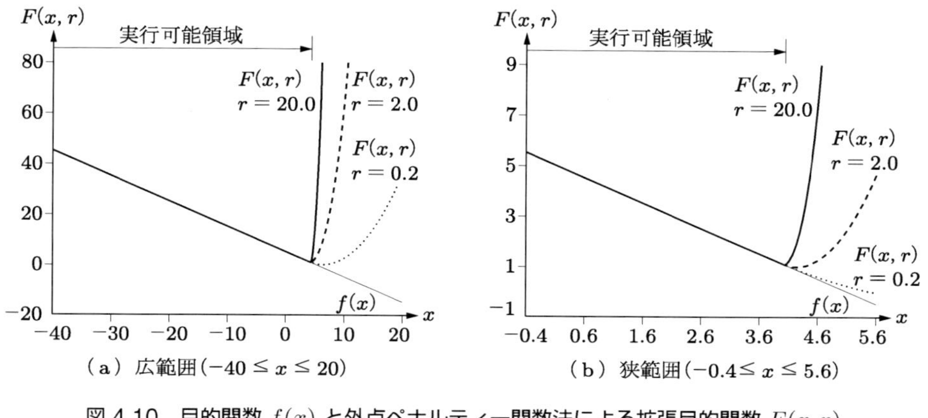

図 4.10　目的関数 $f(x)$ と外点ペナルティー関数法による拡張目的関数 $F(x, r)$

なります．一方，r を大きく設定すると，$F(x,r)$ の変化は急激で，増加開始も早くなり，最小点と最適解の差は小さくなります．図 (a) を参考にすると，表 4.1 のようにまとめられます．

表 4.1　外点ペナルティー関数法の様子（図 4.10(a) 参照）

r	$F(x,r)$ の変化	最小点	
0.2	穏やか	$x = 6.50$	最適解に遠い
2	少し激しい	$x = 4.25$	最適解にやや近い
20	激しい	$x = 4.025$	最適解に近い

拡張目的関数の精度（最小点と最適解の差）を考えると，ペナルティー係数を大きくすることは得策ですが，拡張目的関数の局所的非線形性が強くなり，最小点の探索が困難になります．

狭範囲（$-0.4 \le x \le 5.6$）における $F(x,r)$

最適解近傍の狭範囲（$-0.4 \le x \le 5.6$）における拡張目的関数の変化を，図 4.10(b) に示します．$r = 2.0$ を用いた $F(x,r)$ は，広範囲（$-40 \le x \le 20$）で激しく変化しましたが，狭範囲では緩やかに変化しています．図 (b) の $r = 2.0$ の $F(x,r)$ は図 (a) の $r = 0.2$ の $F(x,r)$ と同じように見え，図 (b) の $r = 20$ の $F(x,r)$ は，図 (a) の $r = 2$ の $F(x,r)$ と同じように見えます．探索範囲を適切に設定することにより，ペナルティー係数を大きくしても，緩やかに増加する拡張目的関数を得ることができます．つまり，適切なペナルティー係数の決定には，探索範囲を考慮する必要があります．

4.2.3　外点ペナルティー関数法を用いた探索例（1 変数問題）

外点ペナルティー関数法を用いて，最適化問題 4.3 を解いてみます．「設計変数 x を刻み幅で変更して拡張目的関数を計算し，その最小点を求める」という単純な方法を，以下の手順で用います．

1. 広い範囲をカバーできる程度の小さな r を決定する．
2. 広い探索範囲に見合うように，比較的大きな設計変数の刻み幅 Δx を決定する．
3. 刻み幅ごとに拡張目的関数を計算し，最小点を求める．
4. 求めた最小点の近傍で探索範囲を狭める．
5. 係数 r を大きくして，拡張目的関数におけるペナルティーの影響を強める．
6. 刻み幅 Δx を小さくして，拡張目的関数の最小点探索の精度を高める．
7. 最小点に収束するまで，上記の 3〜6 を繰返す．

具体的な数値で考えます．

例題 4.1

ステップ 1 の探索範囲を $-50 \leq x \leq 30$, $r = 0.2$, $\Delta x = 2$ とし，ステップ更新の際の探索範囲，ペナルティー係数，刻み幅を，次のようにします．

- 探索範囲を前ステップの 1/10 にする．
- 探索範囲の中心位置を前ステップの最適解とする．
- 探索の刻み幅（Δx）を前ステップの 1/10 にする．
- ペナルティー係数を前ステップの 10 倍にする．

このとき，最適化問題 4.3 を解きなさい．

解　この手順に従った最適解の探索結果が表 4.2 に示され，ステップの解 $x^{(k)*}$ が最適解 $x^* = 4.0$ に近づいています．表 4.2 中の更新回数（左）と更新回数（右）は，探索範囲の左端および右端から探索を開始した場合，最小点への到達に要する設計変数の更新回数です．表外下部の 72 と 128 はこれらの合計です．たとえば，常に左端から設計変数を更新すると，72 回の探索で $x^{(5)*} = 4.0002$ に到達します．□

表 4.2　外点ペナルティー関数法と増分を用いた計算結果

ステップ k	探索範囲（幅）		r	Δx	$x^{(k)*}$	更新回数（左）	更新回数（右）
1	$-50 \sim 30$	(80)	0.2	2	6	28	12
2	$2 \sim 10$	(8)	2	0.2	4.2	11	29
3	$3.8 \sim 4.6$	(0.8)	20	0.02	4.02	11	29
4	$3.98 \sim 4.06$	(0.08)	200	0.002	4.002	11	29
5	$3.998 \sim 4.006$	(0.008)	2000	0.0002	4.0002	11	29
						計 72	計 128

4.2.4 黄金分割法と 2 次補間法を組み合わせた探索例（1 変数問題）

3.11 節で説明した，黄金分割法と 2 次補間法を組み合わせた手法を用いて，最適化問題 4.3 を解いてみます．初期の探索範囲を $[x_s = -50,\ x_e = 30]$ とし，ペナルティー係数を $r = 0.2$ に固定して，ステップ 1 の解 $x^{(1)*}$ を求めます．

ステップ 1 の手順

以下に示す手順でサブステップ計算を行い，その様子を表 4.3 に示します．

1. 黄金分割法が使用する 4 点 x_s, x_a, x_b, x_e を用いて，式 (3.46) で与えられる 2 次補間式 $\hat{F}_A(x)$ と $\hat{F}_B(x)$ を作成する．$\hat{F}_A(x)$ の作成に x_s, x_a, x_e を用い，$\hat{F}_B(x)$ の作成に x_s, x_b, x_e を用いる．
2. $\hat{F}_A(x)$ と $\hat{F}_B(x)$ より，拡張目的関数最小の予測点 x_A^* と x_B^*，および $\hat{F}_A(x_b)$ と $\hat{F}_B(x_a)$ を求める．

3. 以下の基準を用いて収束判定する．ただし，$\varepsilon_1, \varepsilon_2$ は，事前に与えられているとする．

判定 1　$|\mathrm{error1}| \le \varepsilon_1$ & $|\mathrm{error2}| \le \varepsilon_1$

ここで，$\mathrm{error1} = \{\hat{F}_B(x_a) - F(x_a)\}/F(x_a)$

$\mathrm{error2} = \{\hat{F}_A(x_b) - F(x_b)\}/F(x_b)$

判定 2　$|x_A^* - x_B^*| \le \varepsilon_2$

判定 1，2 を共に満たすとき，予測点は収束していると判断する．

4. 予測点が収束している場合，解を $x^{(1)*} = (x_A^* + x_B^*)/2$ としてステップ 1 を終了する．

5. 予測点が収束していない場合，黄金比に基づいて探索範囲を縮小し，上記の 1 に戻る（サブステップの更新）．

ステップ 1 の計算結果

探索結果を表 4.3 に示します．$\varepsilon_1 = \varepsilon_2 = 0.001$ とした場合，8 回のサブステップにより，ステップ 1 の解 $x^{(1)*} = 6.5$ に到達しました．これは，$r = 0.2$ に設定されたステップ 1 の解であり，最終的な最適解（$x^* = 4$）ではありません．

表 4.3　外点ペナルティー関数法＋黄金分割法＋ 2 次補間法の計算結果（ステップ 1）

サブステップ	x_s	x_e	x_A^*	x_B^*	$x_B^* - x_A^*$	$F(x_a)$	$F(x_b)$	$\hat{F}_B(x_a)$	$\hat{F}_A(x_b)$	error1	error2
1	−50	30	−20.09	−16.24	3.855	24.44	5.557	−7.474	37.47	−1.306	5.743
2	−19.44	30	−4.413	−1.537	2.876	5.557	4.009	−16.24	25.80	−3.922	5.436
3	−0.557	30	5.631	5.841	0.210	4.009	27.73	3.028	28.71	−0.245	0.035
4	−0.557	18.33	5.422	5.645	0.223	−0.245	4.009	−1.226	4.989	4.000	0.245
5	−0.557	11.12	5.830	5.719	−0.111	1.099	−0.245	0.120	0.733	−0.890	−3.992
6	3.901	11.12	6.499	6.499	0.000	−0.245	0.441	−0.246	0.442	0.002	0.001
7	3.901	8.359	6.499	6.499	0.000	−0.089	−0.245	−0.090	−0.245	0.005	−0.002
8	5.604	8.359	6.500	6.500	0.000	−0.245	−0.120	−0.245	−0.120	−0.000	−0.000

ステップ 1〜5 の計算結果

ステップ 1〜5 の計算結果を，表 4.4 に示します．ステップ更新の際に，探索範囲を前ステップの 1/10 に縮小し，ペナルティー係数を前ステップの 10 倍に大きくします．最終の $x^{(5)*} = 4.00025$ を得るために，合計で 36 回のサブステップ計算を要しました．これは，表 4.2 の結果の最速ケースの半分です．

表 4.4　外点ペナルティー関数法＋黄金分割法＋2 次補間法の計算結果（ステップ 1〜5）

ステップ k	r	探索範囲（幅）	$x^{(k)*}$	収束に要したサブステップ数
1	0.2	$-50 \sim 30$　(80)	6.5	8
2	2	$2.5 \sim 10.5$　(8)	4.25	8
3	20	$3.85 \sim 4.65$　(0.8)	4.025	7
4	200	$3.985 \sim 4.065$　(0.08)	4.0025	7
5	2000	$3.9985 \sim 4.0065$　(0.008)	4.00025	6

4.2.5　外点ペナルティー関数法を用いた探索例（2 変数問題）

本章冒頭で示された，最適化問題 4.1 を考えます．

最適化問題 4.1（再掲）

設計変数　x_1, x_2

目的関数　$f(x_1, x_2) = (x_1 - 2)^2 + (x_2 - 4)^2 \longrightarrow$ 最小　(4.25)

制約条件

$$\left.\begin{aligned} g_1(x_1, x_2) &= (x_1 - 4)^2 - 2x_2 \leq 0 \\ g_2(x_1, x_2) &= -x_1 + 2x_2 - 2 \leq 0 \end{aligned}\right\} \tag{4.26}$$

外点ペナルティー関数法を用いると，以下の拡張目的関数が得られます．

$$F(\boldsymbol{x}, r) = (x_1 - 2)^2 + (x_2 - 4)^2 + r\left\{(\max[0,\ g_1(x)])^2 + (\max[0,\ g_2(x)])^2\right\} \tag{4.27}$$

$r = 0, r = 0.1, r = 1, r = 10$ に設定した拡張目的関数 $F(\boldsymbol{x}, r)$ の等高線（$10, 20, \ldots, 100$）を図 4.11 に示します．実線は制約条件の境界線（$g_1(\boldsymbol{x}) = 0$, $g_2(\boldsymbol{x}) = 0$）です．図中の ×は $F(\boldsymbol{x}, r)$ の最小点 $\boldsymbol{x}_F^*$ を示し，●は最適解 $\boldsymbol{x}^* = (2.8, 2.4)$ を示します．$r = 0$ の場合，$F(\boldsymbol{x}, r)$ は目的関数 $f(\boldsymbol{x})$ に一致し，等高線は真円です．r が大きくなるに従い，$F(\boldsymbol{x}, r)$ は制約条件の影響を強く受けるようになり，$F(\boldsymbol{x}, r)$ の最小点 $\boldsymbol{x}_F^*$ は最適解 $\boldsymbol{x}^*$ に近づきます．

拡張目的関数 $F(\boldsymbol{x}, r)$ の強非線形性

この問題の $f(\boldsymbol{x})$ は設計変数 $\boldsymbol{x}$ の 2 次関数ですが，$F(\boldsymbol{x}, r)$ は $\boldsymbol{x}$ の 2 次では表現できない関数に変化します．$r = 0.1$, $r = 1$, $r = 10$ における $F(\boldsymbol{x}, r)$ の鳥瞰図を図 4.12 に示します．白い実線は制約条件の境界線です．$r = 1$ や $r = 10$ を使用した場合，実行可能領域外で $F(\boldsymbol{x}, r)$ は急激に増加するため，$F > 100$ の領域は図示されていません．図に描けないほどの変化であり，これらの拡張目的関数の最小点を広い範囲において探索することがとても困難であることが想像できます．

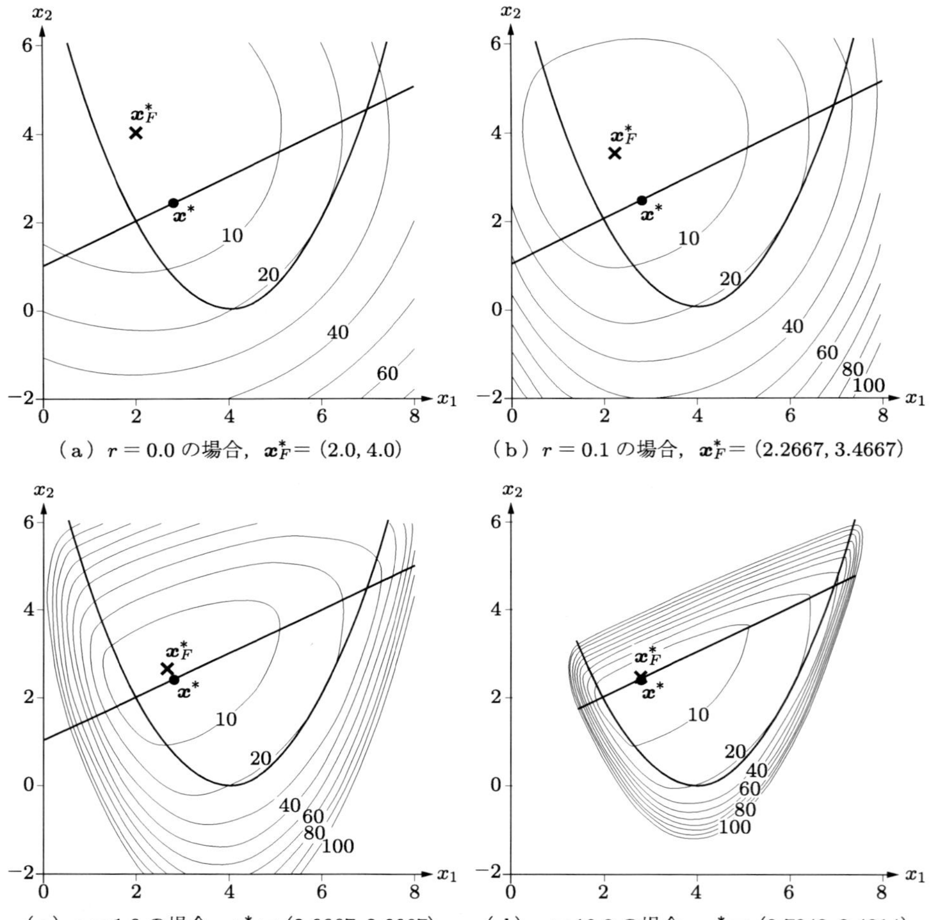

(a) $r = 0.0$ の場合，$x_F^* = (2.0, 4.0)$　(b) $r = 0.1$ の場合，$x_F^* = (2.2667, 3.4667)$

(c) $r = 1.0$ の場合，$x_F^* = (2.6667, 2.6667)$　(d) $r = 10.0$ の場合，$x_F^* = (2.7843, 2.4314)$

図 4.11　拡張目的関数の等高線図（外点ペナルティー関数法，2 変数問題）

探索の様子

外点ペナルティー関数法を用いて，以下の条件で拡張目的関数の最小点を探索します．

- 探索方法：各軸探索法
- ペナルティー係数：$r = 0.1, 1.0, \ldots, 10^5$ の 7 種類
- 初期点：$\boldsymbol{x}^{(1)} = (4.0, 3.0)$
- 刻み幅：$\Delta x_i = 0.1, 0.01, \ldots, 10^{-7}$ の 7 種類

これらの探索により到達した点 $\boldsymbol{x}^{\#}$ を，表 4.5 に示します．下線は表示されている有効数字 4 桁の範囲で拡張目的関数 $F(\boldsymbol{x}, r)$ の最小点に到達したことを，*** は初期点 $(4.0, 3.0)$ から更新されなかったことを意味します．

刻み幅を $\Delta x_i = 10^{-7}$ にした計算結果に着目します．$r = 0.1$ を用いた場合，到達

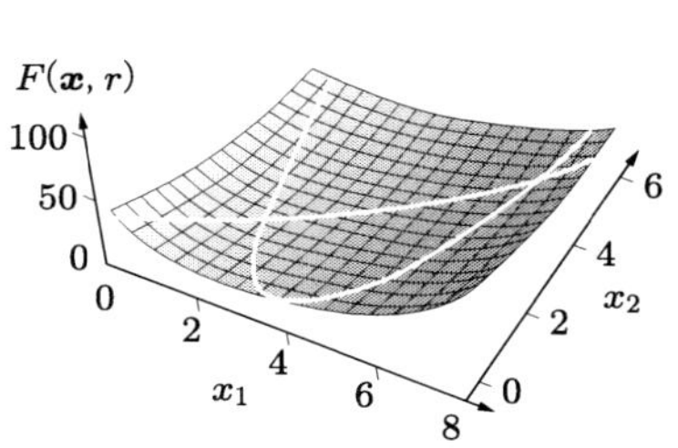

(a) $r = 0.1$ の場合

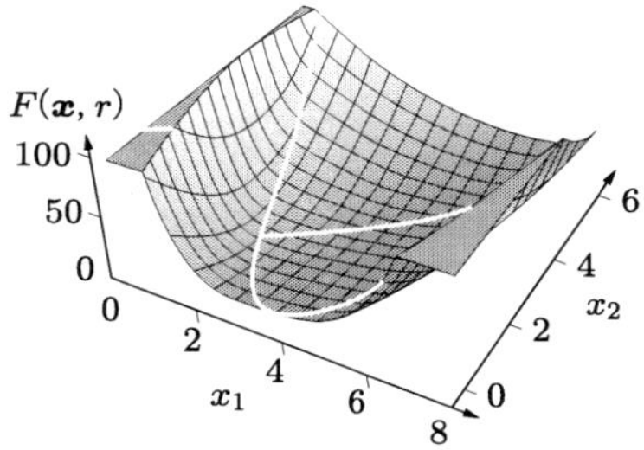

(b) $r = 1.0$ の場合

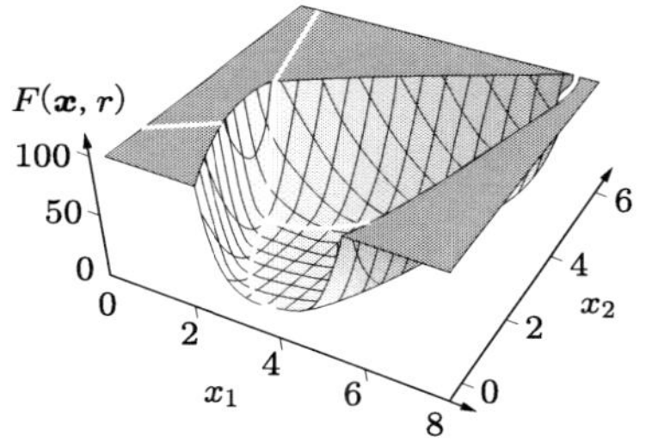

(c) $r = 10.0$ の場合

図 4.12 拡張目的関数の鳥瞰図（外点ペナルティー関数法，2 変数問題）

点は $\boldsymbol{x}^{\#} = (2.267, 3.467)$ であり，最適解 $\boldsymbol{x}^{*} = (2.800, 2.400)$ に届きません．r を大きくすると，最適解に近づき，$r = 10^3$ と $r = 10^4$ を用いると，この有効桁（小数点以下第 3 位）の精度で，最適解に到達します．しかし，さらに大きな $r = 10^5$ を用いると，最適解に到達できません．これは，「r を大きくすると，拡張目的関数の最小点は最適解に近づく」という外点ペナルティー関数法の特徴に反するように思われます．なぜでしょうか．

表 4.5 2 変数問題 外点ペナルティー関数法の計算結果（探索による到達点 $\boldsymbol{x}^{\#}$）

r	Δx_1, Δx_2													
	10^{-1}		10^{-2}		10^{-3}		10^{-4}		10^{-5}		10^{-6}		10^{-7}	
	$x_1^{\#}$	$x_2^{\#}$	$x_1^{\#}$	$x_2^{\#}$	$x_1^{\#}$	$x_2^{\#}$	$x_1^{\#}$	$x_2^{\#}$	$x_1^{\#}$	$x_2^{\#}$	$x_1^{\#}$	$x_2^{\#}$	$x_1^{\#}$	$x_2^{\#}$
0.1	2.3	3.5	2.27	3.47	$\underline{2.267}$	$\underline{3.467}$	$\underline{2.267}$	$\underline{3.467}$	$\underline{2.267}$	$\underline{3.467}$	$\underline{2.267}$	$\underline{3.467}$	$\underline{2.267}$	$\underline{3.467}$
1	2.7	2.7	2.67	2.67	$\underline{2.667}$	$\underline{2.667}$	$\underline{2.667}$	$\underline{2.667}$	$\underline{2.667}$	$\underline{2.667}$	$\underline{2.667}$	$\underline{2.667}$	$\underline{2.667}$	$\underline{2.667}$
10	3.5	2.8	2.84	2.46	2.795	2.437	2.786	2.432	$\underline{2.784}$	$\underline{2.431}$	$\underline{2.784}$	$\underline{2.431}$	$\underline{2.784}$	$\underline{2.431}$
10^2	***	***	3.49	2.75	2.850	2.429	2.805	2.407	2.799	2.404	$\underline{2.798}$	$\underline{2.403}$	$\underline{2.798}$	$\underline{2.403}$
10^3	***	***	***	***	3.499	2.750	2.850	2.425	2.805	2.403	2.801	2.401	$\underline{2.800}$	$\underline{2.400}$
10^4	***	***	***	***	***	***	3.500	2.750	2.850	2.425	2.805	2.403	$\underline{2.800}$	$\underline{2.400}$
10^5	***	***	***	***	***	***	***	***	3.500	2.750	2.850	2.425	2.805	2.402

その理由を探るため，$r = 10^4$ に設定し，設計変数の刻み幅 Δx_i を変化させた計算結果に着目し，要点をまとめます．

- $\Delta x_i = 10^{-7}$ の場合，$F(\boldsymbol{x}, r = 10^4)$ の最小点 $\boldsymbol{x}^{(r=10^4)*} = (2.800, 2.400)$ に到達できる．
- $\Delta x_i = 10^{-5}$ と $\Delta x_i = 10^{-6}$ の場合，$\boldsymbol{x}^{(r=10^4)*}$ に到達できないが，以下の疑問がある．
  - ・$\Delta x_i = 10^{-5}$ の場合，0.00001 前後の誤差で最小点 $(2.800, 2.400)$ に近づけると思われるが，到達点は $(2.850, 2.425)$ であり，x_1 に 0.050 の差が，x_2 に 0.025 の差がある．
  - ・$\Delta x_i = 10^{-6}$ の場合，0.000001 前後の誤差で最小点 $(2.800, 2.400)$ に近づけると思われるが，到達点は $(2.805, 2.403)$ であり，x_1 に 0.005 の差が，x_2 に 0.003 の差がある．
- 両ケースとも，到達点と最小点の差は刻み幅 Δx_i の数千倍になり，刻み幅に見合った精度が得られない．
- $\Delta x_i = 10^{-7}$ の場合も，到達点と最小点の差は刻み幅の数千倍と思われるが，刻み幅が十分に小さいため，その差は 0.001 よりも小さい．

以上より，拡張目的関数の最小点 $\boldsymbol{x}^{(r=*)*}$ が最適解 $\boldsymbol{x}^*$ に近づくために，r を大きくすることが必要ですが，数値探索で最小点 $\boldsymbol{x}^{(r=*)*}$ に到達するために，Δx_i を十分に小さくすることも要求されます．

誤差が刻み幅 Δx_i 以下にならない理由

$F(\boldsymbol{x}, r = 10)$ の最小点は $\boldsymbol{x}^{(r=10)*} = (2.784, 2.431)$ であり，$\Delta x_i = 0.1$ を用いた探索の到達点は $\boldsymbol{x}^{\#} = (3.5, 2.8)$ です．この刻み幅なら $\boldsymbol{x} = (2.8, 2.4)$ に到達できるような気がしますが，ペナルティー関数により形成された急激な壁を探索方向ベクトルが超えられないため，刻み幅以内の精度が確保されません．図 4.13 に，$F(\boldsymbol{x}, r = 10)$ の等高線と 5 ステップの更新の様子を示します．◎は探索の初期点 $(4.0, 3.0)$ から最終更新点 $(3.5, 2.8)$ までの軌跡であり，x_1 と x_2 の方向に交互に更新されています．最終更新点 $(3.5, 2.8)$ から x_2 方向へ進んだ際の最小点は $(3.5, 2.78)$（図中の○）ですが，$\Delta x_i = 0.1$ であるため，次に確認できる点は $(3.5, 2.7)$（図中の●）です．破線で示される等高線からわかるように，点 $(3.5, 2.7)$ の $F(\boldsymbol{x}, r)$ との比較から，点 $(3.5, 2.8)$ が最小点と判断され，探索を終了します．これが，$\Delta x_i = 0.1$ を使っても，到達点と最適解の差が 0.4 以上になる理由です．図中の太矢印方向への探索により拡張目的関数をさらに小さくすることは可能ですが，この各軸探索法ではその方向に進むことができません．$r = 10$, $\Delta x_i = 0.1$ を例に説明しましたが，ほかの組み合わせでも同様

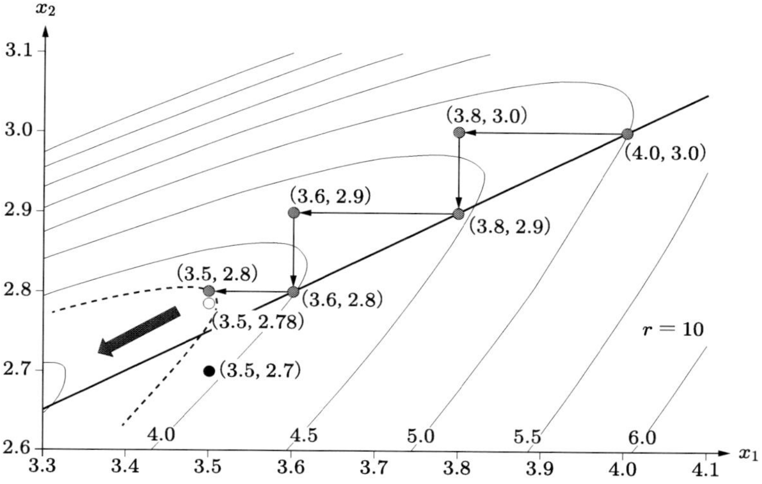

図 4.13 狭い範囲における拡張目的関数（外点ペナルティー関数法，2 変数問題）

な現象が起きています．

ペナルティー係数 r と刻み幅 Δx_i の組み合わせ

表 4.6 は，$\boldsymbol{x}^{\#}$ と最適解 $\boldsymbol{x}^* = (2.8, 2.4)$ との距離 $|\boldsymbol{x}^* - \boldsymbol{x}^{\#}|$，つまり，誤差量を表します．下線は，同じ Δx_i を使用した解析の中で最も小さな距離（誤差）を意味します．たとえば，$\Delta x_i = 10^{-5}$ の計算に着目すると，$r = 10^2$ が最もよい精度（$|\boldsymbol{x}^* - \boldsymbol{x}^{\#}| = 0.004$）で最適解を予測しており，$r$ を 10^2 より大きくすると，解が悪化します．$r = 10^2$ とする場合，$\Delta x_i = 10^{-5}$ よりも小さな刻み幅を用いても，計算回数が増えるばかりで，解は改善されません．このように，r と Δx_i の適切な組み合わせがあります．表 4.6 のサブステップ数は $\Delta x_i = 10^{-4}$ と $\Delta x_i = 10^{-7}$ を用いた場合の計算回数です．

表 4.6 2 変数問題 外点ペナルティー関数法の計算結果，$|\boldsymbol{x}^* - \boldsymbol{x}^{\#}|$

r	Δx_1，Δx_2							サブステップ数	
	10^{-1}	10^{-2}	10^{-3}	10^{-4}	10^{-5}	10^{-6}	10^{-7}	$\Delta x_i = 10^{-4}$	$\Delta x_i = 10^{-7}$
0.1	1.208	1.194	1.193	1.193	1.193	1.193	1.193	22×10^3	22×10^6
1	<u>0.316</u>	0.300	0.298	0.298	0.298	0.298	0.298	17×10^3	17×10^6
10	0.806	<u>0.072</u>	<u>0.037</u>	0.035	0.035	0.035	0.035	18×10^3	18×10^6
10^2	***	0.774	0.058	<u>0.008</u>	<u>0.004</u>	0.004	0.004	18×10^3	18×10^6
10^3	***	***	0.782	0.056	0.006	<u>0.001</u>	<u>0.000</u>	17×10^3	18×10^6
10^4	***	***	***	0.783	0.056	0.006	0.001	8×10^3	18×10^6
10^5	***	***	***	***	0.783	0.056	0.006	***	18×10^6

4.2.6 外点法と SUMT 法を組み合わせた探索

小さな r から計算を開始し，徐々に r を大きくする SUMT 法を用いると，計算回数の削減が可能です．r を更新するたびに Δx_i を小さくしますが，その際に探索範囲を狭くすることが重要です．以下の条件で SUMT 法を実行した結果を表 4.7 にまとめます．

1. 初期点：$\boldsymbol{x} = (4.0, 3.0)$
2. 探索方法：各軸探索法
3. ペナルティー係数：初期値を 0.01 とし，サイクルが進むごとに 10 倍する．
4. 刻み幅：初期値は 0.1 とし，サイクルが進むごとに 1/10 倍する．

表 4.7　外点ペナルティー関数法＋ SUMT 法

サイクル	$x_1^{(1)}$	$x_2^{(1)}$	r	Δx_i	$x_1^{\#}$	$x_2^{\#}$	ステップ数	サブステップ数	サブステップ数（累計）
1	4.000	3.000	10^{-2}	10^{-1}	2.000	3.900	2	29	29
2	2.000	3.900	10^{-1}	10^{-2}	2.270	3.470	4	70	99
3	2.270	3.470	1	10^{-3}	2.667	2.667	17	1×10^3	1×10^3
4	2.667	2.667	10^1	10^{-4}	2.786	2.432	99	4×10^3	5×10^3
5	2.786	2.432	10^2	10^{-5}	2.799	2.404	627	4×10^3	9×10^3
6	2.799	2.404	10^3	10^{-6}	2.801	2.401	3463	5×10^3	14×10^3
7	2.801	2.401	10^4	10^{-7}	2.800	2.400	7201	20×10^3	34×10^3

ここで，サイクルの更新に伴い，r を大きくし，Δx_i を小さくしています．7 回の r と Δx_i の更新により，34×10^3 の累計サブステップ数で最適解に到達しました．これらを変更しない各軸探索法の最小サブステップ数（18×10^6）の，1/500 程度の計算回数です．

4.2.7 外点法と SUMT 法とニュートン法を組み合わせた探索

SUMT 法の導入により計算回数は減少しましたが，それでも各軸探索法の探索効率は悪いです．図 4.13 中の太矢印で示される方向に探索を行えば，迅速な収束が可能です．第 3 章で説明した勾配を用いた探索手法により，適切な探索方向を決定できます．表 4.8 に，外点ペナルティー関数法と SUMT 法とニュートン法を組み合わせた結果をまとめます．ニュートン法を用いているため，サブステップ計算はなく，1 回の計算により各ステップの最小点 $\boldsymbol{x}^{\#}$ を予測しています．この場合，13 回の計算で最適解 $(2.800, 2.400)$ に到達しています．ここで，探索状況に応じて，ペナルティー係数 r を決定しています．内点ペナルティー関数法や拡張ペナルティー関数法も同様ですが，ニュートン法などの 2 次近似式の精度は探索範囲とペナルティー係数に大きく依存します．r と Δx_i などの適切な数値の設定は複雑であり，本書では割愛します．

表 4.8 外点ペナルティー関数法＋ SUMT 法＋ニュートン法

ステップ	$x_1^{(1)}$	$x_2^{(1)}$	r_1	r_2	$x_1^{\#}$	$x_2^{\#}$
1	4.000	3.000	0.580	0.580	3.062	2.674
2	3.062	2.674	0.771	0.906	2.736	2.658
3	2.736	2.658	0	1.202	2.682	2.610
4	2.682	2.610	0	2.149	2.743	2.539
5	2.743	2.539	0	3.835	2.768	2.483
6	2.768	2.483	0	6.860	2.779	2.446
7	2.779	2.446	0	13.74	2.789	2.423
8	2.789	2.423	0	27.49	2.794	2.412
9	2.794	2.412	0	54.97	2.797	2.406
10	2.797	2.406	0	109.9	2.799	2.403
11	2.799	2.403	0	219.9	2.799	2.401
12	2.799	2.401	0	439.8	2.800	2.401
13	2.800	2.401	0	879.6	2.800	2.400

練習問題 4.3

設問の手順に従い，以下の非線形最適化問題を，外点ペナルティー関数法を用いて解きなさい．

設計変数　x

目的関数　$f(x) = x \quad \rightarrow \quad$ 最小

制約条件　$g(x) = 2 - x \leq 0$

(1) 式 (4.19), (4.20) に従って，外点ペナルティー関数 $p(x, r)$ を作成しなさい．ここで，$\beta = 2$ とする．

(2) 制約条件の影響を含めた拡張目的関数 $F(x, r)$ を作成しなさい．

(3) ペナルティー係数を $r = 1$ および $r = 10$ とする，両拡張目的関数の最小点を求めなさい．

4.2.8 内点ペナルティー関数法

内点ペナルティー関数法（interior penalty function method）は，実行可能領域内において解の探索を行い，探索点が制約条件の境界に近づくにつれてペナルティが増加する方法です．制約条件の評価関数 $\phi_i(\boldsymbol{x})$ を次式で定義します．

$$\text{制約条件の評価関数} \qquad \phi_i(\boldsymbol{x}) = \frac{-1}{g_i(\boldsymbol{x})} \qquad (g_i(\boldsymbol{x}) < 0) \tag{4.28}$$

この評価関数 $\phi_i(\boldsymbol{x})$ は，$g_i(\boldsymbol{x}) < 0$ を満足する範囲のみで使用します．内点ペナル

ティー関数法の拡張目的関数 $F(\boldsymbol{x},\boldsymbol{r})$ が，次のように導かれます．

$$\textbf{拡張目的関数}\quad F(\boldsymbol{x},\boldsymbol{r}) = f(\boldsymbol{x}) + \sum_{i=1}^{m} r_i \phi_i(\boldsymbol{x})$$
$$= f(\boldsymbol{x}) + \sum_{i=1}^{m} r_i \frac{-1}{g_i(\boldsymbol{x})} \quad\longrightarrow\quad \text{最小} \tag{4.29}$$

内点ペナルティー関数は，制約条件の境界（$g_i(\boldsymbol{x}) = 0$）の前後で $+\infty$ から $-\infty$ に変わるため，関数値に連続性がなく，その使用は実行可能領域内に限定されます．

内点ペナルティー関数法を用いた拡張目的関数の様子

最適化問題 4.3 に内点ペナルティー関数法を用いて，その機能を確認します．なお，この問題の最適解は $x = 4$ です．

最適化問題 4.3（再掲）

設計変数	x	
目的関数	$f(x) = 5 - x \quad\rightarrow\quad$ 最小	(4.30)
制約条件	$g(x) = x - 4 \leq 0$	(4.31)

内点ペナルティー関数法を用いると，次の拡張目的関数を得ます．

$$\textbf{拡張目的関数}\quad F(x,r) = f(x) + r\ \phi = 5 - x + \frac{-r}{x-4} \quad\longrightarrow\quad \text{最小} \tag{4.32}$$

$r = 200$ と $r = 5$ に設定した二つの拡張目的関数 $F(x,r)$ を図 4.14 に示します．$r = 200$ の $F(x,r)$ を最小にする点は $x = -10.14$, $r = 5$ の $F(x,r)$ を最小にする点は $x = 1.75$ です．r が小さくなるに従い，拡張目的関数の最小点は本来の最適解 $x = 4.0$ に近づきます．したがって，サイクルを進めるごとに r を小さくした拡張目的関数を作成します．この r の変化と拡張目的関数の関係は外点ペナルティー関数法と逆です．図 4.10(a) と図 4.14 を比較すると，これらの二つの内点ペナルティー関数法の $F(x,r)$ の変化の激しさは，$r = 0.2$ と $r = 2.0$ とした外点ペナルティー関数法の $F(x,r)$ と同程度ですが，内点ペナルティー関数法の最小点と最適解との差は，外点ペナルティー関数法よりも大きいです．また，関数の使用は実行可能領域内部に限定されるため，解の探索や更新にも注意が必要です．このように，内点ペナルティー関数法による拡張目的関数は優位ではありません．しかし，実行可能領域外の目的関数や制約条件式が定義できない場合には，外点ペナルティー関数法は使用できなく，

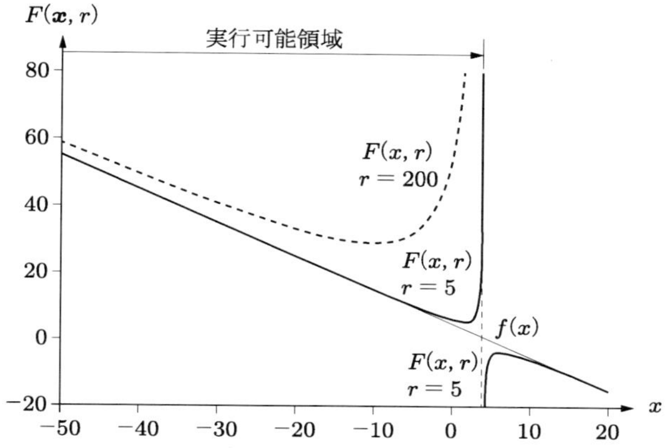

図 4.14 内点ペナルティー関数法の様子（拡張目的関数 $F(x,r)$）

内点ペナルティー関数法を使用します．

練習問題 4.4

設問の手順に従い，以下の非線形最適化問題を，内点ペナルティー関数法を用いて解きなさい．

設計変数	x	
目的関数	$f(x) = x$	$\rightarrow$ 最小
制約条件	$g(x) = 2 - x \leq 0$	

(1) 式 (4.19), (4.28) に従って，内点ペナルティー関数 $p(x,r)$ を作成しなさい．

(2) 制約条件の影響を含めた拡張目的関数 $F(x,r)$ を作成しなさい．

(3) ペナルティー係数を $r = 10$ および $r = 1$ とする，両拡張目的関数の最小点を求めなさい．

4.2.9 拡張ペナルティー関数法

拡張ペナルティー関数法（extended penalty function method）は「内点ペナルティー関数法は実行可能領域外では使用できない」という問題点を解決するため，制約条件の状態に合わせて，以下の二つの評価関数を使い分けます．

$$\phi_i(\boldsymbol{x}, \varepsilon_i) = \begin{cases} \dfrac{-1}{g_i(\boldsymbol{x})} & (g(\boldsymbol{x}) \leq \varepsilon_i < 0) \\ \dfrac{-1}{\varepsilon_i}\left\{\left(\dfrac{g_i(\boldsymbol{x})}{\varepsilon_i}\right)^2 - 3\left(\dfrac{g_i(\boldsymbol{x})}{\varepsilon_i}\right) + 3\right\} & (\varepsilon_i < g(\boldsymbol{x})) \end{cases} \tag{4.33}$$

パラメータ $\varepsilon_i < 0$ は，上に示される二つの式の適用範囲を調整する任意の値です．設計案 $\boldsymbol{x}$ において評価された制約条件値が $g_i(\boldsymbol{x}) \le \varepsilon_i$ なら，通常の内点ペナルティー関数と同じ第 1 式を用います．一方，制約条件値が $\varepsilon_i < g_i(\boldsymbol{x})$ なら，第 2 式を採用します．つまり，ε はペナルティー関数の切り替え点を設定する値であり，制約条件の境界値より実行可能領域側を指す負の値を採用します．

拡張ペナルティー関数法を用いた拡張目的関数の様子

最適化問題 4.3 に，拡張ペナルティー関数法を適用します．$r = 0.2$ と $\varepsilon = -1.0$，および $r = 0.002$ と $\varepsilon = -0.1$ に設定した拡張目的関数 $F(x, r, \varepsilon)$ を図 4.15 に太い破線と実線で示します．これらの最小点は $x = 5.00$ と $x = 4.10$ になり，良好な結果を与えます．これは，ε の効果により実行可能領域の内部から小さなペナルティーを与えることができ，さらに，実行可能領域の外部でも使用できるためです．パラメータが r と ε の二つになり，拡張目的関数をより適切に設定できるようになりました．その反面，組み合わせが増えたため，その設定が複雑になることが難点です．

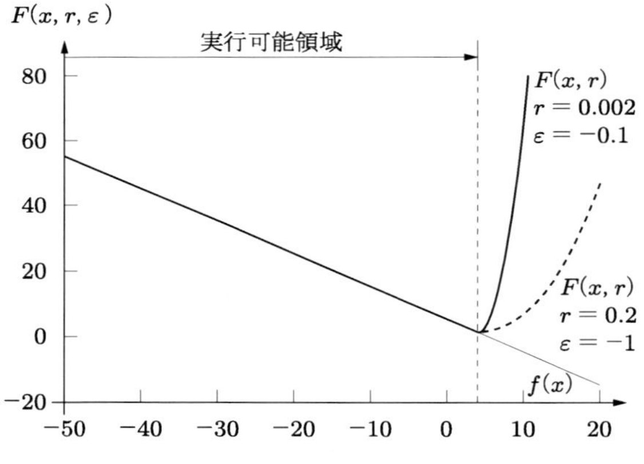

図 4.15　拡張ペナルティー関数法の様子（拡張目的関数 $F(x, r, \varepsilon)$）

練習問題 4.5

設問の手順に従い，以下の非線形最適化問題を，拡張ペナルティー関数法を用いて解きなさい．

設計変数	x
目的関数	$f(x) = x \quad \to \quad$ 最小
制約条件	$g(x) = 2 - x \le 0$

(1)　式 (4.19), (4.33) に従って，拡張ペナルティー関数 $p(x, r, \varepsilon)$ を作成しなさい．

(2)　制約条件の影響を含めた拡張目的関数 $F(x, r, \varepsilon)$ を作成しなさい．
(3)　係数を ($r = 1$, $\varepsilon = -1.5$) および ($r = 1$, $\varepsilon = -0.7$) とする，両拡張目的関数の最小点を求めなさい．

4.2.10　等式制約条件に対するペナルティー関数法

等式制約条件 $h_i(\boldsymbol{x}) = 0$ をもつ最適化問題においては，制約条件の評価値を反映する関数 $\phi_i(\boldsymbol{x})$ を以下のように定義します．

$$\phi_i(\boldsymbol{x}) = h_i(\boldsymbol{x})^2 \tag{4.34}$$

この場合，ペナルティー関数と拡張目的関数は次のようになります．

ペナルティー関数
$$p(\boldsymbol{x}, \boldsymbol{r}) = \sum_{i=1}^{m} r_i \phi_i(\boldsymbol{x}) = \sum_{i=1}^{m} r_i h_i(\boldsymbol{x})^2 \tag{4.35}$$

拡張目的関数
$$F(\boldsymbol{x}, \boldsymbol{r}) = f(\boldsymbol{x}) + p(\boldsymbol{x}, \boldsymbol{r}) \tag{4.36}$$

ここで，m は等式制約条件の数です．

式 (4.34) の $\phi_i(\boldsymbol{x})$ は，式 (4.20) の不等式制約条件に対する外点ペナルティー関数法を $\beta = 2$ とした場合に似ています．ただし，不等式制約条件問題では，$g_i(\boldsymbol{x}) = 0$ の境界の内側（実行可能領域の内部）がありましたが，等式制約条件問題に，そのような領域はなく，$h_i(\boldsymbol{x}) = 0$ の両側が実行可能領域の外部です．ペナルティー係数の傾向（大きな r は拡張目的関数の非線形性を強め，その最小点は最適解に近づくなど）は，外点ペナルティー関数法と同じです．

ポイント　ペナルティー関数法の考え方と方法

- ペナルティー関数法は，目的関数にペナルティー関数を加えた拡張目的関数の最小化により，制約条件をもつ最適化問題を解く．
- 不等式制約条件付き最適化問題に対して，外点ペナルティー関数法，内点ペナルティー関数法，拡張ペナルティー関数法がある．等式制約条件付き最適化問題のペナルティー関数は外点ペナルティー関数法と似ている．これら手法の使用可能な範囲とペナルティーの度合いを調整する係数 r の特性を表 4.9 に示す．

表 4.9

方法や問題	使用が可能な範囲	ステップ更新の際に
外点ペナルティー関数法	全領域で使用可能	r を大きくする
内点ペナルティー関数法	実行可能領域内のみ	r を小さくする
拡張ペナルティー関数法	全領域で使用可能	r を小さくする
等式制約条件問題	全領域で使用可能	r を大きくする

- ステップ更新において，r を表 4.9 のように変更し，探索範囲を狭めることにより，拡張目的関数の最小点が最適解に近づく．

4.3 ラグランジュの未定乗数法

ラグランジュの未定乗数法（the method of Lagrange multipliers）は，等式制約条件をもつ最適化問題を解く手法です．また，スラック変数の導入などにより，不等式制約条件を等式制約条件に変換すれば，不等式制約条件をもつ最適化問題にも利用できます．

4.3.1 等式制約条件付き問題に対するラグランジュの未定乗数法

以下に示される，m 個の等式制約条件をもつ最適化問題を考えます．

設計変数	$\boldsymbol{x} = (x_1, x_2, \ldots, x_n)$	
目的関数	$f(\boldsymbol{x}) \longrightarrow$	最小または最大
制約条件	$h_i(\boldsymbol{x}) = 0 \quad (i = 1, 2, \ldots, m)$	

設計変数の数は n であり，$m < n$ とします．目的関数 $f(\boldsymbol{x})$ にパラメータ（$\lambda_1, \lambda_2, \ldots, \lambda_m$）を掛けた等式制約条件 $h_i(\boldsymbol{x})$ を加えた次式を作成します．

$$L(\boldsymbol{x}, \boldsymbol{\lambda}) = f(\boldsymbol{x}) + \sum_{i=1}^{m} \lambda_i h_i(\boldsymbol{x}) \tag{4.37}$$

$L(\boldsymbol{x}, \boldsymbol{\lambda})$ は，**ラグランジュ関数**とよばれ，$n + m$ 個の変数（$\boldsymbol{x}$ と $\boldsymbol{\lambda}$）をもちます．$\boldsymbol{\lambda}$ はパラメータ $(\lambda_1, \lambda_2, \ldots, \lambda_m)$ を成分とするベクトルです．次の 2 式で与えられる連立方程式を解くことにより，等式制約条件 $h_i(\boldsymbol{x}) = 0$ を満足し，目的関数 $f(\boldsymbol{x})$ を最小または最大にする解が得られます．

$$\frac{\partial L}{\partial x_j} = \frac{\partial f(\boldsymbol{x})}{\partial x_j} + \sum_{i=1}^{m} \lambda_i \frac{\partial h_i(\boldsymbol{x})}{\partial x_j} = 0 \quad (j = 1, 2, \ldots, n) \tag{4.38}$$

$$\frac{\partial L}{\partial \lambda_i} = h_i(\boldsymbol{x}) = 0 \quad (i = 1, 2, \ldots, m) \tag{4.39}$$

この方法はラグランジュの未定乗数法として知られ，λ_i は**ラグランジュ乗数**（Lagrange multiplier），式 (4.38), (4.39) は**ラグランジュ方程式**（Lagrange equation）とよばれます．

ラグランジュ方程式が意味すること

図 4.16 のような等式制約条件 $h(\boldsymbol{x}) = 0$ をもつ目的関数 $f(\boldsymbol{x})$ の最小化問題を用いて，ラグランジュの未定乗数法を幾何学的に考えましょう．実線は制約条件 $h(\boldsymbol{x})$ の等高線であり，破線は目的関数 $f(\boldsymbol{x})$ の等高線です．制約条件を満足する $h(\boldsymbol{x}) = 0$ の等高線は，点 $\boldsymbol{x}^A$ で目的関数の等高線 $f(\boldsymbol{x}) = 30$ を横切り，点 $\boldsymbol{x}^B$ で等高線 $f(\boldsymbol{x}) = 20$ と接しています．この点 $\boldsymbol{x}^B$ が，等式制約条件を満足し，目的関数を最小にする最適解です．これを，以下の手順で論理展開します．

1. 点 $\boldsymbol{x}^B$ において，等高線 $h(\boldsymbol{x}) = 0$ と等高線 $f(\boldsymbol{x}) = 20$ が接する．
2. $h(\boldsymbol{x}^B)$ と $f(\boldsymbol{x}^B)$ の接線は一致する．
3. $h(\boldsymbol{x}^B)$ と $f(\boldsymbol{x}^B)$ の勾配ベクトルの方向が一致する（正負の反転は許す）．

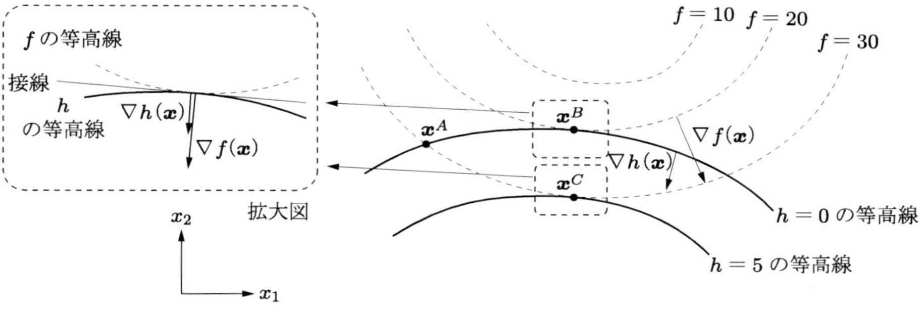

図 4.16 目的関数 $f(x)$ の等高線と等式制約条件 $h(x)$ の等高線と勾配ベクトル

つまり，最適解 $\boldsymbol{x}^B$ では，次式が成立します．

$$\nabla f(\boldsymbol{x}^B) = \alpha \nabla h(\boldsymbol{x}^B) \tag{4.40}$$

$\nabla f(\boldsymbol{x})$ と $\nabla h(\boldsymbol{x})$ は，それぞれ $f(\boldsymbol{x})$ と $h(\boldsymbol{x})$ が最も増える方向であり，α が正ならこれらのベクトルは同じ方向を意味し，α が負なら逆方向を意味します．今回は等式制約条件なので，α の正負は重要ではないですが，不等式制約条件の場合，制約条件の増加・減少する方向を意味するため，α の正負はとても重要です．α の代わりにパラメータ λ を導入すると，式 (4.40) は次のように書き替えられます．

$$\nabla f(\boldsymbol{x}) + \lambda \nabla h(\boldsymbol{x}) = 0 \tag{4.41}$$

$\alpha = -\lambda$ であるため，正の λ は ∇f と ∇h が逆方向であることを意味し，負の λ は両者が同じ方向であることを意味します．$L(\boldsymbol{x}, \lambda) = f(\boldsymbol{x}) + \lambda h(\boldsymbol{x})$ と定義されているため，上式は次のように展開されます．

$$\left.\begin{aligned}\frac{\partial f(\boldsymbol{x})}{\partial x_1}+\lambda\frac{\partial h(\boldsymbol{x})}{\partial x_1}=\frac{\partial L}{\partial x_1}=0\\\frac{\partial f(\boldsymbol{x})}{\partial x_2}+\lambda\frac{\partial h(\boldsymbol{x})}{\partial x_2}=\frac{\partial L}{\partial x_2}=0\end{aligned}\right\}\tag{4.42}$$

これは式 (4.38) と一致します．式 (4.42) の解は，目的関数 $f(\boldsymbol{x})$ の等高線が $h(\boldsymbol{x})$ の等高線と接する点を与えますが，その点において $h(\boldsymbol{x})=0$ とは限りません．たとえば，図 4.16 に示されるように，$h(\boldsymbol{x})=5$ の等高線が点 $\boldsymbol{x}^C$ において $f(\boldsymbol{x})=30$ の等高線と接している場合，点 $\boldsymbol{x}^C$ も式 (4.38) や式 (4.42) を満足します．したがって，$h(\boldsymbol{x})=0$ の等式制約条件を満足するために，式 (4.39) が必要です．

以下に示される最適化問題 4.4 を，ラグランジュの未定乗数法を用いて解きましょう．

最適化問題 4.4（2 等式制約条件をもつ 3 変数問題）

設計変数　$x_1,\ x_2,\ x_3$

目的関数　$f(\boldsymbol{x})=x_1^2+2x_2^2+3x_3^2 \longrightarrow$ 最小　(4.43)

制約条件

$$\left.\begin{aligned}h_1(\boldsymbol{x})=x_1+3x_2-9=0\\h_2(\boldsymbol{x})=x_2-2x_3+5=0\end{aligned}\right\}\tag{4.44}$$

この問題を式 (4.37) に示されるラグランジュ関数 $L(\boldsymbol{x},\boldsymbol{\lambda})$ に当てはめます．

$$L(\boldsymbol{x},\boldsymbol{\lambda})=x_1^2+2x_2^2+3x_3^2+\lambda_1(x_1+3x_2-9)+\lambda_2(x_2-2x_3+5)\tag{4.45}$$

以下のラグランジュ方程式が導かれます．

$$\left.\begin{aligned}\frac{\partial L}{\partial x_1}&=2x_1+\lambda_1=0\\\frac{\partial L}{\partial x_2}&=4x_2+3\lambda_1+\lambda_2=0\\\frac{\partial L}{\partial x_3}&=6x_3-2\lambda_2=0\\\frac{\partial L}{\partial \lambda_1}&=x_1+3x_2-9=0\\\frac{\partial L}{\partial \lambda_2}&=x_2-2x_3+5=0\end{aligned}\right\}\tag{4.46}$$

これを解くと，最適解 $\boldsymbol{x}^*$ と $\boldsymbol{\lambda}^*$ を得ます．

$$x_1^*=3.06,\quad x_2^*=1.98,\quad x_3^*=3.49,\quad \lambda_1^*=-6.13,\quad \lambda_2^*=-10.47$$

$$f(\boldsymbol{x}^*)=53.74$$

$h_1(\boldsymbol{x}) = 0$ と $h_2(\boldsymbol{x}) = 0$ は平面を表す式であり，この二つの平面が交わる直線に $f(\boldsymbol{x})$ の等高面が接する点が，上記の解です．最適解は，式 (4.46) の第 1〜3 式を満足し，$\nabla L(\boldsymbol{x}^*, \boldsymbol{\lambda}^*) = \nabla f(\boldsymbol{x}^*) + \lambda_1^* \nabla h_1(\boldsymbol{x}^*) + \lambda_2^* \nabla h_2(\boldsymbol{x}^*) = \boldsymbol{0}$ と表現できます．これは，重みを $-\lambda_1^*$ と $-\lambda_2^*$ にする制約条件式の勾配ベクトル $\nabla h_1(\boldsymbol{x}^*)$ と $\nabla h_2(\boldsymbol{x}^*)$ の線形和により，目的関数の勾配ベクトル $\nabla f(\boldsymbol{x}^*)$ が形成されることを意味します．

練習問題 4.6

10000 m の距離を二人で走るロードレースの問題を考える（図 4.17 参照）．設問の手順に従い，二人の合計タイムが最も小さくなるように，各ランナーの走行距離を定め，合計タイムを求めなさい．なお，二人のランナーの特徴は

ランナー A	短距離のスピードは無いが，タフである．
ランナー B	短距離に強いが，長距離は弱い．

であり，以下のように数式化される．

ランナー A　　$t_1(x_1) = \dfrac{1}{4}x_1$

ランナー B　　$t_2(x_2) = \dfrac{1}{6}x_2 + \dfrac{1}{60000}x_2^2$

ここで，x_1, x_2 は各ランナーが走る距離 [m] であり，t_1, t_2 はそれに要する時間 [秒] である．

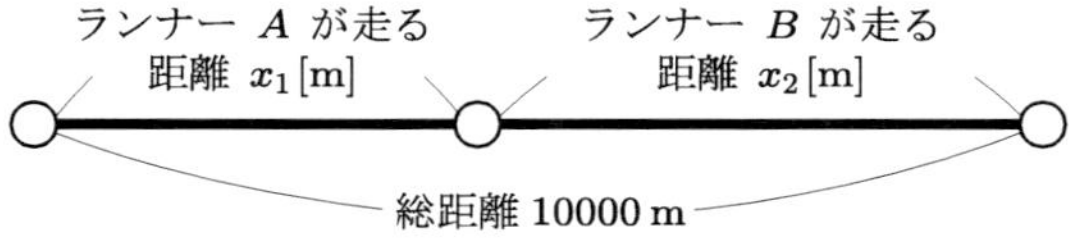

図 4.17

(1) 目的関数を記述しなさい．
(2) 制約条件式を記述しなさい．
(3) ラグランジュ関数を記述しなさい．
(4) 設問 (3) のラグランジュ関数より，連立方程式を導きなさい．
(5) 設問 (4) の連立方程式を解き，各ランナーが走る距離 [m] と各ランナーが走る時間 [秒] を求めなさい．

ポイント　ラグランジュの未定乗数法の考え方

- ラグランジュの未定乗数法は，等式制約条件をもつ最適化問題の解法である．
- 一つの等式制約条件が存在する 2 変数問題の場合，最適解 $\boldsymbol{x}^*$ で目的関数 $f(\boldsymbol{x})$ の等高線と等式制約条件を満足する線 $h(\boldsymbol{x}) = 0$ が接する．
- この状況は $\nabla f(\boldsymbol{x}^*) + \lambda^* \nabla h(\boldsymbol{x}^*) = \boldsymbol{0}$ と $h(\boldsymbol{x}^*) = 0$ を意味する．また，この 2 式がラグランジュ方程式であり，その解は最適解になる．

- 変数の数が増えても同様であり，3 変数問題の最適解において，目的関数 $f(\boldsymbol{x})$ の等高面と等式制約条件を満足する面や線が接する．一つの等式制約条件は面を与え，二つの等式制約条件は線を与える．

4.3.2 不等式制約条件付き問題に対するラグランジュの未定乗数法

n 個の設計変数 x_i と m 個の不等式制約条件 $g_i(\boldsymbol{x}) \leq 0$ をもつ最適化問題を考えます．

設計変数	$\boldsymbol{x} = (x_1, x_2, \ldots, x_n)$
目的関数	$f(\boldsymbol{x}) \quad \longrightarrow \quad$ 最小
制約条件	$g_i(\boldsymbol{x}) \leq 0, \quad (i = 1, 2, \ldots, m)$

$n = 2$, $m = 2$ として，非線形最適化問題の解が存在する場所の特徴的な 3 ケースを，図 4.18 に示します．この図を参考にして，最適解と制約条件の関係を以下に説明します．

- 図 (a) は，最適解 $\boldsymbol{x}^A$ が実行可能領域内部に存在する場合であり，制約条件 $g_1(\boldsymbol{x})$ と $g_2(\boldsymbol{x})$ は非アクティブです．これは，両制約条件を考慮しない場合と同じ結果です．
- 図 (b) は，最適解 $\boldsymbol{x}^B$ が一つの制約条件の境界線上に存在する場合であり，制約条件 $g_1(\boldsymbol{x})$ がアクティブ，$g_2(\boldsymbol{x})$ が非アクティブです．これは，不等式制約条件 $g_1(\boldsymbol{x}) \leq 0$ を等式制約条件 $g_1(\boldsymbol{x}) = 0$ に変更して与え，制約条件 $g_2(\boldsymbol{x})$ を考慮しない場合と同じ結果です．
- 図 (c) は，最適解 $\boldsymbol{x}^C$ が二つの制約条件の境界線上に存在する場合であり，制約条件 $g_1(\boldsymbol{x})$ と $g_2(\boldsymbol{x})$ がアクティブです．これは，不等式制約条件 $g_1(\boldsymbol{x}) \leq 0$ と $g_2(\boldsymbol{x}) \leq 0$ を等式制約条件 $g_1(\boldsymbol{x}) = 0$ と $g_2(\boldsymbol{x}) = 0$ に変更して与えた場合と同じ結果です．

これより，次のいずれかが，不等式制約条件をもつ最適化問題の解であることがわかります（図 (d) 参照）．

- 不等式制約条件 $g_i(\boldsymbol{x}) \leq 0$ を強制的にアクティブにして，つまり，等式制約条件 $g_i(\boldsymbol{x}) = 0$ に変更して求めた解
- 不等式制約条件 $g_i(\boldsymbol{x}) \leq 0$ を強制的に非アクティブにして，つまり，$g_i(\boldsymbol{x}) \leq 0$ を無視して求めた解

これを念頭に置いて，不式制約条件付き最適化問題にラグランジュの未定乗数法を適用します．

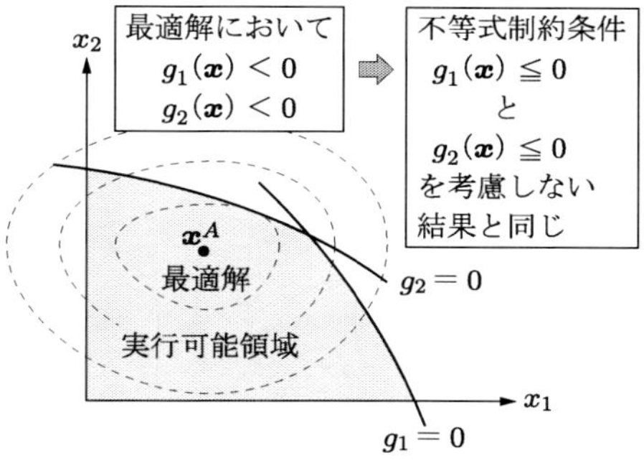

（a）解が実行可能領域内部に存在する場合

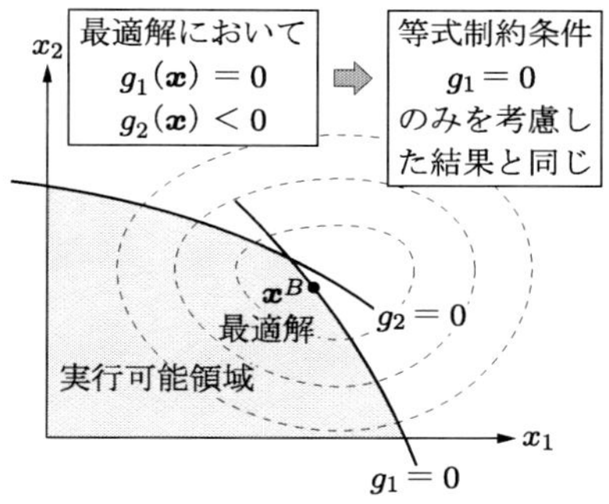

（b）解が一つの制約条件の境界上に存在する場合

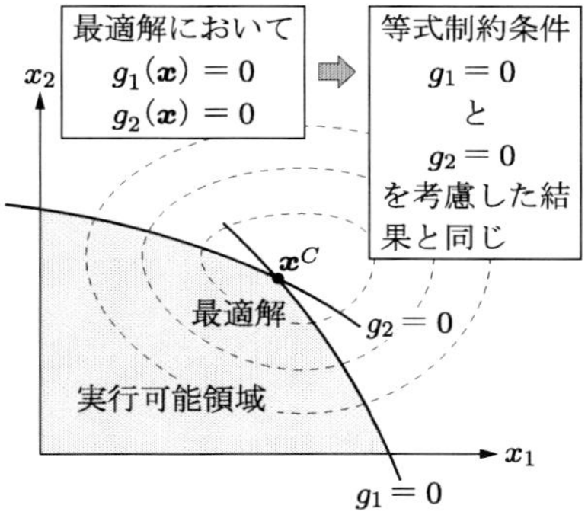

（c）解が二つの制約条件の境界上（交点）に存在する場合

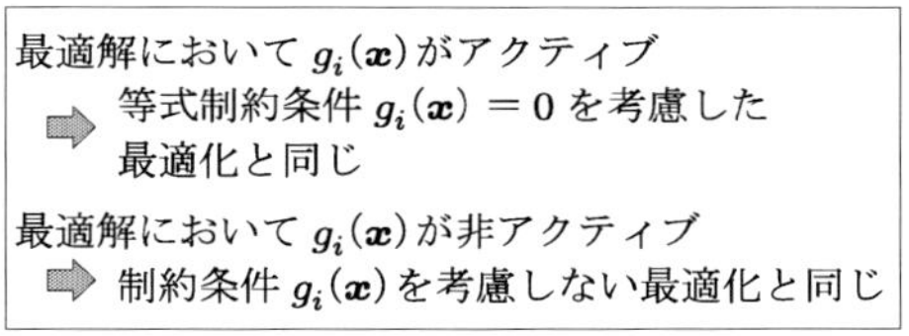

（d）制約条件 $g_i(\boldsymbol{x})$ のアクティブ性と最適解の関係

図 4.18 非線形最適化問題の解が存在する場所の特徴的な 3 ケース

ラグランジュの未定乗数法の適用

ここで，不式制約条件 $g_i(\boldsymbol{x}) \leq 0$ を用いたラグランジュ関数を考えます．

$$L(\boldsymbol{x}, \boldsymbol{\lambda}) = f(\boldsymbol{x}) + \sum_{i}^{m} \lambda_i g_i(\boldsymbol{x})$$

上式から，次のラグランジュ方程式が得られます．

$$\frac{\partial L}{\partial x_j} = 0 \quad (j = 1, 2, \ldots, n) \tag{4.47}$$

$$\frac{\partial L}{\partial \lambda_i} = 0 \quad (i = 1, 2, \ldots, m) \tag{4.48}$$

ある不等式制約条件 $g_i(\boldsymbol{x}) \leq 0$ に対して，

- $\partial L/\partial \lambda_i = 0$ を残して方程式 (4.47), (4.48) を解くと，前述の「不等式制約条件 $g_i(\boldsymbol{x}) \leq 0$ を強制的にアクティブにして，つまり，等式制約条件 $g_i(\boldsymbol{x}) = 0$ に変更して求めた解」を得ることができる．
- $\lambda_i = 0$ とし，λ_i と $\partial L/\partial \lambda_i$ を削除して方程式 (4.47), (4.48) を解くと，前述の「不等式制約条件 $g_i(\boldsymbol{x}) \leq 0$ を強制的に非アクティブにして，つまり，$g_i(\boldsymbol{x}) \leq 0$ を無視して求めた解」を得ることができる．

このように，一つの不等式制約条件 $g_i(\boldsymbol{x}) \leq 0$ に対して二つの対処法とそれに従った解があるため，m 個の不等式制約条件をもつ場合，2^m 個の最適解の候補が存在します．

次の最適化問題を用いて，不等式制約条件をもつ最適化問題を具体的に検討します．

最適化問題 4.5（不等式制約条件をもつ 1 変数問題，その 1）

設計変数	x		
目的関数	$f(x) = x^2 \longrightarrow$ 最小		(4.49)
制約条件	$g(x) = 2 - x \leq 0$		(4.50)

この最小化問題のラグランジュ関数とラグランジュ方程式は，以下のように作成されます．

$$L(x, \lambda) = f(x) + \lambda g(x) = x^2 + \lambda(2 - x) \tag{4.51}$$

$$\frac{\partial L}{\partial x} = 2x - \lambda = 0 \tag{4.52}$$

$$\frac{\partial L}{\partial \lambda} = 2 - x = 0 \tag{4.53}$$

不等式制約条件を，強制的に非アクティブにする場合と強制的にアクティブにする場合に分けて考えます．

不等式制約条件を強制的に非アクティブにする場合（図 4.19 の点 x^A）

$\lambda = 0$ に設定することにより，$g(\boldsymbol{x})$ が式 (4.51) から削除され，制約条件がない最適化問題になります．λ は変数でなくなるため，式 (4.53) を考慮せずに式 (4.52) を解き，次の解を得ます．

$$x = 0, \quad f = 0, \quad g = 2, \quad \lambda = 0 \text{（設定した条件）} \tag{4.54}$$

図 4.19 に示されるように，不等式制約条件 $g(x) \leq 0$ の無視により解探索の検討範囲は全領域になり，目的関数 $f(x)$ の停留点が解になります．しかし，この解 x^A は制約条件を満足していません．

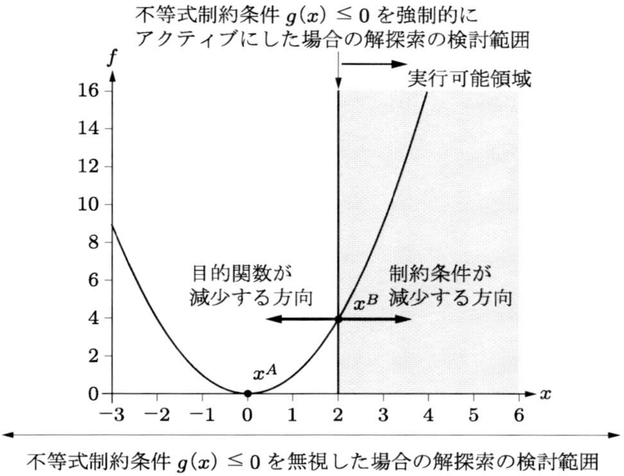

図 4.19 不等式制約条件 $g(x) \leq 0$ の取り扱いによる探索領域と解（その 1）

不等式制約条件を強制的にアクティブにする場合（図 4.19 の点 x^B）

等式制約条件 $g(x) = 0$ を採用するため，λ はラグランジュ乗数として式中に残ります．式 (4.52) と式 (4.53) を解き，次の解を得ます．

$$x = 2, \quad f = 4, \quad \lambda = 4, \quad g = 0\,(\text{設定した条件}) \tag{4.55}$$

解の探索範囲は $g(x) = 0$ に限定され，解 x^B は不等式制約条件の境界上に位置します．図 4.19 に示されるように，点 x^B から実行可能領域の内部（$g(x)$ が減少する x の正方向）に移動すると，目的関数 $f(x)$ は増加するため，x^B は最適解です．

このような点の移動による目的関数の増減，つまり，求めた解が最適解であるか否かは，λ の値の正負により判断できます．解 x^* と λ^* はラグランジュ方程式

$$\nabla L(x^*, \lambda^*) = \nabla f(x^*) + \lambda^* \nabla g(x^*) = 0 \tag{4.56}$$

を満足しいるため，$\lambda^* > 0$ が得られると，$\nabla f(x^*)$ と $\nabla g(x^*)$ の正負は異なります．つまり，点 x^* から制約条件 $g(x)$ が減少する方向は，目的関数 $f(x)$ が増加する方向です．よって，不等式制約条件 $g(x) \leq 0$ をアクティブにして求めた点で $\lambda^* > 0$ が得られた場合，最適解であると判断できます．また，$\lambda^* = 0$ が得られた場合，不等式制約条件 $g(x) \leq 0$ を無視して求めた目的関数の停留点と一致するため，最適解になります．

目的関数は同じですが，制約条件を変更した次の最適化問題を考えます．

最適化問題 4.6（不等式制約条件をもつ 1 変数問題，その 2）

設計変数　x

目的関数　$f(x) = x^2 \longrightarrow$ 最小　(4.57)

制約条件　$g(x) = -2 - x \leq 0$　(4.58)

この最適化問題のラグランジュ関数は，

$$L(x, \lambda) = f(x) + \lambda g(x) = x^2 + \lambda(-2 - x) \tag{4.59}$$

です．前述の問題と同じように，不等式制約条件を強制的に非アクティブまたはアクティブにする場合に分けて考え，二つの最適解の候補を得ます．

不等式制約条件を強制的に非アクティブにする場合（図 4.20，点 x^C）

$\lambda = 0$ として，ラグランジュ方程式 $\partial L/\partial x = 0$ を解くと，次の解を得ます．

$$x = 0, \quad f = 0, \quad g = -2, \quad \lambda = 0 \,（設定した条件） \tag{4.60}$$

制約条件を無視して求めましたが，$g \leq 0$ を満足しているため，この解 x^C は最適解であると判断できます．

不等式制約条件を強制的にアクティブにする場合（図 4.20，点 x^D）

$g(x) = 0$ を採用するため，ラグランジュ方程式は $\partial L/\partial x = 0$ と $\partial L/\partial \lambda = 0$ の 2

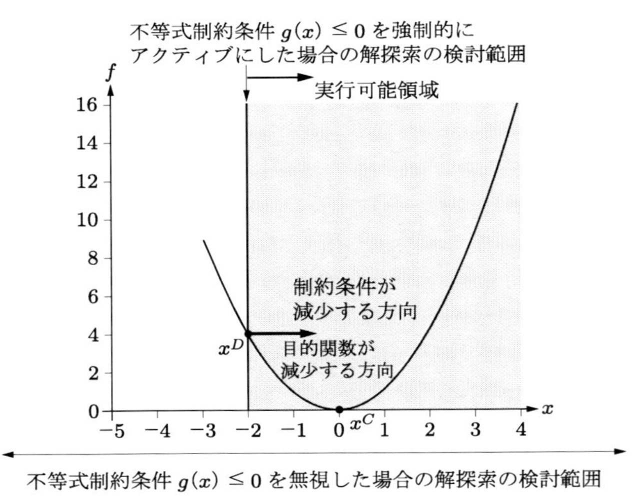

図 4.20　不等式制約条件 $g(x) \leq 0$ の取り扱いによる探索領域と解（その 2）

式になり，これを解くと，次の解を得ます．

$$x = -2, \quad f = 4, \quad \lambda = -4, \quad g = 0 \text{（設定した条件）} \tag{4.61}$$

$\lambda < 0$ より，$\nabla f(x)$ と $\nabla g(x)$ の正負は等しいことがわかります．この場合，制約条件境界上の点 x^D から $g(x)$ が減少する実行可能領域内部に進むと，目的関数 $f(x)$ も減少するため，x^D は最適解ではないと判断できます．

以上より，不等式制約条件を強制的に非アクティブにする（不等式制約条件を無視する），あるいは，強制的にアクティブにする（等式制約条件に変更する）状況下で求めた解が最適化問題の最適解であるか否かは，以下のように判断できます．

- 求めた解が $g(x) \leq 0$ と $\lambda \geq 0$ を満足している　⟶　最適解である．
- 上記以外　⟶　最適解ではない．

これは，制約条件 $g_i(\boldsymbol{x}) \leq 0$ のもとで，目的関数を最小にする最適化問題に対する判断基準です．目的関数の最小化と最大化，制約条件の不等号の向き（$g_i(\boldsymbol{x}) \leq 0$ か $g_i(\boldsymbol{x}) \geq 0$ か）により，前述の正負の関係も変わるので，注意してください．

4.3.3　双対法とラグランジュの未定乗数法

ラグランジュの未定乗数法から考えることで，2.6，2.7 節で学んだ双対法が成立することがわかります．ワイン製造の最適化問題 2.2 を再掲します．

最適化問題 2.2（再掲）

設計変数　x_1, x_2

目的関数

$$f(\boldsymbol{x}) = 30x_1 + 20x_2 \longrightarrow \text{最大} \tag{2.62}$$

制約条件

$$\left.\begin{aligned} g_1(\boldsymbol{x}) &= 2x_1 - 4 \leq 0 \\ g_2(\boldsymbol{x}) &= 2x_1 + x_2 - 8 \leq 0 \\ g_3(\boldsymbol{x}) &= x_2 - 6 \leq 0 \\ g_4(\boldsymbol{x}) &= -x_1 \leq 0 \\ g_5(\boldsymbol{x}) &= -x_2 \leq 0 \end{aligned}\right\} \tag{2.63}$$

この主問題にラグランジュの未定乗数法を適用すると，以下のようにラグランジュ関数が導出されます．

$$\begin{aligned} L(\boldsymbol{x}, \boldsymbol{\lambda}) = {} & 30x_1 + 20x_2 + \lambda_1(2x_1 - 4) + \lambda_2(2x_1 + x_2 - 8) + \lambda_3(x_2 - 6) \\ & + \lambda_4(-x_1) + \lambda_5(-x_2) \end{aligned} \tag{4.64}$$

2.2 節で示されたように，最適解で制約条件 $g_1(\boldsymbol{x}), g_4(\boldsymbol{x}), g_5(\boldsymbol{x})$ がアクティブでない

ため，$\lambda_1 = \lambda_4 = \lambda_5 = 0$ にします．これより，以下のラグランジュ関数とラグランジュ方程式を得ます．

$$L(\boldsymbol{x}, \boldsymbol{\lambda}) = 30x_1 + 20x_2 + \lambda_2(2x_1 + x_2 - 8) + \lambda_3(x_2 - 6) \tag{4.65}$$

$$\left.\begin{aligned} \frac{\partial L}{\partial x_1} &= 30 + 2\lambda_2 = 0 \\ \frac{\partial L}{\partial x_2} &= 20 + \lambda_2 + \lambda_3 = 0 \\ \frac{\partial L}{\partial \lambda_2} &= 2x_1 + x_2 - 8 = 0 \\ \frac{\partial L}{\partial \lambda_3} &= x_2 - 6 = 0 \end{aligned}\right\} \tag{4.66}$$

この連立方程式を解くと，解 $(x_1 = 1,\ x_2 = 6,\ \lambda_2 = -15,\ \lambda_3 = 5)$ を得ます．$x_1 = 1$ と $x_2 = 6$ は，表 2.5 に示される主問題（ワイン製造問題）の最適解と一致します．

次に，$v_2 = -\lambda_2, v_3 = -\lambda_3$ と読み替えると，式 (4.65) は次のように変形できます．

$$L(\boldsymbol{x}, \boldsymbol{v}) = 8v_2 + 6v_3 + x_1(-2v_2 + 30) + x_2(-v_2 - v_3 + 20) \tag{4.67}$$

これは，以下に示される双対の最適化問題に対するラグランジュ関数であり，そのラグランジュ方程式は，式 (4.66) に一致します．

設計変数	v_2, v_3 ($v_1 = -\lambda_1 = 0$ も一致)
目的関数	$8v_2 + 6v_3$ の最大化または最小化
等式制約条件	$-2v_2 + 30 = 0, \quad -v_2 - v_3 + 20 = 0$
ラグランジュの未定乗数	x_1, x_2

「目的関数の最大化／最小化」,「制約条件の上限設定／下限設定」,「設計変数の非負性」などの細かな部分は省略しますが，主問題に対するラグランジュ関数より双対問題のラグランジュ関数が導かれる，つまり，両問題が同じ最適解に到達することがわかります．

ポイント　不等式制約条件付き最適化問題とラグランジュの未定乗数法

- 不等式制約条件付き最適化問題の最適解において，ある制約条件がアクティブなら，それを等式制約とする解と一致する．逆に，非アクティブなら，その制約条件が無い解と一致する．
- よって，不等式制約条件を等式制約条件のように扱うケースと，その不等式制約条件を考慮しないケースに分けて考えると，解の候補を求められる．
- 得られた解の諸条件（不等式制約条件が成立しているか，ラグランジュ未定乗数が非負であるか）の確認により，最適解であるか否かを判断できる（$g_i(\boldsymbol{x}) \leq 0$ と $f(\boldsymbol{x})$ の最小化の場合）．

4.4 カルーシュ - キューン - タッカー条件

4.3.2 項に示した「最適化問題 4.5 と 4.6 における点 $\boldsymbol{x}^A \sim \boldsymbol{x}^D$ の検討」は，カルーシュ - キューン - タッカー条件（**KKT** 条件：Karush-Kuhn-Tucker condition）に繋がります．カルーシュ - キューン - タッカー条件とは，不等式制約条件をもつ非線形計画問題の最適解の必要条件です．

4.4.1 ラグランジュ方程式の解と最適解

以下の最適化問題を考えましょう．

最適化問題 4.7（不等式制約条件をもつ 2 変数非線形問題，その 2）

目的関数 $$f(x_1, x_2) = x_1^2 + (x_2 - 2)^2 \longrightarrow \text{最小} \tag{4.68}$$

制約条件 $$\left.\begin{aligned} g_1(x_1, x_2) &= (x_1 - 4)^2 - 2x_2 \leq 0 \\ g_2(x_1, x_2) &= -x_1 + 2x_2 - 2 \leq 0 \end{aligned}\right\} \tag{4.69}$$

不等式制約条件を等式制約条件のように捉えて，ラグランジュの未定乗数法に当てはめると，以下のラグランジュ関数とラグランジュ方程式を得ます．

$$\begin{aligned} L(\boldsymbol{x}, \boldsymbol{\lambda}) = x_1^2 + (x_2 - 2)^2 + \lambda_1 \left\{(x_1 - 4)^2 - 2x_2\right\} \\ + \lambda_2 (-x_1 + 2x_2 - 2) \end{aligned} \tag{4.70}$$

$$\left.\begin{aligned} \frac{\partial L(\boldsymbol{x}, \boldsymbol{\lambda})}{\partial x_1} &= 2x_1 + 2\lambda_1(x_1 - 4) - \lambda_2 = 0 \\ \frac{\partial L(\boldsymbol{x}, \boldsymbol{\lambda})}{\partial x_2} &= 2(x_2 - 2) - 2\lambda_1 + 2\lambda_2 = 0 \\ \frac{\partial L(\boldsymbol{x}, \boldsymbol{\lambda})}{\partial \lambda_1} &= (x_1 - 4)^2 - 2x_2 = 0 \\ \frac{\partial L(\boldsymbol{x}, \boldsymbol{\lambda})}{\partial \lambda_2} &= -x_1 + 2x_2 - 2 = 0 \end{aligned}\right\} \tag{4.71}$$

ラグランジュ方程式の解 $\boldsymbol{x}^A \sim \boldsymbol{x}^E$

不等式制約条件を強制的にアクティブまたは非アクティブにして，式 (4.71) を解くと，表 4.10 および図 4.21 に示される解を得ます．図中の実線は，制約条件 $g_1(\boldsymbol{x})$ と $g_2(\boldsymbol{x})$ の境界線，破線の同心円は目的関数 $f(\boldsymbol{x})$ の等高線です．また，矢印は，点 $\boldsymbol{x}^A$ と $\boldsymbol{x}^B$ における $-\nabla f(\boldsymbol{x})$, $-\nabla g_1(\boldsymbol{x})$, $-\nabla g_2(\boldsymbol{x})$（図中，ベクトルの方向は正しいが，大きさは正しくない）を示します．

表 4.10　ラグランジュ方程式 (4.71) の解

点	x_1	x_2	$g_1(\boldsymbol{x})$	$g_2(\boldsymbol{x})$	λ_1	λ_2	$f(\boldsymbol{x})$	$\nabla f(\boldsymbol{x})$	$\nabla g_1(\boldsymbol{x})$	$\nabla g_2(\boldsymbol{x})$
$\boldsymbol{x}^A$	2	2	0	0	0.8	0.8	4	$(4, 4)$	$(-4, -2)$	$(-1, 2)$
$\boldsymbol{x}^B$	7	4.5	0	0	-3.3	-5.8	55.25	$(14, 9)$	$(6, -2)$	$(-1, 2)$
$\boldsymbol{x}^C$	1.67	2.72	0	1.76	0.72	0	3.30	$(3.34, 5.43)$	$(-4.66, -2)$	$(-1, 2)$
$\boldsymbol{x}^D$	0.4	1.2	10.56	0	0	0.8	0.8	$(0.8, 2.4)$	$(-7.2, -2)$	$(-1, 2)$
$\boldsymbol{x}^E$	0	2	12	2	0	0	0	$(0, 4)$	$(-8, -2)$	$(-1, 2)$

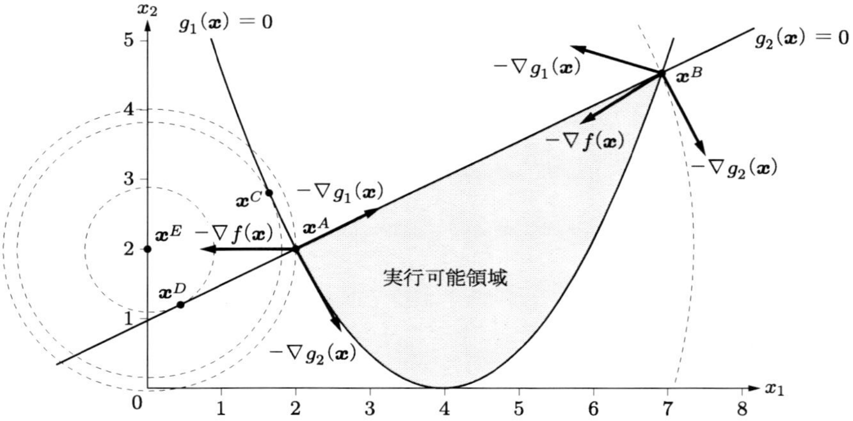

図 4.21　ラグランジュ方程式 (4.71) の解（$\boldsymbol{x}^A \sim \boldsymbol{x}^E$）

点 $\boldsymbol{x}^A$ と $\boldsymbol{x}^B$ は，二つの制約条件の境界線の交点上にあり，点 $\boldsymbol{x}^C \sim \boldsymbol{x}^E$ は実行可能領域外に存在しています．これは，表中の

- 点 $\boldsymbol{x}^A$ と $\boldsymbol{x}^B$ において，$g_1(\boldsymbol{x}) = g_2(\boldsymbol{x}) = 0$ である．
- 点 $\boldsymbol{x}^C$, $\boldsymbol{x}^D$, $\boldsymbol{x}^E$ において，$g_1(\boldsymbol{x})$ と $g_2(\boldsymbol{x})$ のどちらか一方，あるいは両者が正である．

からも判断できます．最適解は，制約条件を満足する点 $\boldsymbol{x}^A$ と $\boldsymbol{x}^B$ のどちらかです．

最適解の判断

点 $\boldsymbol{x}^A$ と $\boldsymbol{x}^B$ を比較すると，目的関数が小さい点 $\boldsymbol{x}^A$ が最適解であることがわかります．しかし，ラグランジュ方程式のすべての解を比較するのではなく，一つの点の状況を確認することで，その点が最適解であるか否かを判断できます．図 4.22 に示される点 $\boldsymbol{x}^A$ と $\boldsymbol{x}^B$ を用いて，その方法を説明します．図中，破線は $f(\boldsymbol{x})$ の等高線の接線，実線は $g_1(\boldsymbol{x})=0$，$g_2(\boldsymbol{x})=0$ の等高線の接線です．

- 点 $\boldsymbol{x}^A$ について

1. 目的関数値の増減から判断する，解を更新したい方向（範囲）
   点 $\boldsymbol{x}^A$ を通る目的関数の等高線の接線から $-\nabla f(\boldsymbol{x}^A)$ 方向側（図 4.22(b) で①が示す範囲）は，目的関数 $f(\boldsymbol{x})$ が減るため，この範囲に解を更新したい．

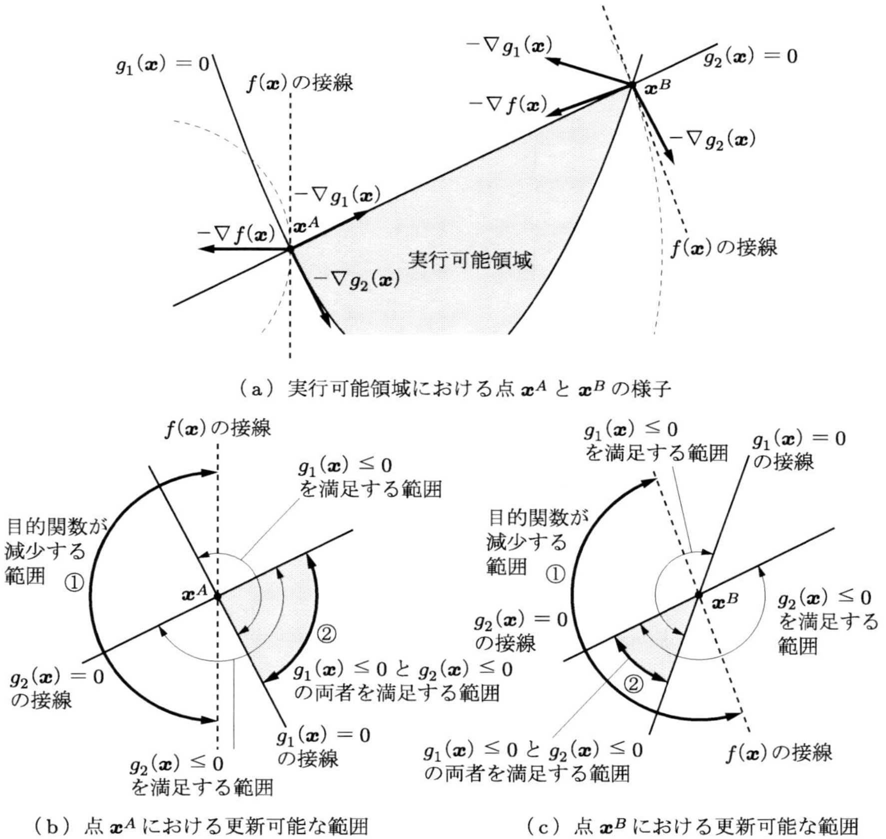

図 4.22 $-\nabla g_1(\boldsymbol{x})$, $-\nabla g_2(\boldsymbol{x})$ と $f(\boldsymbol{x})$ が減少する方向の関係から定まる更新可能な範囲

2. 制約条件値の増減から判断する，解の更新可能な方向（範囲）

点 $\boldsymbol{x}^A$ は，制約条件 $g_1(\boldsymbol{x}) \leq 0$ と $g_2(\boldsymbol{x}) \leq 0$ の限界点であり，この点よりも制約条件が大きくなる方向に進むことはできない．点 $\boldsymbol{x}^A$ を通る制約条件の接線から $-\nabla g_1(\boldsymbol{x}^A)$ 方向側と $-\nabla g_2(\boldsymbol{x}^A)$ 方向側で重なる部分（図 (b) で②が示す範囲）が，更新可能な範囲である．

3. 範囲①と②の重なる部分がない

範囲①が示す「目的関数値の増減から判断する更新したい方向」と，範囲②が示す「制約条件値の増減から判断する更新可能な方向」に，重なりがない．

したがって，点 $\boldsymbol{x}^A$ よりも，目的関数を減少させ，かつ制約条件を満足する方向が存在しないので，点 $\boldsymbol{x}^A$ は最適解であると判断できる．

- 点 $\boldsymbol{x}^B$ について

1. 目的関数値の増減から判断する，解を更新したい方向（範囲）

点 $\boldsymbol{x}^B$ から，目的関数 $f(\boldsymbol{x})$ が減る方向（図 4.22(c) で①が示す範囲）に解を更新したい．

2. 制約条件値の増減から判断する，解の更新可能な方向（範囲）

点 $\boldsymbol{x}^B$ において，$-\nabla g_1(\boldsymbol{x}^A)$ 方向側と $-\nabla g_2(\boldsymbol{x}^A)$ 方向側で重なる部分（図 4.22(c) で②が示す範囲）が更新可能な方向である．

3. 範囲①と②の重なる部分がある

目的関数を減少させ，かつ制約条件を満足する範囲が存在するので，点 $\boldsymbol{x}^B$ は最適解ではないと判断できる．

4.4.2 カルーシュ - キューン - タッカー条件

4.4.1 項では，最適解において，目的関数が減少する範囲①と制約条件を満足する範囲②が重ならないことを，図を用いて説明しました．ここでは，範囲①と範囲②が重ならないための条件，つまり，最適解が必要とする条件を説明します．

- $\nabla g_1(\boldsymbol{x}^*)$ と $\nabla g_2(\boldsymbol{x}^*)$ に挟まれた範囲③と $-\nabla f(\boldsymbol{x}^*)$ の関係

図 4.23(a) に，目的関数が減少する範囲①，制約条件を満足する範囲②，$\nabla g_1(\boldsymbol{x}^*)$ と $\nabla g_2(\boldsymbol{x}^*)$ に挟まれた範囲③（陰影部）を示します．範囲①と範囲②に重なりがなく，$\boldsymbol{x}^*$ は最適解です．$-\nabla f(\boldsymbol{x}^*)$ は $\nabla g_1(\boldsymbol{x}^*)$ から範囲③にわずかに入った状態であり，この二つのベクトル間の角度を θ_1 とします．勾配ベクトルと等高線は直交するため，$f(\boldsymbol{x})$ の等高線と $g_1(\boldsymbol{x}) = 0$ の接線がなす角度も θ_1 になります．

図 (b) の目的関数は，$-\nabla f(\boldsymbol{x}^*)$ は $\nabla g_2(\boldsymbol{x}^*)$ から範囲②にわずかに入った状態を示し，その角度 θ_2 は $f(\boldsymbol{x})$ の等高線と $g_2(\boldsymbol{x}) = 0$ の接線がなす角度と一致

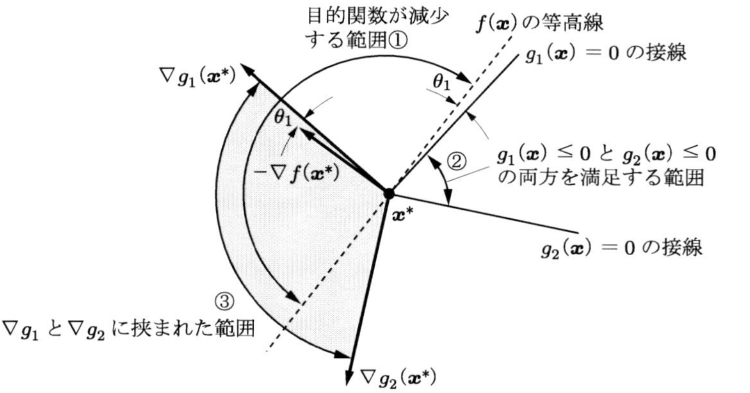

（a） 最適解 $\boldsymbol{x}^*$ の状態（その 1）

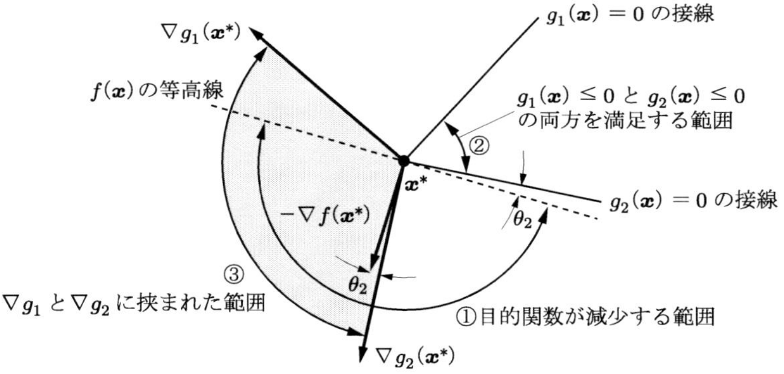

（b） 最適解 $\boldsymbol{x}^*$ の状態（その 2）

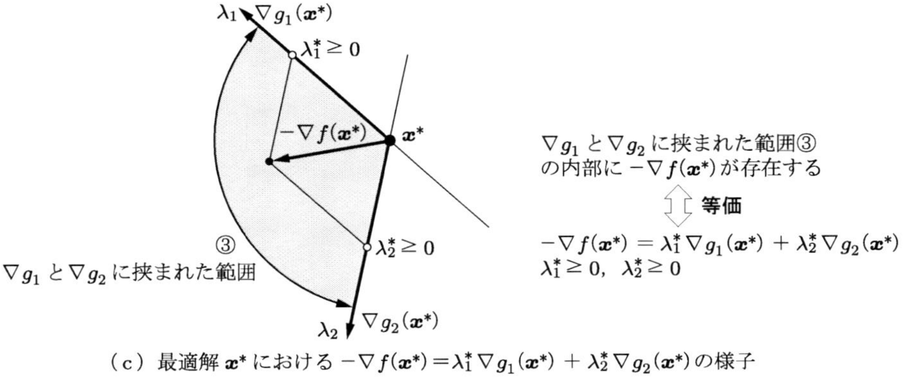

（c） 最適解 $\boldsymbol{x}^*$ における $-\nabla f(\boldsymbol{x}^*) = \lambda_1^* \nabla g_1(\boldsymbol{x}^*) + \lambda_2^* \nabla g_2(\boldsymbol{x}^*)$ の様子

図 4.23 最適解 x^* における $-\nabla f(x^*)$, $\nabla g_1(x^*)$, $\nabla g_2(x^*)$ の関係

します．図 (a) の状態から，目的関数を反時計方向に回転させると，$-\nabla f(\boldsymbol{x}^*)$ が $\nabla g_2(\boldsymbol{x}^*)$ を超えるまで，範囲①は範囲②と重なりません．つまり，「範囲①は範囲②と重ならない」と「$\nabla g_1(\boldsymbol{x}^*)$ と $\nabla g_2(\boldsymbol{x}^*)$ に挟まれた範囲③の内部に $-\nabla f(\boldsymbol{x}^*)$ が存在する」は同じことを意味します．

- $-\nabla f(\boldsymbol{x}^*)$ が範囲③に存在するための条件式

　図 (c) は，範囲③の内部に $-\nabla f(\boldsymbol{x}^*)$ が存在する状況を示します．$\nabla g_1(\boldsymbol{x}^*)$ 方向に λ_1 座標軸を，$\nabla g_2(\boldsymbol{x}^*)$ 方向に λ_2 座標軸を採用すると，$-\nabla f(\boldsymbol{x}^*) = \lambda_1^*\nabla g_1(\boldsymbol{x}^*) + \lambda_2^*\nabla g_2(\boldsymbol{x}^*)$ が作成でき，範囲③において，$\lambda_1^* \geq 0$ と $\lambda_2^* \geq 0$ であることがわかります．つまり，$\boldsymbol{x}^*$ が最適解であるためには，以下の条件が必要です．

$$\left.\begin{aligned}&-\nabla f(\boldsymbol{x}^*) = \lambda_1^*\nabla g_1(\boldsymbol{x}^*) + \lambda_2^*\nabla g_2(\boldsymbol{x}^*)\\&\lambda_1^* \geq 0, \quad \lambda_2^* \geq 0\end{aligned}\right\} \tag{4.72}$$

カルーシュ - キューン - タッカー条件（KKT 条件）

　次の不等式制約条件をもつ最適化問題の一般的な形式に対して，ここまでの内容をまとめます．

設計変数	$\boldsymbol{x} = (x_1, x_2, \ldots, x_n)$
目的関数	$f(\boldsymbol{x}) = f(x_1, x_2, \ldots, x_n) \quad \to \quad$ 最小
制約条件	$g_i(\boldsymbol{x}) = g_i(x_1, x_2, \ldots, x_n) \leq 0 \quad (i = 1, 2, \ldots, m)$

最適解 $\boldsymbol{x}^*$ は，以下の条件を満足する必要があります．

$f(\boldsymbol{x})$ と $g_i(\boldsymbol{x})$ の勾配ベクトルの関係	$\nabla f(\boldsymbol{x}^*) + \sum_{i=1}^{m} \lambda_i^*\nabla g_i(\boldsymbol{x}^*) = \mathbf{0}$
$g_i(\boldsymbol{x})$ がアクティブな場合	$g_i(\boldsymbol{x}^*) = 0, \quad \lambda_i^* \geq 0$
$g_i(\boldsymbol{x})$ が非アクティブな場合	$g_i(\boldsymbol{x}^*) < 0, \quad \lambda_i^* = 0$

これは，カルーシュ - キューン - タッカー条件（KKT 条件）とよばれる，設計案 $\boldsymbol{x}^*$ が最適解であるための必要条件です．

ポイント　カルーシュ - キューン - タッカー条件の意味

- m 個の不等式制約条件をもつ最適化問題の解 $\boldsymbol{x}^*$, $\boldsymbol{\lambda}^*$ において，目的関数と制約条件式の勾配ベクトルの線形和が 0 になる（$\nabla f(\boldsymbol{x}^*) + \sum_{j=1}^{m} \lambda_j^*\nabla g_j(\boldsymbol{x}^*) = \mathbf{0}$）．
- 不等式制約条件がアクティブなら，等式制約条件と同じ状況，つまり，$g_i(\boldsymbol{x}^*) = 0$ になる．ただし，非負のラグランジュの未定乗数 ($\lambda_j^* \geq 0$) が必要である．

- 不等式制約条件が非アクティブなら，その不等式制約条件は無視された状況，つまり，$\lambda_i^* = 0$ になる．ただし，$g_i(\boldsymbol{x}^*) \leq 0$ は満足される必要がある．

4.5 逐次 2 次計画法

制約条件をもつ非線形最適化問題を解く有効な方法として，**逐次 2 次計画法**（SQP: sequential quadratic programing）が知られています．ここでは，逐次 2 次計画法の導出過程と使用方法を説明します．

4.5.1 等式制約条件問題に対する逐次 2 次計画法

n 個の設計変数と m 個の等式制約条件をもつ最適化問題を考えます．

目的関数　$f(\boldsymbol{x}) = f(x_1, x_2, \ldots, x_n) \quad \longrightarrow \quad$ 最小

制約条件　$h_i(\boldsymbol{x}) = h_i(x_1, x_2, \ldots, x_n) = 0 \quad (i = 1, 2, \ldots, m)$

この問題に対するラグランジュ関数とラグランジュ方程式を，以下に示します．

$$L(\boldsymbol{x}, \boldsymbol{\lambda}) = f(\boldsymbol{x}) + \sum_{i=1}^{m} h_i(\boldsymbol{x})\lambda_i = f(\boldsymbol{x}) + \boldsymbol{h}(\boldsymbol{x})^T \boldsymbol{\lambda} \tag{4.73}$$

$$\left.\begin{aligned} \frac{\partial L(\boldsymbol{x}, \boldsymbol{\lambda})}{\partial \boldsymbol{x}} &= \nabla_{\boldsymbol{x}} L(\boldsymbol{x}, \boldsymbol{\lambda}) = \nabla_{\boldsymbol{x}} f(\boldsymbol{x}) + \boldsymbol{A}(\boldsymbol{x})\boldsymbol{\lambda} = \boldsymbol{0} \\ \frac{\partial L(\boldsymbol{x}, \boldsymbol{\lambda})}{\partial \boldsymbol{\lambda}} &= \nabla_{\boldsymbol{\lambda}} L(\boldsymbol{x}, \boldsymbol{\lambda}) = \boldsymbol{h}(\boldsymbol{x}) = \boldsymbol{0} \end{aligned}\right\} \tag{4.74}$$

表示形式は異なりますが，これらの式は式 (4.37) ～ (4.39) と同じ意味です．$\nabla_{\boldsymbol{x}} L(\boldsymbol{x}, \boldsymbol{\lambda})$ と $\nabla_{\boldsymbol{\lambda}} L(\boldsymbol{x}, \boldsymbol{\lambda})$ は，関数 $L(\boldsymbol{x}, \boldsymbol{\lambda})$ の $\boldsymbol{x}$ と $\boldsymbol{\lambda}$ による微分を成分とする勾配ベクトルです．このように，$\nabla_{\boldsymbol{x}}$ や $\nabla_{\boldsymbol{\lambda}}$ の下付き添え字は微分する変数を意味します．$\boldsymbol{h}(\boldsymbol{x})$ は，等式制約条件式 $h_i(\boldsymbol{x})$ を縦に並べたサイズが m のベクトル，$\boldsymbol{A}(\boldsymbol{x}) = \nabla_{\boldsymbol{x}} \boldsymbol{h}(\boldsymbol{x})^T$ は等式制約条件 $h_i(\boldsymbol{x})$ の $\boldsymbol{x}$ による勾配ベクトル $\nabla_{\boldsymbol{x}} h_i(\boldsymbol{x})$ を横に並べたサイズが $n \times m$ の行列です．つまり，次のように定義します．

$$\boldsymbol{h}(\boldsymbol{x}) \equiv [h_1(\boldsymbol{x}) \quad h_2(\boldsymbol{x}) \quad \cdots \quad h_m(\boldsymbol{x})]^T \tag{4.75}$$

$$\boldsymbol{A}(\boldsymbol{x}) \equiv [\nabla_{\boldsymbol{x}} h_1(\boldsymbol{x}) \quad \nabla_{\boldsymbol{x}} h_2(\boldsymbol{x}) \quad \cdots \quad \nabla_{\boldsymbol{x}} h_m(\boldsymbol{x})] \tag{4.76}$$

ステップ k における 2 次のテイラー級数展開近似式

逐次 2 次計画法は，2 次近似と逐次的なアルゴリズムを用いて，式 (4.74) の解を求

めます．まず，ステップ k の基準点 $(\boldsymbol{x}^{(k)},\ \boldsymbol{\lambda}^{(k)})$ の近傍における関数 $L(\boldsymbol{x}, \boldsymbol{\lambda})$ の2次テイラー級数展開近似式 $L_{\mathrm{T2}}(\boldsymbol{x}^{(k)} + \delta\boldsymbol{x}^{(k)},\ \boldsymbol{\lambda}^{(k)} + \delta\boldsymbol{\lambda}^{(k)})$ を作成しましょう．

$$
\begin{aligned}
&L_{\mathrm{T2}}(\boldsymbol{x}^{(k)} + \delta\boldsymbol{x}^{(k)}, \boldsymbol{\lambda}^{(k)} + \delta\boldsymbol{\lambda}^{(k)}) \\
&\quad = L(\boldsymbol{x}^{(k)}, \boldsymbol{\lambda}^{(k)}) + \delta\boldsymbol{x}^{(k)T} \nabla_{\boldsymbol{x}} L(\boldsymbol{x}^{(k)}, \boldsymbol{\lambda}^{(k)}) + \delta\boldsymbol{\lambda}^{(k)T} \nabla_{\boldsymbol{\lambda}} L(\boldsymbol{x}^{(k)}, \boldsymbol{\lambda}^{(k)}) \\
&\qquad + \frac{1}{2}\delta\boldsymbol{x}^{(k)T} \nabla^2_{\boldsymbol{x}\boldsymbol{x}} L(\boldsymbol{x}^{(k)}, \boldsymbol{\lambda}^{(k)})\delta\boldsymbol{x}^{(k)} + \frac{1}{2}\delta\boldsymbol{\lambda}^{(k)T} \nabla^2_{\boldsymbol{\lambda}\boldsymbol{\lambda}} L(\boldsymbol{x}^{(k)}, \boldsymbol{\lambda}^{(k)})\delta\boldsymbol{\lambda}^{(k)} \\
&\qquad + \delta\boldsymbol{x}^{(k)T} \nabla^2_{\boldsymbol{x}\boldsymbol{\lambda}} L(\boldsymbol{x}^{(k)}, \boldsymbol{\lambda}^{(k)})\delta\boldsymbol{\lambda}^{(k)}
\end{aligned}
\tag{4.77}
$$

ステップ k におけるラグランジュ方程式

この近似式から，ラグランジュ方程式を作成します．この場合，$\delta\boldsymbol{x}^{(k)}$ と $\delta\boldsymbol{\lambda}^{(k)}$ による停留，つまり，$\partial L_{\mathrm{T2}}/\partial\delta\boldsymbol{x}^{(k)} = \boldsymbol{0}$ と $\partial L_{\mathrm{T2}}/\partial\delta\boldsymbol{\lambda}^{(k)} = \boldsymbol{0}$ が要求され，以下のようにステップ k のラグランジュ方程式が導かれます．これを満足する $\delta\boldsymbol{x}^{(k)}$ と $\delta\boldsymbol{\lambda}^{(k)}$ が，このステップの解です．

$$
\left.
\begin{aligned}
\frac{\partial L_{\mathrm{T2}}}{\partial\delta\boldsymbol{x}^{(k)}} &= \nabla^2_{\boldsymbol{x}\boldsymbol{x}} L(\boldsymbol{x}^{(k)}, \boldsymbol{\lambda}^{(k)})\delta\boldsymbol{x}^{(k)} \\
&\quad + \nabla^2_{\boldsymbol{x}\boldsymbol{\lambda}} L(\boldsymbol{x}^{(k)}, \boldsymbol{\lambda}^{(k)})\delta\boldsymbol{\lambda}^{(k)} + \nabla_{\boldsymbol{x}} L(\boldsymbol{x}^{(k)}, \boldsymbol{\lambda}^{(k)}) = \boldsymbol{0} \\
\frac{\partial L_{\mathrm{T2}}}{\partial\delta\boldsymbol{\lambda}^{(k)}} &= \nabla^2_{\boldsymbol{\lambda}\boldsymbol{\lambda}} L(\boldsymbol{x}^{(k)}, \boldsymbol{\lambda}^{(k)})\delta\boldsymbol{\lambda}^{(k)} \\
&\quad + (\nabla^2_{\boldsymbol{x}\boldsymbol{\lambda}} L(\boldsymbol{x}^{(k)}, \boldsymbol{\lambda}^{(k)}))^T\delta\boldsymbol{x}^{(k)} + \nabla_{\boldsymbol{\lambda}} L(\boldsymbol{x}^{(k)}, \boldsymbol{\lambda}^{(k)}) = \boldsymbol{0}
\end{aligned}
\right\}
\tag{4.78}
$$

また，式 (4.73), (4.74) で与えられる関係式やそれらの微分より

$$
\begin{aligned}
&\nabla^2_{\boldsymbol{\lambda}\boldsymbol{\lambda}} L(\boldsymbol{x}^{(k)}, \boldsymbol{\lambda}^{(k)}) = \boldsymbol{0}, && \nabla^2_{\boldsymbol{x}\boldsymbol{\lambda}} L(\boldsymbol{x}^{(k)}, \boldsymbol{\lambda}^{(k)}) = \boldsymbol{A}(\boldsymbol{x}) \\
&\nabla_{\boldsymbol{x}} L(\boldsymbol{x}^{(k)}, \boldsymbol{\lambda}^{(k)}) = \nabla_{\boldsymbol{x}} f(\boldsymbol{x}^{(k)}) + \boldsymbol{A}(\boldsymbol{x}^{(k)})\boldsymbol{\lambda}^{(k)}, && \nabla_{\boldsymbol{\lambda}} L(\boldsymbol{x}^{(k)}, \boldsymbol{\lambda}^{(k)}) = \boldsymbol{h}(\boldsymbol{x}^{(k)})
\end{aligned}
$$

が導かれるため，式 (4.78) は以下のように表現できます．

$$
\begin{bmatrix} \nabla^2_{\boldsymbol{x}\boldsymbol{x}} L(\boldsymbol{x}^{(k)}, \boldsymbol{\lambda}^{(k)}) & \boldsymbol{A}(\boldsymbol{x}^{(k)}) \\ \boldsymbol{A}(\boldsymbol{x}^{(k)})^T & 0 \end{bmatrix}
\begin{bmatrix} \delta\boldsymbol{x}^{(k)} \\ \delta\boldsymbol{\lambda}^{(k)} \end{bmatrix}
= -\begin{bmatrix} \nabla_{\boldsymbol{x}} f(\boldsymbol{x}^{(k)}) + \boldsymbol{A}(\boldsymbol{x}^{(k)})\boldsymbol{\lambda}^{(k)} \\ \boldsymbol{h}(\boldsymbol{x}^{(k)}) \end{bmatrix}
\tag{4.79}
$$

$\delta\boldsymbol{x}^{(k)}$ と $\delta\boldsymbol{\lambda}^{(k)}$ 以外の成分は，ステップ k における既知量です．上式を解いて $\delta\boldsymbol{x}^{(k)}$ と $\delta\boldsymbol{\lambda}^{(k)}$ を求め，$\boldsymbol{x}^{(k+1)} = \boldsymbol{x}^{(k)} + \delta\boldsymbol{x}^{(k)}$ と $\boldsymbol{\lambda}^{(k+1)} = \boldsymbol{\lambda}^{(k)} + \delta\boldsymbol{\lambda}^{(k)}$ により解を更新します．

ポイント 逐次2次計画法の考え方と解析方法

- ステップ k の基準点 $(\boldsymbol{x}^{(k)}, \boldsymbol{\lambda}^{(k)})$ 近傍において，式(4.77)で示されるラグランジュ関数の2次近似式 $L_{\mathrm{T2}}(\boldsymbol{x}^{(k)}+\delta\boldsymbol{x}^{(k)}, \boldsymbol{\lambda}^{(k)}+\delta\boldsymbol{\lambda}^{(k)})$ を作成する．
- この近似式から作成したラグランジュ方程式(4.79)を解き，$\delta\boldsymbol{x}^{(k)}$ と $\delta\boldsymbol{\lambda}^{(k)}$ を求める．
- $\boldsymbol{x}^{(k)*}=\boldsymbol{x}^{(k)}+\delta\boldsymbol{x}^{(k)}$ と $\boldsymbol{\lambda}^{(k)*}=\boldsymbol{\lambda}^{(k)}+\delta\boldsymbol{\lambda}^{(k)}$ により，ステップ k の解 $\boldsymbol{x}^{(k)*}$ と $\boldsymbol{\lambda}^{(k)*}$ を求める．
- $\boldsymbol{x}^{(k+1)}=\boldsymbol{x}^{(k)*}$ と $\boldsymbol{\lambda}^{k+1}=\boldsymbol{\lambda}^{(k)*}$ によりステップを更新し，収束するまで上記過程を繰り返す．

以下の最適化問題4.8を，逐次2次計画法により解いてみましょう．これは，最適化問題4.7の不等式制約条件 $g_1(\boldsymbol{x})\leq 0$ を等式制約条件 $h(\boldsymbol{x})=0$ に変更した問題であり，解は図4.21の $\boldsymbol{x}^C=(1.67, 2.72)$ です．

最適化問題 4.8（等式制約条件をもつ2変数非線形問題）

設計変数 x_1, x_2

目的関数 $f(\boldsymbol{x})=f(x_1,x_2)={x_1}^2+(x_2-2)^2 \longrightarrow$ 最小 (4.80)

制約条件 $h(\boldsymbol{x})=h(x_1,x_2)=(x_1-4)^2-2x_2=0$ (4.81)

この問題に対し，ラグランジュ関数 $L(\boldsymbol{x},\lambda)$ を作成します．

$$L(\boldsymbol{x},\lambda) = {x_1}^2+(x_2-2)^2+\lambda\left\{(x_1-4)^2-2x_2\right\} \tag{4.82}$$

上式を式(4.79)に代入すると，次式を得ます．

$$\begin{bmatrix} 2+2\lambda^{(k)} & 0 & 2(x_1^{(k)}-4) \\ 0 & 2 & -2 \\ 2(x_1^{(k)}-4) & -2 & 0 \end{bmatrix} \begin{bmatrix} \delta x_1^{(k)} \\ \delta x_2^{(k)} \\ \delta\lambda^{(k)} \end{bmatrix} = - \begin{bmatrix} 2x_1^{(k)}+2\lambda^{(k)}(x_1^{(k)}-4) \\ 2(x_2^{(k)}-2)-2\lambda^{(k)} \\ (x_1^{(k)}-4)^2-2x_2^{(k)} \end{bmatrix} \tag{4.83}$$

初期点を $\boldsymbol{x}^{(1)}=(x_1^{(1)}, x_2^{(1)}, \lambda^{(1)})=(0,0,0)$ とすると，上式は

$$\begin{bmatrix} 2 & 0 & -8 \\ 0 & 2 & -2 \\ -8 & -2 & 0 \end{bmatrix} \begin{bmatrix} \delta x_1^{(1)} \\ \delta x_2^{(1)} \\ \delta\lambda^{(1)} \end{bmatrix} = - \begin{bmatrix} 0 \\ -4 \\ 16 \end{bmatrix} \tag{4.84}$$

で示される，ステップ1の更新量 $\delta x_1^{(1)}$, $\delta x_2^{(1)}$, $\delta\lambda^{(1)}$ を未知量とする連立1次方程式

になります．これを解くと，

$$\delta x_1^{(1)} = 1.41176, \quad \delta x_2^{(1)} = 2.35294, \quad \delta\lambda^{(1)} = 0.35294$$

が求められ，ステップ 1 の最適解として，

$$x_1^{(1)*} = x_1^{(1)} + \delta x_1^{(1)} = 1.41176, \quad x_2^{(1)*} = x_2^{(1)} + \delta x_2^{(1)} = 2.35294$$
$$\lambda^{(1)*} = \lambda^{(1)} + \delta\lambda^{(1)} = 0.35294$$

を得ます．各ステップの解を次ステップの基準点として計算を繰り返すことにより，本問題の最適解に収束します．

ステップ 1〜4 の解

ステップ 1〜4 の更新の様子を表 4.11 に示します．表中，base は各ステップの基準点を，sol. は各ステップの解を意味します．$L_{\mathrm{T2}}(\boldsymbol{x}, \lambda)$ は $L(\boldsymbol{x}, \lambda)$ の近似式であるため，両者の値は基準点（base）では一致しますが，ステップの解（sol.）では異なります．ステップが進むと更新量も小さくなるため，両者の値はステップの解（sol.）でも一致しています．ステップ 4 の解は (1.66925, 2.71619, 0.71619) となり，この有効桁の範囲で最適解に収束し，等式制約条件 $h(\boldsymbol{x}) = 0$ も満足されてきます．また，2 ステップまでの更新点が図 4.24 に●で示され，最適解○に収束していく様子がうかがえます．

各ステップの base から sol. への更新による，$f(\boldsymbol{x}^{(k)})$, $L(\boldsymbol{x}^{(k)}, \lambda^{(k)})$, $L_{\mathrm{T2}}(\boldsymbol{x}^{(k)}, \lambda^{(k)})$ の増減に着目すると，ステップ 1 と 4 でこれらは減少し，ステップ 2 と 3 で増加して

表 4.11　逐次 2 次計画法による探索，等式制約条件問題，初期点 $\boldsymbol{x}^{(1)} = (0, 0, 0)$

ステップ k	$x_1^{(k)}$	$x_2^{(k)}$	$\lambda^{(k)}$	b/s	$\delta x_1^{(k)}$	$\delta x_2^{(k)}$	$\delta\lambda^{(k)}$	$f(\boldsymbol{x})$	$h(\boldsymbol{x})$	$L(\boldsymbol{x}, \lambda)$	$L_{T2}(\boldsymbol{x}, \lambda)$
1	0.0	0.0	0.0	base	0.0	0.0	0.0	4.0	16.0	4.0	4.0
				sol.	1.41176	2.35294	0.35294	2.1177	1.9931	2.8211	2.1176
	$x_1^{(1)*} = 1.41176$, $x_2^{(1)*} = 2.35294$, $\lambda^{(1)*} = 0.35294$										
2	1.41176	2.35294	0.35294	base	0.0	0.0	0.0	2.1177	1.9931	2.8211	2.8211
				sol.	0.25845	0.32761	0.32761	3.2528	0.0668	3.2982	3.2763
	$x_1^{(2)*} = 1.67021$, $x_2^{(2)*} = 2.68055$, $\lambda^{(2)*} = 0.68055$										
3	1.67021	2.68055	0.68055	base	0.0	0.0	0.0	3.2528	0.0668	3.2982	3.2982
				sol.	−0.00097	0.03565	0.03565	3.2993	0.0000	3.2993	3.2993
	$x_1^{(3)*} = 1.66925$, $x_2^{(3)*} = 2.71620$, $\lambda^{(3)*} = 0.71620$										
4	1.66925	2.71620	0.71620	base	0.0	0.0	0.0	3.2993	0.0000	3.2993	3.2993
				sol.	0.00000	−0.00001	−0.00001	3.2993	0.0000	3.2993	3.2993
	$x_1^{(4)*} = 1.66925$, $x_2^{(4)*} = 2.71619$, $\lambda^{(4)*} = 0.71619$										

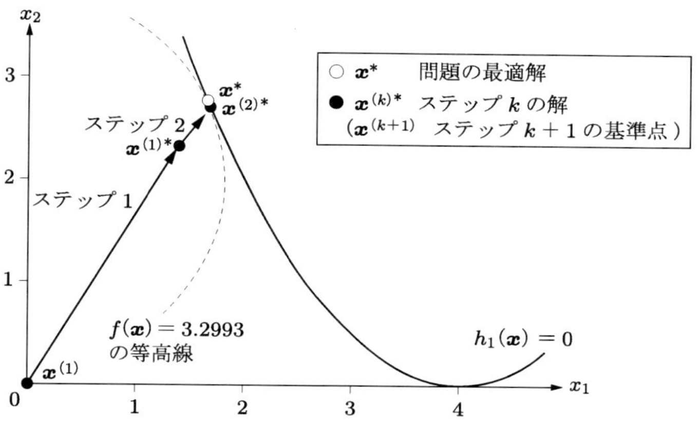

図 4.24　等式制約条件付き非線形最適化問題における解と探索結果

います（表に示されている有効桁ではステップ 4 の変化が把握できませんが，減少しています）．このように，目的関数やラグランジュ関数やその近似式が常に減少する，あるいは常に増加することは保証されません．

練習問題 4.7

逐次 2 次計画法を用いて，等式制約条件付きの最適化問題 4.8 において，初期点を $\boldsymbol{x}^{(1)} = (x_1^{(1)}, x_2^{(1)}, \lambda^{(1)}) = (3, 3, 0)$ として，ステップ 1 とステップ 2 の解を求めなさい．

4.5.2　不等式制約条件問題に対する逐次 2 次計画法

4.5.1 項で説明された等式制約条件付き最適化問題に対する逐次 2 次計画法を，不等式制約条件付き最適化問題に適用できます．n 個の設計変数と m 個の不等式制約条件をもつ場合を考えましょう．

$$\text{目的関数}\qquad f(\boldsymbol{x}) = f(x_1, x_2, \ldots, x_n) \quad \longrightarrow \quad \text{最小}$$

$$\text{不等式制約条件}\qquad g_i(\boldsymbol{x}) = g_i(x_1, x_2, \ldots, x_n) \leq 0 \qquad (i = 1, 2, \ldots, m)$$

スラック変数 $s_i \geq 0$ を導入し，上記の不等式制約条件式を等式制約条件式に変更します．$s_i = 0$ に設定することにより，制約条件 $g_i(\boldsymbol{x})$ の強制的なアクティブ化が可能です．

$$\text{等式制約条件}\qquad h_i(\boldsymbol{x}, \boldsymbol{s}) = g_i(x_1, x_2, \ldots, x_n) + s_i = 0 \qquad (i = 1, 2, \ldots, m)$$

ラグランジュ方程式

この等式制約条件をもつ最適化問題にラグランジュの未定乗数法を適用して，以下のラグランジュ関数とラグランジュ方程式を導出します．

$$L(\boldsymbol{x},\boldsymbol{\lambda},\boldsymbol{s}) = f(\boldsymbol{x}) \ + \ \sum_{i=1}^{m}\lambda_i h_i(\boldsymbol{x},\boldsymbol{s}) = f(\boldsymbol{x}) \ + \ \boldsymbol{h}(\boldsymbol{x},\boldsymbol{s})^T\boldsymbol{\lambda} \tag{4.85}$$

$$\left.\begin{aligned} \frac{\partial L(\boldsymbol{x},\boldsymbol{\lambda},\boldsymbol{s})}{\partial \boldsymbol{x}} &= \nabla_{\boldsymbol{x}} L(\boldsymbol{x},\boldsymbol{\lambda},\boldsymbol{s}) = \nabla_{\boldsymbol{x}} f(\boldsymbol{x}) \ + \ \boldsymbol{A}(\boldsymbol{x},\boldsymbol{s})\boldsymbol{\lambda} = \boldsymbol{0} \\ \frac{\partial L(\boldsymbol{x},\boldsymbol{\lambda},\boldsymbol{s})}{\partial \boldsymbol{\lambda}} &= \nabla_{\boldsymbol{\lambda}} L(\boldsymbol{x},\boldsymbol{\lambda},\boldsymbol{s}) = \boldsymbol{h}(\boldsymbol{x},\boldsymbol{s}) = \boldsymbol{0} \end{aligned}\right\} \tag{4.86}$$

ここで，$\boldsymbol{h}(\boldsymbol{x},\boldsymbol{s})$ と $\boldsymbol{A}(\boldsymbol{x},\boldsymbol{s})$ は，それぞれ次式で定義されます．

$$\boldsymbol{h}(\boldsymbol{x},\boldsymbol{s}) \equiv [h_1(\boldsymbol{x},\boldsymbol{s}) \quad h_2(\boldsymbol{x},\boldsymbol{s}) \quad \cdots \quad h_m(\boldsymbol{x},\boldsymbol{s})]^T \tag{4.87}$$

$$\boldsymbol{A}(\boldsymbol{x},\boldsymbol{s}) \equiv [\nabla_{\boldsymbol{x}} h_1(\boldsymbol{x},\boldsymbol{s}) \quad \nabla_{\boldsymbol{x}} h_2(\boldsymbol{x},\boldsymbol{s}) \quad \cdots \quad \nabla_{\boldsymbol{x}} h_m(\boldsymbol{x},\boldsymbol{s})] \tag{4.88}$$

ステップ k におけるラグランジュ方程式

ステップ k の基準点 $(\boldsymbol{x}^{(k)},\boldsymbol{\lambda}^{(k)},\boldsymbol{s}^{(k)})$ の近傍で，2 次のテイラー級数展開近似式 $L_{\mathrm{T2}}(\boldsymbol{x}^{(k)}+\delta\boldsymbol{x}^{(k)},\boldsymbol{\lambda}^{(k)}+\delta\boldsymbol{\lambda}^{(k)},\boldsymbol{s}^{(k)})$ を作成し，$\partial L_{\mathrm{T2}}/\partial\delta\boldsymbol{x}^{(k)} = \boldsymbol{0}$ と $\partial L_{\mathrm{T2}}/\partial\delta\boldsymbol{\lambda}^{(k)} = \boldsymbol{0}$ より，ステップ k のラグランジュ方程式を導出します．スラック変数 $\boldsymbol{s}$ による変分を考慮する必要はなく，式 (4.77)~(4.79) で示される等式制約条件の場合と同じ定式化です．

$$\begin{bmatrix} \nabla^2_{\boldsymbol{xx}} L(\boldsymbol{x}^{(k)},\boldsymbol{\lambda}^{(k)},\boldsymbol{s}^{(k)}) & \boldsymbol{A}(\boldsymbol{x}^{(k)},\boldsymbol{s}^{(k)}) \\ \boldsymbol{A}(\boldsymbol{x}^{(k)},\boldsymbol{s}^{(k)})^T & 0 \end{bmatrix} \begin{bmatrix} \delta\boldsymbol{x}^{(k)} \\ \delta\boldsymbol{\lambda}^{(k)} \end{bmatrix} = -\begin{bmatrix} \nabla_{\boldsymbol{x}} f(\boldsymbol{x}^{(k)}) + \boldsymbol{A}(\boldsymbol{x}^{(k)},\boldsymbol{s}^{(k)})\boldsymbol{\lambda}^{(k)} \\ \boldsymbol{h}(\boldsymbol{x}^{(k)},\boldsymbol{s}^{(k)}) \end{bmatrix} \tag{4.89}$$

$s_i^{(k)}$ と $\lambda_i^{(k)}$ の取り扱い

4.3.2 項に示したように，不等式制約条件 $g_i(\boldsymbol{x})$ ごとに，$g_i(\boldsymbol{x}) = 0$ と $\lambda_i^{(k)}$ $(i = 1,\ldots,m)$ のどちらかを 0 に設定します．ここでは，スラック変数を導入したため，$s_i^{(k)} = 0$ により，$g_i(\boldsymbol{x}) = 0$ が実行されます．その設定に適合するように，ラグランジュ方程式 (4.89) を処理します．不等式制約条件は m 個あるため，2^m 個の処理が存在し，2^m 組のラグランジュ方程式が作成されます．

- $\lambda_i^{(k)} = 0$ に設定する場合

  不等式制約条件 $g_i(\boldsymbol{x})$ が非アクティブな場合に対応します．制約条件 $g_i(\boldsymbol{x})$ は無視され，式 (4.87) ~ (4.89) 中の $h_i(\boldsymbol{x}^{(k)},\boldsymbol{s}^{(k)})$，$\nabla_{\boldsymbol{x}} h_i(\boldsymbol{x}^{(k)},\boldsymbol{s}^{(k)})$，$\delta\lambda_i^{(k)}$ を削除します．この削除により，ラグランジュ方程式は縮退されます．

- $s_i^{(k)} = 0$ に設定する場合

 制約条件 $g_i(\boldsymbol{x})$ がアクティブな場合に対応します．連立方程式に $s_i^{(k)} = 0$ を代入して，$s_i^{(k)}$ に関する項を削除しますが，ラグランジュ方程式は縮退されません．

 $s_i^{(k)} = 0$ と $\lambda_i^{(k)} = 0$ のどちらを採用しても，$s_i^{(k)}$ はラグランジュ方程式中には現れず，式 (4.89) は式 (4.79) と同じになります．

ラグランジュ方程式の解と $\boldsymbol{x}^{(k)}$，$\boldsymbol{\lambda}^{(k)}$ の更新

不等式制約条件 $g_i(\boldsymbol{x})$ の処理を施したラグランジュ方程式を解いて，$\delta\boldsymbol{x}^{(k)}$ と $\delta\boldsymbol{\lambda}^{(k)}$ を求め，次式により解を更新します．

$$\boldsymbol{x}^{(k+1)} = \boldsymbol{x}^{(k)*} = \boldsymbol{x}^{(k)} + \delta\boldsymbol{x}^{(k)}, \quad \boldsymbol{\lambda}^{(k+1)} = \boldsymbol{\lambda}^{(k)*} = \boldsymbol{\lambda}^{(k)} + \delta\boldsymbol{\lambda}^{(k)}$$

$\boldsymbol{x}^{(k+1)}$ と $\boldsymbol{\lambda}^{(k+1)}$ を次ステップ $k+1$ の基準点として，ラグランジュ方程式の作成と解析を繰り返し，各組み合わせの解 $\boldsymbol{x}^*$ と $\boldsymbol{\lambda}^*$ 求めます．制約条件 $g_i(\boldsymbol{x})$ が非アクティブな場合，$\boldsymbol{x}^*$ を制約条件式に代入して，$g_i(\boldsymbol{x}^*) \leq 0$ または $s_i \geq 0$ を満足しているかを確認します．

最適化問題 4.7 を，逐次 2 次計画法で解いてみましょう．

最適化問題 4.7（再掲）

設計変数	x_1, x_2	
目的関数	$f(x_1, x_2) = x_1^2 + (x_2 - 2)^2 \quad \longrightarrow \quad$ 最小	(4.90)
制約条件	$\left.\begin{array}{l} g_1(x_1, x_2) = (x_1 - 4)^2 - 2x_2 \leq 0 \\ g_2(x_1, x_2) = -x_1 + 2x_2 - 2 \leq 0 \end{array}\right\}$	(4.91)

ラグランジュ方程式の作成

スラック変数 s_1 と s_2 を用いて等式制約条件に変更し，ラグランジュ関数を作成します．

$$h_1(\boldsymbol{x}, \boldsymbol{s}) = (x_1 - 4)^2 - 2x_2 + s_1 = 0 \tag{4.92}$$

$$h_2(\boldsymbol{x}, \boldsymbol{s}) = -x_1 + 2x_2 - 2 + s_2 = 0 \tag{4.93}$$

$$\begin{aligned} L(\boldsymbol{x}, \boldsymbol{\lambda}, \boldsymbol{s}) = x_1^2 + (x_2 - 2)^2 &+ \lambda_1 \left\{(x_1 - 4)^2 - 2x_2 + s_1\right\} \\ &+ \lambda_2 \left(-x_1 + 2x_2 - 2 + s_2\right) \end{aligned} \tag{4.94}$$

上式を式 (4.89) に代入すると，ステップ k のラグランジュ方程式が得られます．

$$\begin{bmatrix} 2+2\lambda_1^{(k)} & 0 & 2(x_1^{(k)}-4) & -1 \\ 0 & 2 & -2 & 2 \\ 2(x_1^{(k)}-4) & -2 & 0 & 0 \\ -1 & 2 & 0 & 0 \end{bmatrix} \begin{bmatrix} \delta x_1^{(k)} \\ \delta x_2^{(k)} \\ \delta\lambda_1^{(k)} \\ \delta\lambda_2^{(k)} \end{bmatrix} = -\begin{bmatrix} 2x_1^{(k)} + 2\lambda_1^{(k)}(x_1^{(k)}-4) - \lambda_2^{(k)} \\ 2(x_2^{(k)}-2) - 2\lambda_1^{(k)} + 2\lambda_2^{(k)} \\ (x_1^{(k)}-4)^2 - 2x_2^{(k)} + s_1^{(k)} \\ -x_1^{(k)} + 2x_2^{(k)} - 2 + s_2^{(k)} \end{bmatrix} \tag{4.95}$$

上式より求めた $\delta\boldsymbol{x}$ と $\delta\boldsymbol{\lambda}$ を用いて解を更新し，逐次的に最適化を求めます．

$$\boldsymbol{x}^{(k+1)} = \boldsymbol{x}^{(k)} + \delta\boldsymbol{x}^{(k)}, \quad \boldsymbol{\lambda}^{(k+1)} = \boldsymbol{\lambda}^{(k)} + \delta\boldsymbol{\lambda}^{(k)}$$

求めた $\boldsymbol{x}^{(k+1)}$ と $\boldsymbol{\lambda}^{(k+1)}$ を式 (4.92)，(4.93) に代入し，$s_i^{(k+1)}$ を算出します．

ラグランジュ方程式の解法

不等式制約条件 $g_i(\boldsymbol{x}) \leq 0$ がアクティブな場合は $s_i = 0$ とし，非アクティブな場合は $\lambda_i = 0$ とするため，以下の四つの組み合わせがあります．

$$(s_1 = 0,\ s_2 = 0), \quad (\lambda_1 = 0,\ s_2 = 0), \quad (s_1 = 0,\ \lambda_2 = 0), \quad (\lambda_1 = 0,\ \lambda_2 = 0)$$

● $(s_1 = 0,\ s_2 = 0)$ の場合

これは，制約条件 $g_1(\boldsymbol{x}) \leq 0$ と $g_2(\boldsymbol{x}) \leq 0$ がアクティブになる場合に対応するため，式 (4.95) から何も削除しません．ステップ 1 の初期点を $(x_1^{(1)}{=}0,\ x_2^{(1)}{=}0,\ \lambda_1^{(1)}{=}0,\ \lambda_2^{(1)}{=}0)$ とします．条件より，$s_1^{(1)} = s_2^{(1)} = 0$ として，これら数値を (4.95) 式に代入すると，

$$\begin{bmatrix} 2 & 0 & -8 & -1 \\ 0 & 2 & -2 & 2 \\ -8 & -2 & 0 & 0 \\ -1 & 2 & 0 & 0 \end{bmatrix} \begin{bmatrix} \delta x_1^{(1)} \\ \delta x_2^{(1)} \\ \delta\lambda_1^{(1)} \\ \delta\lambda_2^{(1)} \end{bmatrix} = -\begin{bmatrix} 0 \\ -4 \\ 16 \\ -2 \end{bmatrix} \tag{4.96}$$

を得ます．これを解くと，

$$\delta x_1^{(1)} = 1.55556, \quad \delta x_2^{(1)} = 1.77778$$

$$\delta\lambda_1^{(1)} = 0.32099, \quad \delta\lambda_2^{(1)} = 0.54321$$

が求められ，ステップ 1 の最適解として，

$$x_1^{(1)*} = x_1^{(1)} + \delta x_1^{(1)} = 1.55556, \quad x_2^{(1)*} = x_2^{(1)} + \delta x_2^{(1)} = 1.77778$$

$$\lambda_1^{(1)*} = \lambda_1^{(1)} + \delta\lambda_1^{(1)} = 0.32099, \quad \lambda_2^{(1)*} = \lambda_2^{(1)} + \delta\lambda_2^{(1)} = 0.32099$$

を得ます．現ステップの解 $\boldsymbol{x}^{(k)*}$ を次ステップの基準点 $\boldsymbol{x}^{(k+1)}$ として計算を繰返すと，図 4.25 に示される $\boldsymbol{x}^A$ に収束します．各ステップの結果を表 4.12 に示します．

逐次 2 次計画法は，ラグランジュ関数 $L(\boldsymbol{x}, \boldsymbol{\lambda})$ を 2 次のテイラー級数展開式 $L_{\mathrm{T2}}(\boldsymbol{x}, \boldsymbol{\lambda})$ で近似しています．最適化問題 4.1 の目的関数も制約条件も 2 次以下の関数ですが，$\boldsymbol{\lambda}$ が加えられたラグランジュ関数 $L(\boldsymbol{x}, \boldsymbol{\lambda})$ は，$\lambda_1 x_1^2$ の 2 次以上の項をもちます．このため，1 回のステップ計算では解に到達できなく，4 ステップを要しています．

- $(\lambda_1 = 0,\ s_2 = 0)$ の場合

これは，制約条件 $g_1(\boldsymbol{x}) \leq 0$ が無効になり，制約条件 $g_2(\boldsymbol{x}) \leq 0$ がアクティブになる場合に対応します．$\lambda_1 = 0$ の条件が与えられているため，$\lambda_1^{(k)} = 0$ および $\delta\lambda_1^{(k)} = 0$ とし，式 (4.95) から $\delta\lambda_1^{(k)}$ とそれが関係する項を削除します．また，$h_1(\boldsymbol{x}) = 0$ の条件が不要になるため，式 (4.95) の第 3 式を削除します．ステップ 1

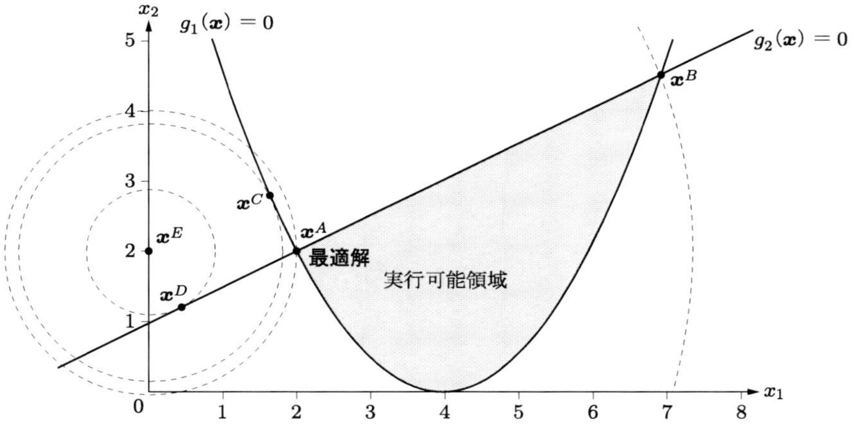

図 4.25 ラグランジュ方程式 (4.71) の解（$\boldsymbol{x}^A \sim \boldsymbol{x}^E$）

表 4.12 逐次 2 次計画法の結果，$(s_1 = s_2 = 0)$，初期点 $(0, 0, 0, 0)$

ステップ	$x_1^{(k)}$	$x_2^{(k)}$	$\lambda_1^{(k)}$	$\lambda_2^{(k)}$	$f(\boldsymbol{x}^{(k)})$	$L(\boldsymbol{x}^{(k)})$
init	0	0	0	0	4.0	4.0
1	1.556	1.778	0.321	0.543	2.469	3.246
2	1.966	1.983	0.710	0.727	3.867	3.987
3	2.000	2.000	0.799	0.799	3.999	4.000
4	2.000	2.000	0.800	0.800	4.000	4.000

の初期点を $(x_1^{(1)}=0,\ x_2^{(1)}=0,\ \lambda_1^{(1)}=0,\ \lambda_2^{(1)}=0)$ とし，$s_2^{(1)}=0$ とすると，

$$\begin{bmatrix} 2 & 0 & -1 \\ 0 & 2 & 2 \\ -1 & 2 & 0 \end{bmatrix} \begin{bmatrix} \delta x_1^{(1)} \\ \delta x_2^{(1)} \\ \delta \lambda_2^{(1)} \end{bmatrix} = -\begin{bmatrix} 0 \\ -4 \\ -2 \end{bmatrix} \tag{4.97}$$

を得ます．これを解くと，

$$\delta x_1^{(1)} = 0.400, \quad \delta x_2^{(1)} = 1.200, \quad \delta\lambda_2^{(1)} = 0.800$$
$$x_1^{(1)*} = x_1^{(1)} + \delta x_1^{(1)} = 0.400, \quad x_2^{(1)*} = x_2^{(1)} + \delta x_2^{(1)} = 1.200$$
$$\lambda_2^{(1)*} = \lambda_2^{(1)} + \delta\lambda_2^{(1)} = 0.800$$

が求められます．これは，図 4.25 の $\boldsymbol{x}^D$ に一致します．

すべての組み合わせにおけるラグランジュ方程式の解

すべての組み合わせ，つまり，$(s_1 = s_2 = 0)$，$(\lambda_1 = s_2 = 0)$，$(s_1 = \lambda_2 = 0)$，$(\lambda_1 = \lambda_2 = 0)$ とした逐次 2 次計画法の実行結果を，表 4.13 にまとめます．初期点を $(x_1^{(1)}=0,\ x_2^{(1)}=0,\ \lambda_1^{(1)}=0,\ \lambda_2^{(1)}=0)$ と $(x_1^{(1)}=6,\ x_2^{(1)}=8,\ \lambda_1^{(1)}=0,\ \lambda_2^{(1)}=0)$ とする 2 ケースを計算しています．

表 4.13　逐次 2 次計画法による探索結果

$\lambda_1=0$ または $s_1=0$	$\lambda_2=0$ または $s_2=0$	初期点 $x_1^{(1)}$	$x_2^{(1)}$	到達した解 x_1^*	x_2^*	λ_1^*	λ_2^*	制約条件 s_1^*	s_2^*	到達点	ステップ数
$s_1=0$	$s_2=0$	0	0	2.000	2.000	0.800	0.800	0	0	$\boldsymbol{x}^A$	4
		6	8	7.000	4.500	−3.300	−5.800	0	0	$\boldsymbol{x}^B$	4
$\lambda_1=0$	$s_2=0$	0	0	0.400	1.200	0	0.800	−10.6	0	$\boldsymbol{x}^D$	1
		6	8	0.400	1.200	0	0.800	−10.6	0	$\boldsymbol{x}^D$	1
$s_1=0$	$\lambda_2=0$	0	0	1.669	2.716	0.716	0	0	−1.8	$\boldsymbol{x}^C$	3
		6	8	1.669	2.716	0.716	0	0	−1.8	$\boldsymbol{x}^C$	8
$\lambda_1=0$	$\lambda_2=0$	0	0	0.000	2.000	0	0	−12.0	−2.0	$\boldsymbol{x}^E$	1
		6	8	0.000	2.000	0	0	−12.0	−2.0	$\boldsymbol{x}^E$	1

$s_1 = s_2 = 0$ の場合，ラグランジュ方程式の解は $g_1(\boldsymbol{x}) = 0$ と $g_2(\boldsymbol{x}) = 0$ の交点である $\boldsymbol{x}^A$ と $\boldsymbol{x}^B$ の二つがあり，どちらの解に収束するのかは，初期点に依存します．制約条件（$s_1 \geq 0,\ s_2 \geq 0$）を満足している解は，$\boldsymbol{x}^A$ と $\boldsymbol{x}^B$ の二つです．両点の目的関数の値を比較しなくても，KKT 条件（$\lambda_1 \geq 0,\ \lambda_2 \geq 0$）を満足する $\boldsymbol{x}^A$ が最適

解であり，KKT 条件を満足しない $\boldsymbol{x}^B$ は最適解ではないことが判断できます．

ポイント 逐次 2 次計画法による不等式制約条件つき最適化問題

- ステップ k の基準点 $(\boldsymbol{x}^{(k)}, \boldsymbol{\lambda}^{(k)}, \boldsymbol{s}^{(k)})$ 近傍におけるラグランジュ関数の 2 次近似式 $L_{\mathrm{T2}}(\boldsymbol{x}^{(k)} + \delta\boldsymbol{x}^{(k)}, \boldsymbol{\lambda}^{(k)} + \delta\boldsymbol{\lambda}^{(k)}, \boldsymbol{s}^{(k)})$ から，ラグランジュ方程式 (4.89) が導出される．
- 不等式制約条件 $g_i(\boldsymbol{x}) \leq 0$ ごとに，$\lambda_i = 0$ または $s_i = 0$ とする処理を，ラグランジュ方程式に施す．これにより，m 個の不等式制約条件がある場合，2^m 組のラグランジュ方程式が作成される．
- 初期値 $\boldsymbol{x}^{(k)}$ と $\boldsymbol{\lambda}^{(k)}$ を与えてラグランジュ方程式を解き，$\delta\boldsymbol{x}^{(k)}$ と $\delta\boldsymbol{\lambda}^{(k)}$ を求める．
- $\boldsymbol{x}^{(k+1)} = \boldsymbol{x}^{(k)*}$ と $\boldsymbol{\lambda}^{k+1} = \boldsymbol{\lambda}^{(k)*}$ によってステップを更新し，収束解 $\boldsymbol{x}^*$ と $\boldsymbol{\lambda}^*$ を得る．
- 収束解が制約条件を満足しているかを確認し，満足している場合は，KKT 条件により，最適解であるかを判断する．

練習問題 4.8

設問に従い，逐次 2 次計画法を用いて，次の最適化問題を解きなさい．

目的関数 $f(x_1, x_2) = 3(x_1 - 6)^2 + 4(x_2 - 6)^2 + 2(x_1 - 6)(x_2 - 6) \quad \rightarrow \quad$ 最小

制約条件 $g_1(x_1, x_2) = (x_1 - 5)^2 - 4x_2 + 28 \leq 0$

$g_2(x_1, x_2) = x_1 + 2x_2 - 30 \leq 0$

(1) この最適化問題に対するラグランジュ方程式を，$x_1^{(k)}$, $x_2^{(k)}$, $\lambda_1^{(k)}$, $\lambda_2^{(k)}$, $s_1^{(k)}$, $s_2^{(k)}$, $\delta x_1^{(k)}$, $\delta x_2^{(k)}$, $\delta\lambda_1^{(k)}$, $\delta\lambda_2^{(k)}$ を用いて表現しなさい．

(2) 初期点を $(x_1^{(1)} = 3, x_2^{(1)} = 4, \lambda_1^{(1)} = 0, \lambda_2^{(1)} = 0)$ として，制約条件 $g_1(\boldsymbol{x}) \leq 0$ がアクティブになり，$g_2(\boldsymbol{x}) \leq 0$ が非アクティブになる場合の処理を施したラグランジュ方程式を求めなさい．

(3) 設問 (2) で求めたラグランジュ方程式を解き，このステップの解 $x_1^{(1)*}$, $x_2^{(1)*}$, $\lambda_1^{(1)*}$, $\lambda_2^{(1)*}$ を求めなさい．

練習問題解答

第 2 章

2.1

(1) システム工学と流体力学の得点の合計 $(T_{\mathrm{s}} + T_{\mathrm{r}})$ が多いほどよいと考えているため，目的関数は次のようになる．

$$f_1(\boldsymbol{x}) = T_{\mathrm{s}} + T_{\mathrm{r}} = 5x_1 + 4x_2 + 70 \quad \rightarrow \quad \text{最大}$$

(2) 不等式制約条件は，$g_i(x_1, x_2) \leq 0$ の形式で記述する．

$$g_1(\boldsymbol{x}) = x_1 + x_2 - 22 \leq 0$$

$$g_2(\boldsymbol{x}) = 60 - T_s = 30 - 5x_1 \leq 0$$

$$g_3(\boldsymbol{x}) = 60 - T_r = 20 - 4x_2 \leq 0$$

$$g_4(\boldsymbol{x}) = T_s - 100 = -70 + 5x_1 \leq 0$$

$$g_5(\boldsymbol{x}) = T_r - 100 = -60 + 4x_2 \leq 0$$

(3) 解図 1 のようになる．

(4) 上記の五つの制約条件を満足する実行可能領域は，解図 1 のように，五つの直線（$g_1 = g_2 = \cdots = g_5 = 0$）の内部になる．目的関数を表す破線が，この実行可能領域内（境界

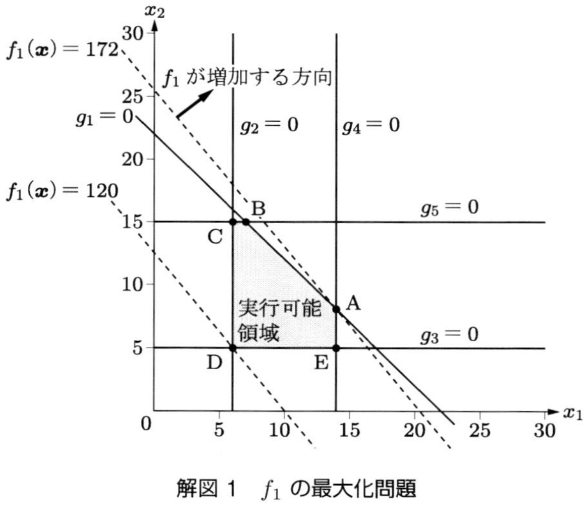

解図 1　f_1 の最大化問題

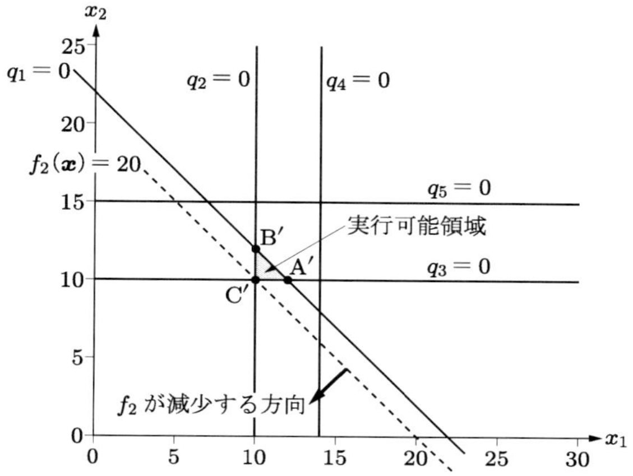

解図 2　f_2 の最小化問題

を含む）を通り，目的関数 $f_1(\boldsymbol{x})$ を最も大きくする点を求めればよく，解図 1 より，最適解は点 A になる．この場合，$x_1 = 14$, $x_2 = 8$, $g_1 = 0$, $g_2 = -40$, $g_3 = -12$, $g_4 = 0$, $g_5 = -28$, $f_1 = 172$ となる．また，システム工学の点は $T_{\rm s} = 100$，流体力学の点は $T_{\rm r} = 72$ になる．

(5)　目的関数 $f_2(\boldsymbol{x})$ は以下になる．また，両科目とも 80 点以上が要求されるため，制約条件 $q_1(\boldsymbol{x}) \sim q_5(\boldsymbol{x})$ は以下になる．

$$f_2(\boldsymbol{x}) = x_1 + x_2 \quad \rightarrow \quad \text{最小}$$

$$q_1(\boldsymbol{x}) = x_1 + x_2 - 22 \leq 0$$

$$q_2(\boldsymbol{x}) = 80 - T_{\rm s} = 50 - 5x_1 \leq 0$$

$$q_3(\boldsymbol{x}) = 80 - T_{\rm r} = 40 - 4x_2 \leq 0$$

$$q_4(\boldsymbol{x}) = T_{\rm s} - 100 = -70 + 5x_1 \leq 0$$

$$q_5(\boldsymbol{x}) = T_{\rm r} - 100 = -60 + 4x_2 \leq 0$$

実行可能領域は，解図 2 の三角形 A′B′C′ となる．目的関数 $f_2(\boldsymbol{x})$ が減少しながら，この実行可能領域を最後に通過する点 C′ が最適解である．この場合，$x_1 = 10$, $x_2 = 10$, $q_1 = -2$, $q_2 = 0$, $q_3 = 0$, $q_4 = -20$, $g_5 = -20$, $f_2 = 20$ となる．20 時間の試験勉強により，システム工学の点は $T_{\rm s} = 80$，流体力学の点は $T_{\rm r} = 80$ になる．

2.2

(1)　この線形計画問題の実行可能領域は，解図 3 のようになる．

(2)　スラック変数 $s_1 \geq 0, s_2 \geq 0$ を導入し，以下の等式制約条件を得る．

$$h_1(x_1, x_2, s_1, s_2) = 4x_1 + 2x_2 + s_1 - 8 = 0$$
$$h_2(x_1, x_2, s_1, s_2) = x_1 + 4x_2 + s_2 - 4 = 0$$

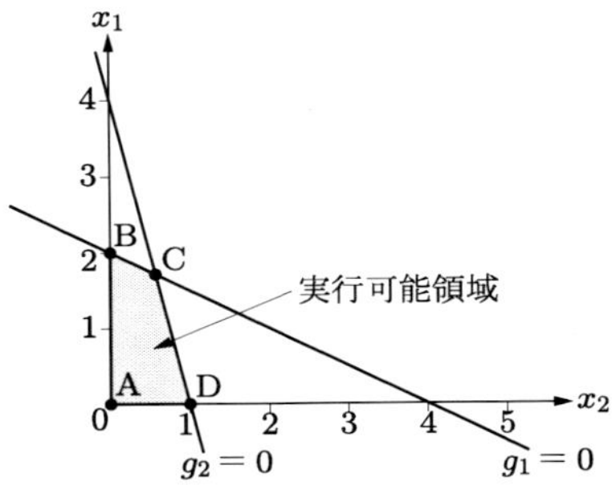

解図 3　線形計画問題の制約条件と実行可能領域

解表 1　シンプレックス・タブロー（ステップ 1）

x_1	x_2	s_1	s_2	b_i
4	2	1	0	8
1	4	0	1	4
1	2	0	0	f

(3)　設問 (2) の等式制約条件式より，解表 1 のシンプレックス・タブロー（ステップ 1）を得る．

(4)　この問題のシンプレックス・タブローは，二つの等式制約式に対して四つの変数が存在するため，二つの変数を 0 にする．0 にすると計算に都合のよい変数は x_1 と x_2 であり，$x_1 = 0, x_2 = 0$ とする．この場合，基底変数は $s_1 = 8$, $s_2 = 4$ になり，目的関数は $f = 0$ になる．これは，解図 3 の点 A にあたる．

(5)　シンプレックス・タブローの最終行は目的関数を意味し，非基底変数 x_1 と x_2 の係数は正の値（1 と 2）であるため，x_1 または x_2 の値を 0 から増加させると，目的関数は改善する．係数の大きい変数のほうが改善の度合いが高いため，x_2 を基底変数に変更する．シンプレックス・タブロー第 1 行の係数から $8/2 = 4$ を得て，第 2 行の係数から $4/4 = 1$ を得る．小さい数値が先に限界を与えるため，第 2 行に関係する基底変数 s_2 を非基底変数に変更する．なお，これらの割り算の結果（4 と 1）は，$g_1(\boldsymbol{x}) = 0$ と $g_2(\boldsymbol{x}) = 0$ の直線が x_2 軸を通過する点の x_2 値を意味する．

(6)　設問 (5) の解より，x_2 が基底変数になり，s_2 が非基底変数になるようにシンプレックス・タブローを更新する．更新の様子を解図 4 に示す．

シンプレックス・タブロー（ステップ 2）において，非基底変数の x_1 と s_2 を 0 に設定すると，基底変数 $x_2 = 1$, $s_1 = 6$，目的関数 $f = 2$ を得る．これは，実行可能基底解の点 D にあたる．なお，シンプレックス・タブローの最終行に正値の係数が存在するため，最適解に到達していないことが判断できる．

【補足】 シンプレックス・タブローの更新を継続すると，解図 5 のように最適解に到達する．これは，実行可能基底解の点 C にあたる．

2.3

(1)　主問題の目的関数と制約条件は，以下のようになる．

$$
\begin{aligned}
&\textbf{目的関数} \quad && f(\boldsymbol{x}) = 1.0x_1 + 1.4\,x_2 \quad \rightarrow \quad \text{最小} \\
&\textbf{制約条件} \quad && \bar{g}_1(\boldsymbol{x}) = 10x_1 + 20x_2 \geq 1000 \\
& && \bar{g}_2(\boldsymbol{x}) = 30x_1 + 12x_2 \geq 1200
\end{aligned}
$$

(2)　双対問題の目的関数と制約条件は，以下のようになる．

ステップ **1**（点 A）
（$x_1 = 0,\ x_2 = 0,\ s_1 = 8,\ s_2 = 4,\ f = 0$）

x_1	x_2	s_1	s_2	b_i
4	2	1	0	8
1	4	0	1	4
1	2	0	0	f

➡

ステップ **1** から **2** への更新途中の状態
x_2 を基底変数に，s_2 を非基底変数にする

x_1	x_2	s_1	s_2	b_i
4	2	1	0	8
1/4	1	0	1/4	1
1	2	0	0	f

➡

ステップ **1** から **2** への更新途中の状態
x_2 を基底変数に，s_2 を非基底変数にする

x_1	x_2	s_1	s_2	b_i
7/2	0	1	−1/2	6
1/4	1	0	1/4	1
1	2	0	0	f

➡

ステップ **2**（点 D）
（$x_1 = 0,\ x_2 = 1,\ s_1 = 6,\ s_2 = 0,\ f = 2$）

x_1	x_2	s_1	s_2	b_i
7/2	0	1	−1/2	6
1/4	1	0	1/4	1
1/2	0	0	−1/2	$f-2$

解図 4　シンプレックス・タブローの更新（ステップ 1 からステップ 2）

ステップ **2** から **3** への更新途中の状態
x_1 を基底変数に，s_1 を非基底変数にする

x_1	x_2	s_1	s_2	b_i
1	0	2/7	−1/7	12/7
1/4	1	0	1/4	1
1/2	0	0	−1/2	$f-2$

➡

ステップ **2** から **3** への更新途中の状態
x_1 を基底変数に，s_1 を非基底変数にする

x_1	x_2	s_1	s_2	b_i
1	0	2/7	−1/7	12/7
0	1	−1/14	2/7	4/7
1/2	0	0	−1/2	$f-2$

➡

ステップ **3**（点 C）
（$x_1 = 12/7,\ x_2 = 4/7,\ s_1 = 0,\ s_2 = 0,\ f = 20/7$）

x_1	x_2	s_1	s_2	b_i
1	0	2/7	−1/7	12/7
0	1	−1/14	2/7	4/7
0	0	−1/7	−3/7	$f-20/7$

よって，最適解は
$x_1 = 12/7,\ x_2 = 4/7$　（基底変数）
$s_1 = s_2 = 0$　（非基底変数）
$f = 20/7$　（目的関数）

解図 5　シンプレックス・タブローの更新（ステップ 2 からステップ 3）

目的関数　$p(\boldsymbol{v}) = 1000v_1 + 1200v_2 \quad \to \quad$ 最大

制約条件　$\bar{q}_1(\boldsymbol{v}) = 10v_1 + 30v_2 \leq 1.0$

$\bar{q}_2(\boldsymbol{v}) = 20v_1 + 12v_2 \leq 1.4$

(3)　両問題の実行可能領域は，それぞれ解図 6, 7 のようになる．解図より，両問題の最適解は，以下のようになる．

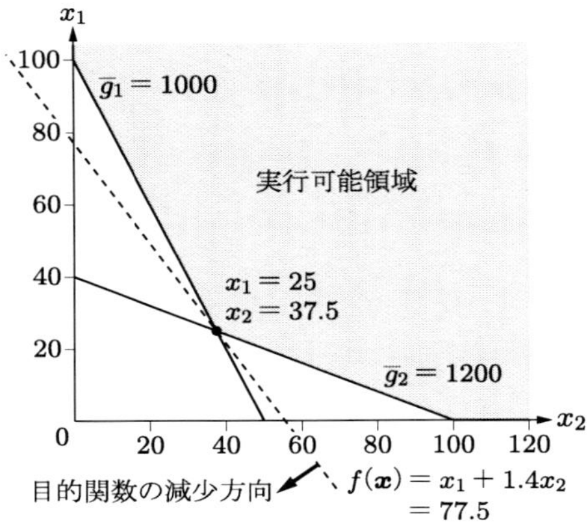

解図 6　主問題の実行可能領域と最適解

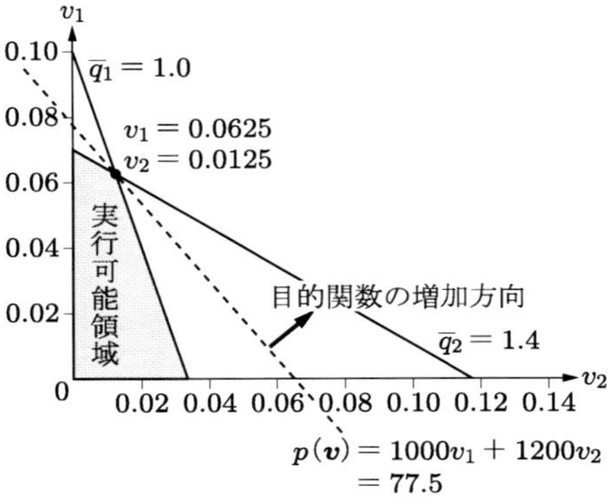

解図 7　双対問題の実行可能領域と最適解

主問題の解　　$x_1 = 25\,\mathrm{g}$,　$x_2 = 37.5\,\mathrm{g}$,　$f = 77.5$ 円

双対問題の解　$v_1 = 0.0625$ 円/mg,　$v_2 = 0.0125$ 円/mg,　$p = 77.5$ 円

2.4　練習問題 2.1 の解答例から，目的関数 $f_1(\boldsymbol{x})$, $f_2(\boldsymbol{x})$ は，以下のように与えられる．

合計点最大問題　　$f_1(\boldsymbol{x}) = 5x_1 + 4x_2 + 70 \quad \to \quad$ 最大

勉強量最小化問題　$f_2(\boldsymbol{x}) = x_1 + x_2 \quad \to \quad$ 最小

図 2.21 に示されるように，両最適化問題の実行可能領域は異なる．多目的最適化問題の解は，両最適化問題の制約条件を満足する必要があるため，重複部を多目的最適化問題の実行可能領域とする．この問題の場合，図 (b) の領域 A′B′C′ が実行可能領域になる．

実行可能基底解（点 A′, B′, C′）における設計変数（x_1, x_2），目的関数 $f_1(\boldsymbol{x})$ と $f_2(\boldsymbol{x})$ を，解表 2 にまとめる．

解表 2　実行可能基底解などにおける目的関数 $f_1(\boldsymbol{x})$, $f_2(\boldsymbol{x})$, $f_3(\boldsymbol{x})$ の値

実行可能基底解	x_1	x_2	$f_1(\boldsymbol{x})$	$f_2(\boldsymbol{x})$	$f_3(\boldsymbol{x})$
A′	12	10	170	22	1.0
B′	10	12	168	22	1.2
C′	10	10	160	20	1.0
A′ と C′ の中間点	11	10	165	21	1.0

(1)　解表 2 から，合計点最大問題の最適解は点 A′ になり，最適解における目的関数値 f_1^* と，実行可能基底解における目的関数の最小値 $f_{1\mathrm{Min}}$ は，次のようになる．

$$f_1^* = 170 \text{ 点} \quad (\text{点 A}')$$

$$f_{1\mathrm{Min}} = 160 \text{ 点} \quad (\text{点 C}')$$

これより，目的関数値の幅 Δf_1 を得る．

$$\Delta f_1 = f_1^* - f_{1\mathrm{Min}} = 170 - 160 = 10$$

解表 2 から，勉強量最小化問題の最適解は点 C′ になり，最適解における目的関数値 f_2^* と，実行可能基底解における目的関数の最大値 $f_{2\mathrm{Max}}$ は，次のようになる．

$$f_2^* = 20\text{ 点}\quad(\text{点 C}')$$

$$f_{2\mathrm{Max}} = 22\text{ 点}\quad(\text{点 A}',\ \text{B}')$$

これより，目的関数値の幅 Δf_2 を得る．

$$\Delta f_2 = f_{2\mathrm{Max}} - f_2^* = 22 - 20 = 2$$

上記の情報に基づくと，多目的最適化問題の目的関数が次式で与えられる．

$$\begin{aligned} f_3(\boldsymbol{x}) &= -\frac{f_1(x_1, x_2) - f_1^*}{\Delta f_1} + \frac{f_2(x_1, x_2) - f_2^*}{\Delta f_2} \\ &= -\frac{5x_1 + 4x_2 - 100}{10} + \frac{x_1 + x_2 - 20}{2} \\ &= \frac{x_2}{10} \quad \rightarrow \quad \text{最小} \end{aligned}$$

(2)　解図 8 に示される実行可能領域と，目的関数 $f_3(\boldsymbol{x})$ の等高線とその減少方向より，線分点 A′C′ 上のすべての点が $f_3(\boldsymbol{x})$ を最小にすることがわかる．また，実行可能基底解などにおける評価値を，解表 2 にまとめる．点 A′，点 C′，および A′ と C′ の中間点 $\boldsymbol{x}^{3*} = (y, 10)$ $(10 \le y \le 12)$ で，最小値 $f_3^* = 1.0$ を得ている．

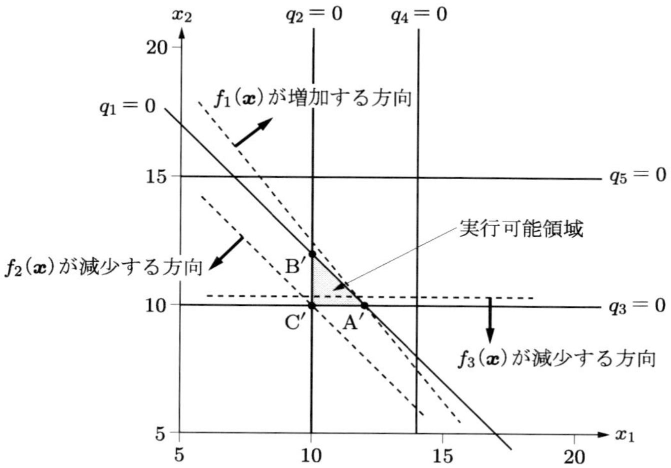

解図 8　多目的最適化問題の実行可能領域と目的関数 $f_3(x)$ の減少方向

第3章

3.1 与えられた関数より，勾配ベクトルは以下になる．

$$\nabla f(\boldsymbol{x}) = \begin{bmatrix} \dfrac{\partial f}{\partial x_1} \\ \dfrac{\partial f}{\partial x_2} \end{bmatrix} = \begin{bmatrix} 2(x_1 - 4) \\ 8(x_2 - 2) \end{bmatrix}$$

(1)　点 $\boldsymbol{x}^A = (6, 4)$ における関数値 $f(\boldsymbol{x}^A)$ と勾配ベクトル $\nabla f(\boldsymbol{x}^A)$ は，以下になる．

$$f(\boldsymbol{x}^A) = (6-4)^2 + 4(4-2)^2 = 4 + 16 = 20$$

$$\nabla f(\boldsymbol{x}^A) = \begin{bmatrix} 2(6-4) \\ 8(4-2) \end{bmatrix} = \begin{bmatrix} 4 \\ 16 \end{bmatrix}$$

(2)　点 $\boldsymbol{x}^A$ から $\nabla f(\boldsymbol{x}^A)$ の傾きで x_1 方向に 1（単位長さ）進むと，関数値は以下になる．

$$f(\boldsymbol{x}^A) + \frac{\partial f(\boldsymbol{x}^A)}{\partial x_1} \times 1 = 20 + 4 \times 1 = 24$$

(3)　点 $\boldsymbol{x}^B = (7, 4)$ における関数値 $f(\boldsymbol{x}^B)$ は以下になる．

$$f(\boldsymbol{x}^B) = (7-4)^2 + 4(4-2)^2 = 9 + 16 = 25$$

設問 (2) における移動後の点は点 $\boldsymbol{x}^B$ と同じであるが，点 $\boldsymbol{x}^A$ から $\nabla f(\boldsymbol{x}^A)$ の傾きで x_1 方向に単位長さ進んだ場合の 24 に対し，実際の関数値は 25 となり，少し異なる．

(4)　点 $\boldsymbol{x}^A$ から $\nabla f(\boldsymbol{x}^A)$ 方向に単位量の移動を表すベクトル $\boldsymbol{d}$ は，以下になる．

$$\boldsymbol{d} = \frac{1}{|\nabla f(\boldsymbol{x}^A)|} \nabla f(\boldsymbol{x}^A) = \frac{1}{\sqrt{4^2 + 16^2}} \begin{bmatrix} 4 \\ 16 \end{bmatrix} = \begin{bmatrix} 0.243 \\ 0.970 \end{bmatrix}$$

点 $\boldsymbol{x}^A$ から $\nabla f(\boldsymbol{x}^A)$ の傾きで x_1 方向に 0.243，x_2 方向に 0.970 進むと，関数値は以下になる．

$$\begin{aligned} & f(\boldsymbol{x}^A) + \frac{\partial f(\boldsymbol{x}^A)}{\partial x_1} \times 0.243 + \frac{\partial f(\boldsymbol{x}^A)}{\partial x_2} \times 0.970 \\ & \quad = 20 + 4 \times 0.243 + 16 \times 0.970 = 36.49 \end{aligned}$$

$\nabla f(\boldsymbol{x}^A)$ が点 $\boldsymbol{x}^A$ で最も増加する方向であるため，この関数値 36.49 は，設問 (2) の関数値 24 よりも大きい．

(5)　点 $\boldsymbol{x}^C = (6 + 0.243, 4 + 0.970) = (6.243, 4.970)$ における関数値 $f(\boldsymbol{x}^C)$ は，以下になる．

$$f(\boldsymbol{x}^C) = (6.243-4)^2 + 4(4.970-2)^2 = 40.3$$

設問 (4) における移動後の点は点 $\boldsymbol{x}^C$ と同じであるが，点 $\boldsymbol{x}^A$ から $\nabla f(\boldsymbol{x}^A)$ の傾きで $\nabla f(\boldsymbol{x}^A)$ 方向に単位長さ進んだ場合の関数値 36.49 に対し，実際の関数値は 40.3 となり，1 割程度の差がある．

3.2

(1)　与えられた関数および導関数の基準点 $\bar{x} = 4$ における値は，以下になる．

$$f(x) = -8 + 27x - 10x^2 + x^3 \quad \to \quad f(4) = 4$$
$$f'(x) = 27 - 20x + 3x^2 \quad \to \quad f'(4) = -5$$
$$f''(x) = -20 + 6x \quad \to \quad f''(4) = 4$$

これより，2 次のテイラー級数展開近似式 $f_{\mathrm{T2}}(\bar{x}, \delta x)$ は以下のようになる．

$$f_{\mathrm{T2}}(\bar{x}, \delta x) \ = \ f(\bar{x}) + f'(\bar{x})\delta x + \frac{1}{2}f''(\bar{x})\delta x^2 = 4 - 5\delta x + 2\delta x^2$$

上記の近似式を用いて，$\delta x = 1$ と $\delta x = -1$ の場合の計算を以下に示す．

● $\delta x = 1$ の場合

近似値　$f_{\mathrm{T2}}(4,1) = 4 - 5 \times 1 + 2 \times 1^2 = 4 - 5 + 2 = 1$

$\to \quad \delta f = -5,\ \delta^2 f = 2$

誤差　$f_{\mathrm{T2}}(4,1) - f(4+1) = 1 - 2 = -1$

相対誤差*　$\dfrac{f_{\mathrm{T2}}(4,1) - f(4+1)}{f(4+1) - f(4)} = \dfrac{-1}{2-4} = \dfrac{-1}{-2} = 0.5$

● $\delta x = -1$ の場合

近似値　$f_{\mathrm{T2}}(4,-1) = 4 - 5 \times (-1) + 2 \times (-1)^2 = 4 + 5 + 2 = 11$

$\to \quad \delta f = 5,\ \delta^2 f = 2$

誤差　$f_{\mathrm{T2}}(4,-1) - f(4-1) = 11 - 10 = 1$

相対誤差*　$\dfrac{f_{\mathrm{T2}}(4,-1) - f(4-1)}{f(4-1) - f(4)} = \dfrac{1}{10-4} = \dfrac{1}{6} = 0.167$

(2)　先に求めた $f_{\mathrm{T2}}(\bar{x}, \delta x) = 4 - 5\delta x + 2\delta x^2$ より，$\alpha(|\Delta^1 f| + |\Delta^2 f|) \geq |\Delta^2 f|$ を満足する条件は以下になる．

$$\frac{1}{4}\left(\left|\Delta^1 f\right| + \left|\Delta^2 f\right|\right) \geq \left|\Delta^2 f\right| \quad \longrightarrow \quad \frac{1}{4}\left(|-5\delta x| + \left|2\delta x^2\right|\right) \geq \left|2\delta x^2\right|$$
$$\longrightarrow \quad |-5\delta x| + 2\delta x^2 \geq 8\delta x^2 \quad \longrightarrow \quad |-5\delta x| \geq 6\delta x^2$$

よって，その限界は $\delta x = \pm 5/6$ となる．

● $\delta x = 5/6$ の場合

$f_{\mathrm{T2}}(4, 5/6) = 4 - 25/6 + 25/18 = 11/9$

$\to \quad \delta f = -25/6 = -4.167,\ \delta^2 f = 25/18 = 1.389$

誤差　$f_{\mathrm{T2}}(4, 5/6) - f(4 + 5/6) = 11/9 - 389/216 = -0.579$

相対誤差*　$\dfrac{f_{\mathrm{T2}}(4, 5/6) - f(4 + 5/6)}{f(4 + 5/6) - f(4)} = \dfrac{-0.579}{389/216 - 4} = 0.263$

- $\delta x = -5/6$ の場合

$$f_{\mathrm{T2}}(4, -5/6) = 4 + 25/6 + 25/18 = 86/9$$
$$\rightarrow \quad \delta f = 25/6 = 4.167,\ \delta^2 f = 25/18 = 1.389$$

誤差 $\quad f_{\mathrm{T2}}(4, -5/6) - f(4 - 5/6) = 86/9 - 1939/216 = 0.579$

相対誤差* $\quad \dfrac{f_{\mathrm{T2}}(4, -5/6) - f(4 - 5/6)}{f(4 - 5/6) - f(4)} = \dfrac{0.579}{1939/216 - 4} = 0.116$

3.3 基準点を $(\bar{x}_1, \bar{x}_2) = (6, -4)$ とし，変数の増分を $(\delta\bar{x}_1, \delta\bar{x}_2) = (1, 1)$ とする場合，関数 $f(x_1, x_2)$ の基準点における 1 次・2 次微分が次のように求められる．

$$\frac{\partial f(x_1, x_2)}{\partial x_1} = \frac{f(\bar{x}_1 + \delta\bar{x}_1, \bar{x}_2) - f(\bar{x}_1 - \delta\bar{x}_1, \bar{x}_2)}{2\delta\bar{x}_1} = \frac{f(7, -4) - f(5, -4)}{2 \times 1}$$
$$= \frac{117 - 85}{2} = \frac{32}{2} = 16$$

$$\frac{\partial f(x_1, x_2)}{\partial x_2} = \frac{f(\bar{x}_1, \bar{x}_2 + \delta\bar{x}_2) - f(\bar{x}_1, \bar{x}_2 - \delta\bar{x}_2)}{2\delta\bar{x}_2} = \frac{f(6, -3) - f(6, -5)}{2 \times 1}$$
$$= \frac{69 - 137}{2} = \frac{-68}{2} = -34$$

$$\frac{\partial^2 f(x_1, x_2)}{\partial x_1^2} = \frac{f(\bar{x}_1 + \delta\bar{x}_1, \bar{x}_2) + f(\bar{x}_1 - \delta\bar{x}_1, \bar{x}_2) - 2f(\bar{x}_1, \bar{x}_2)}{\delta\bar{x}_1^2}$$
$$= \frac{f(7, -4) + f(5, -4) - 2f(6, -4)}{1^2} = \frac{117 + 85 - 2 \times 100}{1} = 2$$

$$\frac{\partial^2 f(x_1, x_2)}{\partial x_2^2} = \frac{f(\bar{x}_1, \bar{x}_2 + \delta\bar{x}_2) + f(\bar{x}_1, \bar{x}_2 - \delta\bar{x}_2) - 2f(\bar{x}_1, \bar{x}_2)}{\delta\bar{x}_2^2}$$
$$= \frac{f(6, -3) + f(6, -5) - 2f(6, -4)}{1^2} = \frac{69 + 137 - 2 \times 100}{1} = 6$$

$$\frac{\partial^2 f(x_1, x_2)}{\partial x_1 \partial x_2}$$
$$= \frac{f(\bar{x}_1 + \delta\bar{x}_1, \bar{x}_2 + \delta\bar{x}_2) + f(\bar{x}_1 - \delta\bar{x}_1, \bar{x}_2 - \delta\bar{x}_2) - f(\bar{x}_1 + \delta\bar{x}_1, \bar{x}_2 - \delta\bar{x}_2) f(\bar{x}_1 - \delta\bar{x}_1, \bar{x}_2 + \delta\bar{x}_2)}{4\delta\bar{x}_1\delta\bar{x}_2}$$
$$= \frac{f(7, -3) + f(5, -5) - f(7, -5) - f(5, -3)}{4 \times 1 \times 1} = \frac{84 + 120 - 156 - 56}{4} = -2$$

これより，基準点 $(\bar{x}_1, \bar{x}_2)$ における勾配ベクトル $\nabla f(\bar{x}_1, \bar{x}_2)$ とヘッセ行列 $\nabla^2 f(\bar{x}_1, \bar{x}_2)$ は，次のようになる．

$$\nabla f(\bar{x}_1, \bar{x}_2) = \begin{bmatrix} \dfrac{\partial f(\bar{x}_1, \bar{x}_2)}{\partial x_1} \\ \dfrac{\partial f(\bar{x}_1, \bar{x}_2)}{\partial x_2} \end{bmatrix} = \begin{bmatrix} 16 \\ -34 \end{bmatrix}$$

$$\nabla^2 f(\bar{x}_1, \bar{x}_2) = \begin{bmatrix} \dfrac{\partial^2 f(\bar{x}_1, \bar{x}_2)}{\partial x_1^2} & \dfrac{\partial^2 f(\bar{x}_1, \bar{x}_2)}{\partial x_1 \partial x_2} \\ \dfrac{\partial^2 f(\bar{x}_1, \bar{x}_2)}{\partial x_1 \partial x_2} & \dfrac{\partial^2 f(\bar{x}_1, \bar{x}_2)}{\partial x_2^2} \end{bmatrix} = \begin{bmatrix} 2 & -2 \\ -2 & 6 \end{bmatrix}$$

3.4

(1)　サブステップ 1 の結果（$f_a^{(1)} > f_b^{(1)} < f_e^{(1)}$）より，$f(\alpha)$ の最小を与える α^* は $\alpha_a^{(1)} < \alpha^* < \alpha_e^{(1)}$ の範囲に存在すると判断できるため，解表 3 のように，$\alpha_s^{(2)} = \alpha_a^{(1)} = 2.91$, $\alpha_e^{(2)} = \alpha_e^{(1)} = 6.0$ となる．

(2)　サブステップ 2 の探索範囲の幅 $\Delta\alpha^{(2)}$ は，次のように計算される．

$$\Delta\alpha^{(2)} = \alpha_e^{(2)} - \alpha_s^{(2)} = 6.0 - 2.91 = 3.09$$

これは，サブステップ 1 の探索範囲の幅 $\Delta\alpha^{(1)}$ の r 倍であり，

$$\Delta\alpha^{(2)} = r\Delta\alpha^{(1)} = 0.6180 \times 5.0 = 3.09$$

と一致する．$\alpha_b^{(2)}$ は $\alpha_s^{(2)}$ から正方向に $r\Delta\alpha^{(2)}$ 離れた点であり，

$$\alpha_b^{(2)} = \alpha_s^{(2)} + r\Delta\alpha^{(2)} = 2.91 + 0.6180 \times 3.09 = 2.91 + 1.91 = 4.82$$

になる．$\alpha_a^{(2)}$ は $\alpha_e^{(2)}$ から負方向に $r\Delta\alpha^{(2)}$ 離れた点であり，

$$\alpha_a^{(2)} = \alpha_e^{(2)} - r\Delta\alpha^{(2)} = 6.0 - 0.6180 \times 3.09 = 6.0 - 1.91 = 4.09$$

になる．これは，$\alpha_b^{(1)} = 4.09$ と一致する．

サブステップ 1 と 2 における α および $f(\alpha)$ を，解表 3 にまとめる．また，ステップ 1 と 2 の評価点を，●と□によって解図 9 に示す．

解表 3

サブステップ i	1	2
$\alpha_s^{(i)}$	1.0	2.910
$\alpha_a^{(i)}$	2.910	4.090
$\alpha_b^{(i)}$	4.090	4.820
$\alpha_e^{(i)}$	6.0	6.0
$f_s^{(i)}$	40	16.925
$f_a^{(i)}$	16.925	9.959
$f_b^{(i)}$	9.959	13.762
$f_e^{(i)}$	40	40

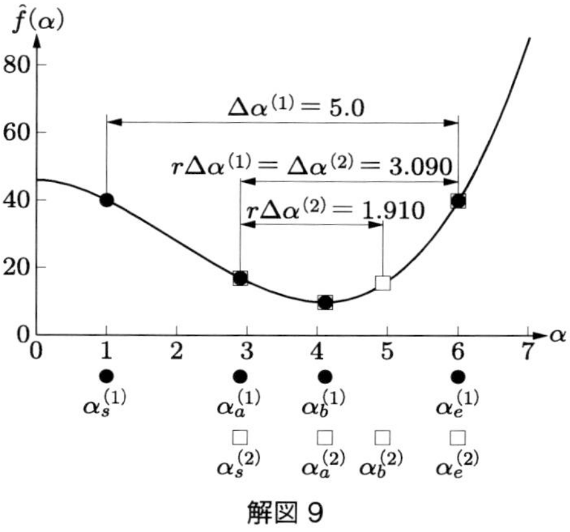

解図 9

3.5

(1)　式 (3.47) に従い，$N_s(\alpha)$, $N_m(\alpha)$, $N_e(\alpha)$ は以下の 2 次関数になる．

$$N_s(\alpha) = \frac{(\alpha - \alpha_m)(\alpha - \alpha_e)}{(\alpha_s - \alpha_m)(\alpha_s - \alpha_e)} = \frac{(\alpha - 4)(\alpha - 7)}{(1 - 4)(1 - 7)} = \frac{1}{18}(\alpha - 4)(\alpha - 7)$$

$$N_m(\alpha) = \frac{(\alpha - \alpha_e)(\alpha - \alpha_s)}{(\alpha_m - \alpha_e)(\alpha_m - \alpha_s)} = \frac{(\alpha - 7)(\alpha - 1)}{(4 - 7)(4 - 1)} = \frac{-1}{9}(\alpha - 7)(\alpha - 1)$$

$$N_e(\alpha) = \frac{(\alpha - \alpha_s)(\alpha - \alpha_m)}{(\alpha_e - \alpha_s)(\alpha_e - \alpha_m)} = \frac{(\alpha - 1)(\alpha - 4)}{(7-1)(7-4)} = \frac{1}{18}(\alpha - 1)(\alpha - 4)$$

(2)　上式に $\alpha = 3$ を代入した際の計算例を以下に示す．

$$N_s(3) = \frac{1}{18}(3-4)(3-7) = \frac{4}{18} = \frac{2}{9} = 0.22222$$

$$N_m(3) = \frac{-1}{9}(3-7)(3-1) = \frac{8}{9} = 0.88889$$

$$N_e(3) = \frac{1}{18}(3-1)(3-4) = \frac{-2}{18} = \frac{-1}{9} = -0.11111$$

異なる α を用いて同様の計算を行うと，解表 4 の結果を得る．

(3)　式 (3.46) に $f_s = f(1) = 40$, $f_m = f(4) = 10$, $f_e = f(7) = 88$ を代入すると，

$$\begin{aligned} f_Q(\alpha) &= N_s(\alpha) f_s + N_m(\alpha) f_m + N_e(\alpha) f_e \\ &= N_s(\alpha) \times 40 + N_m(\alpha) \times 10 + N_e(\alpha) \times 88 \end{aligned}$$

を得る．ここに，設問 (2) で求めた $N_s(3) = 2/9$，$N_m(3) = 8/9$，$N_e(3) = -1/9$ を代入すると，$\alpha = 3$ における近似値が計算される．

$$f_Q(3) = \frac{2}{9} \times 40 + \frac{8}{9} \times 10 + \frac{-1}{9} \times 88 = 8$$

$\alpha = 1, 5, 7$ を用いて同様な計算を行うと，解表 4 の結果を得る．また，この結果を解図 10

解表 4

α	$f(\alpha)$	N_s	N_m	N_e	$f_Q(\alpha)$
0	46	1.5556	−0.7778	0.2222	74
1	40	1	0	0	40
2	28	0.5556	0.5556	−0.1111	18
3	16	0.2222	0.8889	−0.1111	8
4	10	0	1	0	10
5	16	−0.1111	0.8889	0.2222	24
6	40	−0.1111	0.5556	0.5556	50
7	88	0	0	1	88

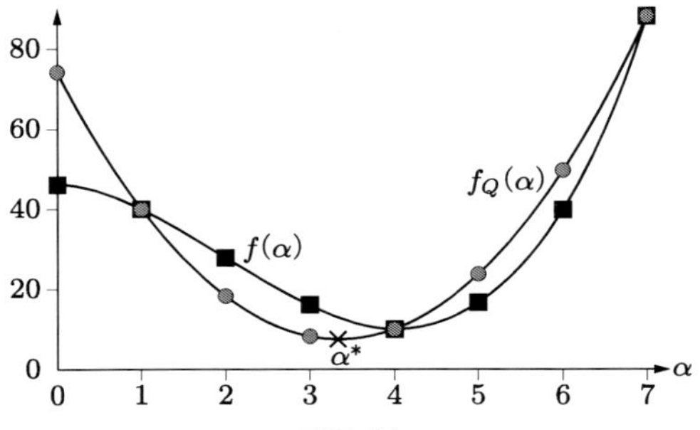

解図 10

に示す．ここで，●は本来の関数 $f(\alpha) = 40 + (\alpha+1)(\alpha-1)(\alpha-6)$ 上の点，■は求めた 2 次補間式 $f_Q(\alpha)$ 上の点であり，両曲線は $\alpha = 1, \alpha = 4, \alpha = 7$ で一致している．

(4)　式 (3.48) と式 (3.49) のどちらを用いても，最小点 $\alpha_Q^* = 10/3$ を得ることができる．

$$\text{式 (3.48)} \quad \longrightarrow \quad \alpha_Q^* = \frac{(4^2-7^2)\times 40 + (7^2-1^2)\times 10 + (1^2-4^2)\times 88}{2\{(4-7)\times 40 + (7-1)\times 10 + (1-4)\times 88\}} = \frac{10}{3}$$

$$\text{式 (3.49)} \quad \longrightarrow \quad \alpha_Q^* = 4 - \frac{3\times(88-40)}{2(88-2\times 10+40)} = \frac{10}{3}$$

3.6

(1)　目的関数 $f(\boldsymbol{x})$ の勾配ベクトル $\nabla f(\boldsymbol{x})$ は，次のようになる．

$$\nabla f(\boldsymbol{x}) = \begin{bmatrix} \dfrac{\partial f}{\partial x_1} \\ \dfrac{\partial f}{\partial x_2} \end{bmatrix} = \begin{bmatrix} \dfrac{5}{2}(x_1-6) - \dfrac{\sqrt{3}}{2}(x_2-6) + \dfrac{10}{(x_1-10.5)^2} \\ \dfrac{7}{2}(x_2-6) - \dfrac{\sqrt{3}}{2}(x_1-6) + \dfrac{10}{(x_2-10.5)^2} \end{bmatrix}$$

点 $\boldsymbol{x}^{(1)} = (2, 8)$ における勾配ベクトルは，$\nabla f(\boldsymbol{x}^{(1)}) = (-11.594, 12.064)$ になる．これより，単位長さの探索方向ベクトル $\boldsymbol{d}_{\text{unit}}^{(1)}$ が求められる．

$$\boldsymbol{d}_{\text{unit}}^{(1)} = \frac{-\nabla f(\boldsymbol{x})}{|\nabla f(\boldsymbol{x})|} = \frac{-1}{\sqrt{(-11.594)^2 + 12.064^2}} \begin{bmatrix} -11.594 \\ 12.064 \end{bmatrix} = \begin{bmatrix} 0.6929 \\ -0.7210 \end{bmatrix}$$

(2)　点 $\boldsymbol{x}^{(1)}$ から $\boldsymbol{d}_{\text{unit}}^{(1)}$ 方向への直線を解図 11 に示す．解図中の α は 1 変数探索の値であり，その絶対値は，点 $\boldsymbol{x}^{(1)}$ からの距離である．

(3)　$\boldsymbol{x}^{(2)} = \boldsymbol{x}^{(1)} + \alpha^{(1)}\boldsymbol{d}_{\text{unit}}^{(1)}$ に従う 1 変数探索を行い，$\alpha^{(1)} = 0, 3, 4, 5$ および最小点近傍における $\boldsymbol{x}^{(2)}$ と $f(\boldsymbol{x}^{(2)})$ を，解表 5 に示す．

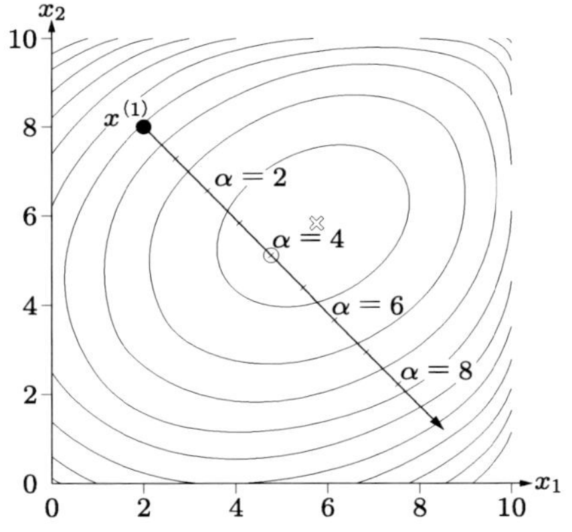

解図 11

解表 5

$\alpha^{(1)}$	$x_1^{(2)}$	$x_2^{(2)}$	$f(\boldsymbol{x}^{(2)})$
0	2	8	39.10
3	4.08	5.84	8.09
4	4.77	5.12	5.92
5	5.46	4.39	7.75
4.042	4.8007	5.0856	5.912842
4.043	4.8014	5.0849	5.912841
4.044	4.8021	5.0842	5.912845

【補足】 解図中の⨉は，目的関数の最小点 $\boldsymbol{x}^* = (5.756, 5.810)$ になり，○は，この 1 変数探索で求めた解 $\alpha = 4.043$, $\boldsymbol{x}^{(2)} = \boldsymbol{x}^{(1)*} = (4.801, 5.085)$ になる．最急降下法による探索方向ベクトルの決定と 1 変数探索を続けると，$\boldsymbol{x}^{(2)*} = (5.639, 5.890)$, $\boldsymbol{x}^{(3)*} = (5.733, 5.792)$, $\boldsymbol{x}^{(4)*} = (5.754, 5.812)$ のように，最小点に収束していく．

3.7

(1)　目的関数 $f(\boldsymbol{x})$ のヘッセ行列 $\nabla^2 f(\boldsymbol{x})$ は次のようになる．なお，勾配ベクトル $\nabla f(\boldsymbol{x})$ は，練習問題 3.6 と同じである．

$$\nabla^2 f(\boldsymbol{x}) = \begin{bmatrix} \dfrac{\partial^2 f}{\partial x_1^2} & \dfrac{\partial^2 f}{\partial x_1 \partial x_2} \\ \dfrac{\partial^2 f}{\partial x_2 \partial x_1} & \dfrac{\partial^2 f}{\partial x_2^2} \end{bmatrix} = \begin{bmatrix} \dfrac{5}{2} - \dfrac{20}{(x_1 - 10.5)^3} & \dfrac{-\sqrt{3}}{2} \\ \dfrac{-\sqrt{3}}{2} & \dfrac{7}{2} - \dfrac{20}{(x_2 - 10.5)^3} \end{bmatrix}$$

点 $\boldsymbol{x}^{(1)} = (2, 8)$ における勾配ベクトルとヘッセ行列は，次のように計算される．

$$\nabla f(\boldsymbol{x}^{(1)}) = \begin{bmatrix} -11.594 \\ 12.064 \end{bmatrix}, \quad \nabla^2 f(\boldsymbol{x}^{(1)}) = \begin{bmatrix} 2.533 & -0.866 \\ -0.866 & 4.780 \end{bmatrix}$$

式 (3.65), (3.66) に示されるニュートン法に基づくと，設計変数の更新量をもつベクトル $\delta\boldsymbol{x}^{(1)}$ とステップ 1 の解 $\boldsymbol{x}^{(1)*}$ （ステップ 2 の初期点 $\boldsymbol{x}^{(2)}$）が求められる．

$$\delta\boldsymbol{x}^{(1)} = -\begin{bmatrix} 2.533 & -0.866 \\ -0.866 & 4.780 \end{bmatrix}^{-1} \begin{bmatrix} -11.594 \\ 12.064 \end{bmatrix} = \begin{bmatrix} 3.960 \\ -1.806 \end{bmatrix}$$

$$\boldsymbol{x}^{(2)} = \boldsymbol{x}^{(1)*} = \boldsymbol{x}^{(1)} + \delta\boldsymbol{x}^{(1)} = \begin{bmatrix} 2 \\ 8 \end{bmatrix} + \begin{bmatrix} 3.960 \\ -1.806 \end{bmatrix} = \begin{bmatrix} 5.960 \\ 6.194 \end{bmatrix}$$

【補足】 上記の点 $\boldsymbol{x}^{(1)*}$ と目的関数の最小点 $\boldsymbol{x}^* = (5.756, 5.810)$ を，それぞれ ○と⨉で解図 12 に示す．探索を続けると，ステップ 2 の解 $\boldsymbol{x}^{(2)*} = (5.759, 5.813)$，ステップ 3 の解 $\boldsymbol{x}^{(3)*} = (5.756, 5.810)$ が得られ，最小点 $\boldsymbol{x}^*$ に収束していく．

(2)　単位長さの探索方向ベクトル $\boldsymbol{d}_{\mathrm{unit}}^{(1)}$ は，次のように計算される．

$$\boldsymbol{d}_{\mathrm{unit}}^{(1)} = \frac{\delta\boldsymbol{x}^{(1)}}{|\delta\boldsymbol{x}^{(1)}|} = \frac{1}{\sqrt{3.960^2 + (-1.806)^2}} = \begin{bmatrix} 0.9098 \\ -0.4150 \end{bmatrix}$$

(3)　式 (3.72)，式 (3.73) に示されるニュートン法に基づいて，$\boldsymbol{x}^{(2)} = \boldsymbol{x}^{(1)} + \alpha^{(1)}\boldsymbol{d}_{\mathrm{unit}}^{(1)}$ に従う 1 変数探索を行い，$\alpha^{(1)} = 0, 3, 4, 5$ および最小点近傍における $\boldsymbol{x}^{(2)}$ と $f(\boldsymbol{x}^{(2)})$ を，解表 6 に示す．この 1 変数探索の解は，$\alpha^{(1)*} = 4.443$, $\boldsymbol{x}^{(1)*} = (6.042, 6.156)$ になる．

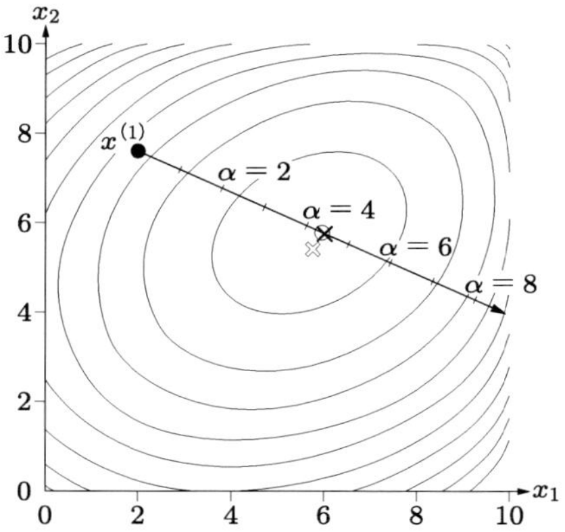

解図 12

解表 6

$\alpha^{(1)}$	$x_1^{(2)}$	$x_2^{(2)}$	$f(\boldsymbol{x}^{(2)})$
0	2.00	8.00	39.10
3	4.73	6.75	8.25
4	5.64	6.34	4.93
5	6.55	5.92	5.14
4.442	6.0414	6.1565	4.584577
4.443	6.0423	6.1561	4.584574
4.444	6.0432	6.1557	4.584576

【補足】 点 $\boldsymbol{x}^{(1)*}$ を解図 12 に ×で示す．ステップ 2 以降の探索を続けると，$\boldsymbol{x}^{(2)*}=(5.757, 5.810)$, $\boldsymbol{x}^{(3)*}=(5.756, 5.810)$ のように，最小点 $\boldsymbol{x}^*$ に収束していく．

3.8

(1) 準ニュートン法のステップ 1 の $\boldsymbol{H}^{(1)}$ は単位行列であり，その解 $\boldsymbol{x}^{(1)*}$ は最急降下法と等しいため，ステップ 1 と 2 の初期値は次のようになる．

$$\boldsymbol{x}^{(1)}=\begin{bmatrix}-4\\-2\end{bmatrix},\quad \boldsymbol{x}^{(2)}=\boldsymbol{x}^{(1)*}=\begin{bmatrix}-2.824\\0.353\end{bmatrix}$$

目的関数 $f(\boldsymbol{x})$ の勾配ベクトルは $\nabla f(\boldsymbol{x})=(2x_1, 8x_2)^T$ であるため，次のようになる．

$$\nabla f(\boldsymbol{x}^{(1)})=\begin{bmatrix}-8\\-16\end{bmatrix},\quad \nabla f(\boldsymbol{x}^{(2)})=\begin{bmatrix}-5.647\\2.824\end{bmatrix}$$

上記を用いると，以下の数値を得る．

$$\boldsymbol{s}=\boldsymbol{x}^{(2)}-\boldsymbol{x}^{(1)}=\begin{bmatrix}1.176\\2.353\end{bmatrix},\quad \boldsymbol{y}=\nabla f(\boldsymbol{x}^{(2)})-\nabla f(\boldsymbol{x}^{(1)})=\begin{bmatrix}2.353\\18.824\end{bmatrix}$$

$$\beta=\boldsymbol{s}^T\boldsymbol{y}=47.06,\quad \gamma=\boldsymbol{y}^T\boldsymbol{H}^{(1)}\boldsymbol{y}=359.86$$

$$\Delta\boldsymbol{H}^{(1)}=-\frac{\boldsymbol{H}^{(1)}\boldsymbol{y}\boldsymbol{y}^T\boldsymbol{H}^{(1)}}{\gamma}+\frac{\boldsymbol{s}\boldsymbol{s}^T}{\beta}=\begin{bmatrix}0.014 & -0.064\\-0.064 & -0.867\end{bmatrix}$$

$$\boldsymbol{H}^{(2)}=\boldsymbol{H}^{(2)}+\Delta\boldsymbol{H}^{(1)}=\begin{bmatrix}1.014 & -0.064\\-0.064 & 0.133\end{bmatrix}$$

$$\boldsymbol{d}^{(2)}=-\boldsymbol{H}^{(2)}\nabla f(\boldsymbol{x}^{(2)})=\begin{bmatrix}5.908\\-0.738\end{bmatrix},\quad \boldsymbol{d}^{(2)}_{\mathrm{unit}}=\frac{\boldsymbol{d}^{(2)}}{|\boldsymbol{d}^{(2)}|}=\begin{bmatrix}0.992\\-0.124\end{bmatrix}$$

(2) 上記の単位長さの探索方向ベクトル $\boldsymbol{d}^{(2)}_{\mathrm{unit}}$ を用いた 1 変数探索を実施すると，$\alpha^{(2)*}=$

2.846 でステップ 2 の解 $\boldsymbol{x}^{(2)*}$ を得る．これは，目的関数 $f(\boldsymbol{x})$ の最小点 $\boldsymbol{x}^* = (0, 0)$ と一致する．

$$\boldsymbol{x}^{(2)*} = \boldsymbol{x}^{(2)} + \alpha^{(2)*}\boldsymbol{d}^{(2)}_{\text{unit}} = \begin{bmatrix} -2.824 \\ 0.353 \end{bmatrix} + 2.846 \begin{bmatrix} 0.992 \\ -0.124 \end{bmatrix} = \begin{bmatrix} 0 \\ 0 \end{bmatrix}$$

3.9

(1)　目的関数のヘッセ行列は以下になる．

$$\nabla^2 f(\boldsymbol{x}) = \begin{bmatrix} 2 & -1 \\ -1 & 4 \end{bmatrix}$$

$\boldsymbol{d}^{(1)} = (0, 1)^T$ が与えられているため，$\boldsymbol{d}^{(2)} = (a, b)^T$ とすると，次式を得る．

$$\begin{aligned} \boldsymbol{d}^{(2)T}\nabla^2 f(\boldsymbol{x})\boldsymbol{d}^{(1)} &= \begin{bmatrix} a \\ b \end{bmatrix}^T \begin{bmatrix} 2 & -1 \\ -1 & 4 \end{bmatrix} \begin{bmatrix} 0 \\ 1 \end{bmatrix} = \begin{bmatrix} a \\ b \end{bmatrix}^T \begin{bmatrix} -1 \\ 4 \end{bmatrix} \\ &= -a + 4b = 0 \end{aligned}$$

$a = 4b$ の関係を満足すればよいので，$b = 1$ とすると，以下を得る．

$$\boldsymbol{d}^{(2)} = \begin{bmatrix} 4 \\ 1 \end{bmatrix}$$

(2)　上記により求めた共役なベクトル $\boldsymbol{d}^{(1)}$ と $\boldsymbol{d}^{(2)}$ 方向に探索を行った様子を，解図 13 に示す．●で示される初期点 $\boldsymbol{x}^{(1)} = (-3, -3)$ から $\boldsymbol{d}^{(1)}$ 方向に進み，○で示される目的関数を最小にする点 $\boldsymbol{x}^{(1)*}$ に到達している．ここで，破線の楕円は $\boldsymbol{d}^{(1)}$ 方向に探索をした際に接する等高線である．また，$\boldsymbol{d}^{(1)}$ 方向への 1 変数探索の様子を解表 7 に示す．$\delta x_1^{(1)}$, $\delta x_2^{(1)}$,

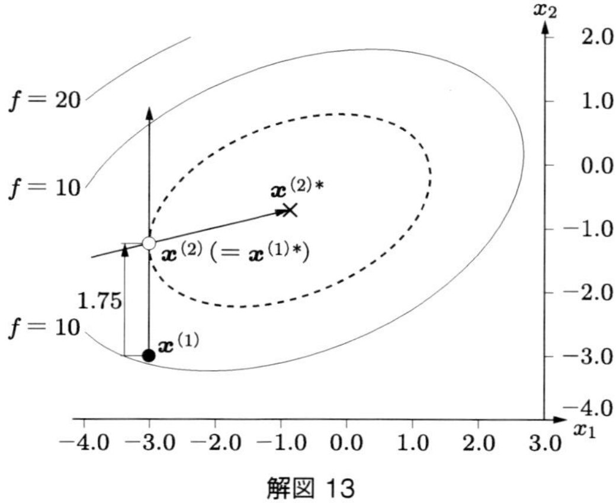

解図 13

解表 7

$\delta x_1^{(1)}$	$\delta x_2^{(1)}$	$\delta f^{(1)}$
0	0	0.0000
0	1	−5.0000
0	1.2	−5.5200
0	1.4	−5.8800
0	1.6	−6.0800
0	1.7	−6.1200
0	1.71	−6.1218
0	1.72	−6.1232
0	1.73	−6.1242
0	1.74	−6.1248
0	1.75	−6.1250
0	1.76	−6.1248
0	1.77	−6.1242

$\delta f^{(1)}$ は $\boldsymbol{x}^{(1)}$ からの変数 $\boldsymbol{x}$ の更新量と関数 $f(\boldsymbol{x})$ の増加量であり，$\delta\boldsymbol{x}^{(1)} = (0, 1.75)$ で最小値 $\delta f^{(1)} = -6.1250$ を採る．また，$\boldsymbol{x}^{(1)*} = (-3, -1.25)$ になる．

(3)　○で示される点 $\boldsymbol{x}^{(2)} = \boldsymbol{x}^{(1)*}$ から探索方向 $\boldsymbol{d}^{(2)}$ に進むと，×で示される点 $\boldsymbol{x}^{(2)*} = (-0.857, -0.714)$ に到達する．

3.10

(1)　共役方向法（更新法）のステップ 1 の $\beta^{(1)}$ は 0 であり，その解 $\boldsymbol{x}^{(1)*}$ は最急降下法と等しいため，以下の値をもっている．これらは，練習問題 3.8 と同じである．

$$\boldsymbol{x}^{(1)} = \begin{bmatrix} -4 \\ -2 \end{bmatrix}, \quad \boldsymbol{x}^{(2)} = \boldsymbol{x}^{(1)*} = \begin{bmatrix} -2.824 \\ 0.353 \end{bmatrix}$$

$$\nabla f(\boldsymbol{x}^{(1)}) = \begin{bmatrix} -8 \\ -16 \end{bmatrix}, \quad \nabla f(\boldsymbol{x}^{(2)}) = \begin{bmatrix} -5.647 \\ 2.824 \end{bmatrix}$$

上記を用いると，以下の手順でステップ 2 の探索方向ベクトル $\boldsymbol{d}^{(2)}$ および $\boldsymbol{d}^{(2)}_{\mathrm{unit}}$ を得る．

$$\boldsymbol{d}^{(1)} = -\nabla f(\boldsymbol{x}^{(1)}) = \begin{bmatrix} 8 \\ 16 \end{bmatrix}, \quad \nabla f(\boldsymbol{x}^{(2)}) - \nabla f(\boldsymbol{x}^{(1)}) = \begin{bmatrix} 2.353 \\ 18.824 \end{bmatrix}$$

$$\beta^{(2)} = \frac{\left\{\nabla f(\boldsymbol{x}^{(2)})\right\}^T \left\{\nabla f(\boldsymbol{x}^{(2)}) - \nabla f(\boldsymbol{x}^{(1)})\right\}}{|\nabla f(\boldsymbol{x}^{(1)})|^2} = \frac{39.86}{320} = 0.125$$

$$\boldsymbol{d}^{(2)} = -\nabla f(\boldsymbol{x}^{(2)}) + \beta^{(2)}\boldsymbol{d}^{(1)} = \begin{bmatrix} 5.647 \\ -2.824 \end{bmatrix} + 0.125 \begin{bmatrix} 8 \\ 16 \end{bmatrix} = \begin{bmatrix} 6.644 \\ -0.830 \end{bmatrix}$$

$$\boldsymbol{d}^{(2)}_{\mathrm{unit}} = \frac{\boldsymbol{d}^{(2)}}{|\boldsymbol{d}^{(2)}|} = \begin{bmatrix} 0.992 \\ -0.124 \end{bmatrix}$$

(2)　以下の 1 変数探索により，ステップ 2 の解 $\boldsymbol{x}^{(2)*}$ を得る．これは，目的関数 $f(\boldsymbol{x})$ の最小点 $\boldsymbol{x}^* = (0, 0)$ と一致する．なお，$\alpha^{(2)*} = 2.846$ は数値的な最小点の探索により求めた．

$$\boldsymbol{x}^{(2)*} = \boldsymbol{x}^{(2)} + \alpha^{(2)}\boldsymbol{d}^{(2)}_{\mathrm{unit}} = \begin{bmatrix} -2.824 \\ 0.353 \end{bmatrix} + 2.846 \begin{bmatrix} 0.992 \\ -0.124 \end{bmatrix} = \begin{bmatrix} 0 \\ 0 \end{bmatrix}$$

(3)　ヘッセ行列 $\nabla^2 f(\boldsymbol{x})$ と単位長さの探索方向ベクトル $\boldsymbol{d}^{(1)}_{\mathrm{unit}}$ と $\boldsymbol{d}^{(2)}_{\mathrm{unit}}$ を用いた以下の計算により，探索方向ベクトルの共役性が確認できる．

$$\eta = \boldsymbol{d}^{(1)T}_{\mathrm{unit}} \frac{\nabla^2 f(\boldsymbol{x})\ \boldsymbol{d}^{(2)}_{\mathrm{unit}}}{|\nabla^2 f(\boldsymbol{x})\ \boldsymbol{d}^{(2)}_{\mathrm{unit}}|} = \begin{bmatrix} 0.447 \\ 0.894 \end{bmatrix}^T \frac{\begin{bmatrix} 2 & 0 \\ 0 & 8 \end{bmatrix} \begin{bmatrix} 0.992 \\ -0.124 \end{bmatrix}}{\left| \begin{bmatrix} 2 & 0 \\ 0 & 8 \end{bmatrix} \begin{bmatrix} 0.992 \\ -0.124 \end{bmatrix} \right|}$$

$$= \begin{bmatrix} 0.447 \\ 0.894 \end{bmatrix}^T \frac{\begin{bmatrix} 1.984 \\ -0.992 \end{bmatrix}}{2.218} = 0$$

第 4 章

4.1

(1)　基準点 $\boldsymbol{x}^{(1)} = (2, 3)$ における目的関数 $f(\boldsymbol{x})$，制約条件式 $g_1(\boldsymbol{x})$, $g_2(\boldsymbol{x})$ の 1 次微分は，以下になる．

$$\frac{\partial f(\boldsymbol{x}^{(1)})}{\partial x_1} = 2 \times 2 = 4, \quad \frac{\partial f(\boldsymbol{x}^{(1)})}{\partial x_2} = 2 \times (3-1) = 4, \quad \frac{\partial g_1(\boldsymbol{x}^{(1)})}{\partial x_1} = 2 \times 2 = 4$$

$$\frac{\partial g_1(\boldsymbol{x}^{(1)})}{\partial x_2} = -4, \quad \frac{\partial g_2(\boldsymbol{x}^{(1)})}{\partial x_1} = 1 + 2 \times 2 = 5, \quad \frac{\partial g_2(\boldsymbol{x}^{(1)})}{\partial x_2} = 10$$

これより，基準点 $\boldsymbol{x}^{(1)}$ における $f(\boldsymbol{x})$, $g_1(\boldsymbol{x})$, $g_2(\boldsymbol{x})$ の線形化近似式は，以下になる．

$$\tilde{f}^{(1)}(\boldsymbol{x}) = f(\boldsymbol{x}^{(1)}) + \frac{\partial f(\boldsymbol{x}^{(1)})}{\partial x_1}(x_1 - 2) + \frac{\partial f(\boldsymbol{x}^{(1)})}{\partial x_2}(x_2 - 3) = -12 + 4x_1 + 4x_2$$

$$\tilde{g}_1^{(1)}(\boldsymbol{x}) = g_1(\boldsymbol{x}^{(1)}) + \frac{\partial g_1(\boldsymbol{x}^{(1)})}{\partial x_1}(x_1 - 2) + \frac{\partial g_1(\boldsymbol{x}^{(1)})}{\partial x_2}(x_2 - 3) = -4 + 4x_1 - 4x_2$$

$$\tilde{g}_2^{(1)}(\boldsymbol{x}) = g_2(\boldsymbol{x}^{(1)}) + \frac{\partial g_2(\boldsymbol{x}^{(1)})}{\partial x_1}(x_1 - 2) + \frac{\partial g_2(\boldsymbol{x}^{(1)})}{\partial x_2}(x_2 - 3) = -44 + 5x_1 + 10x_2$$

(2)　線形化近似された二つの制約条件による式の限界線（$\tilde{g}_i^{(1)}(\boldsymbol{x}) = 0$ の線）を，解図 14 に実線で示す．実行可能領域は，この実線内部の陰影部になる．また，本来の制約条件の限界線（$g_i(\boldsymbol{x}) = 0$ の線）を点線で示す．

(3)　線形化近似された目的関数 $\tilde{f}^{(1)}(\boldsymbol{x})$ の等高線を，解図 14 上に破線により示す．これより，$\tilde{g}_1^{(1)}(\boldsymbol{x}) = \tilde{g}_2^{(1)}(\boldsymbol{x}) = 0$ の交点が，線形化された最適化問題（ステップ 1）の最適解

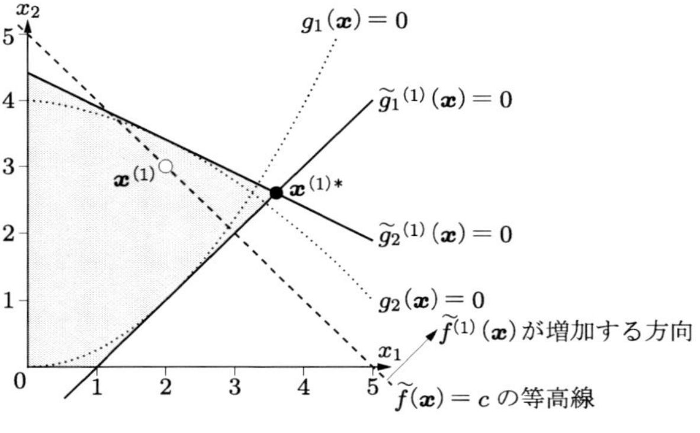

解図 14　制約条件と実行可能領域

$\boldsymbol{x}^{(1)*} = (3.6, 2.6)$ となる．この際の諸量は，以下になる．

$$\boldsymbol{x}^{(1)*} = (3.6, 2.6), \quad \tilde{f}(\boldsymbol{x}^{(1)*}) = 12.8, \quad \tilde{g}_1(\boldsymbol{x}^{(1)*}) = \tilde{g}_2(\boldsymbol{x}^{(1)*}) = 0$$

4.2

(1)　基準点 $\boldsymbol{x}^{(1)} = (3.0, 2.5)$ における目的関数 $f(\boldsymbol{x})$，制約条件式 $g_1(\boldsymbol{x})$，$g_2(\boldsymbol{x})$ の 1 次微分は，以下になる．

$$f = 3.25, \quad \frac{\partial f}{\partial x_1} = 2, \quad \frac{\partial f}{\partial x_2} = -3, \quad g_1 = -4, \quad \frac{\partial g_1}{\partial x_1} = -2$$
$$\frac{\partial g_1}{\partial x_2} = -2, \quad g_2 = 0, \quad \frac{\partial g_2}{\partial x_1} = -1, \quad \frac{\partial g_2}{\partial x_2} = 2$$

これより，基準点 $\boldsymbol{x}^{(1)}$ における $f(\boldsymbol{x}), g_1(\boldsymbol{x}), g_2(\boldsymbol{x})$ の線形化近似式は，以下になる．

$$\tilde{f}^{(1)}(\boldsymbol{x}) = 3.25 + 2(x_1 - 3) - 3(x_2 - 2.5) = 2x_1 - 3x_2 + 4.75$$
$$\tilde{g}_1^{(1)}(\boldsymbol{x}) = -4 - 2(x_1 - 3) - 2(x_2 - 2.5) = -2x_1 - 2x_2 + 7$$
$$\tilde{g}_2^{(1)}(\boldsymbol{x}) = 0 - (x_1 - 3) + 2(x_2 - 2.5) = -x_1 + 2x_2 - 2$$

(2)　線形化近似された二つの制約条件による式の限界線（$\tilde{g}_i^{(1)}(\boldsymbol{x}) = 0$）を，解図 15 に実線で示す．実行可能領域は，この実線内部の陰影部になる．また，線形化近似された目的関数の等高線（$\tilde{f}^{(1)}(\boldsymbol{x}) =$ 定数）を破線で示す．解図より，移動制約がない場合の解 $\boldsymbol{x}^{(1)*} = (5/3, 11/6)$ を得る．

(3)　図中の点線による正方形は $|x_i^{(2)} - x_i^{(1)}| \leq 0.5$ の移動制約であり，これにより解の更新が制限される．この場合の解は $\boldsymbol{x}^{(1)*L} = (2.5, 2.25)$ になる．

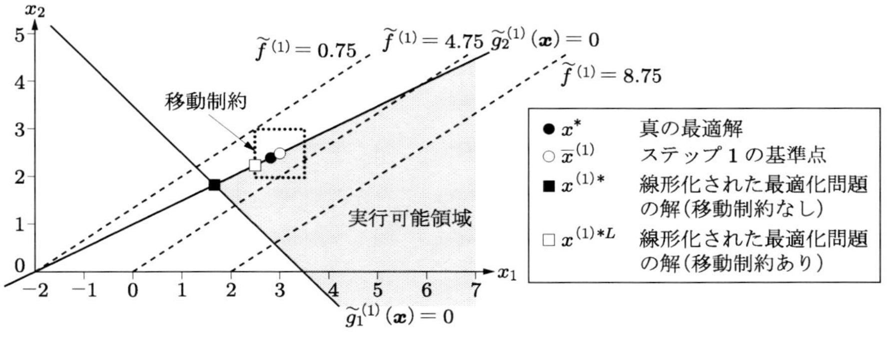

解図 15　線形化近似された目的関数，制約条件と実行可能領域

4.3

(1)　$p(x, r) = \begin{cases} r(2-x)^2 & (x < 2) \\ 0 & (2 \leq x) \end{cases}$

(2)　$F(x,r) = f(x) + p(x,r) = \begin{cases} x + r(2-x)^2 & (x < 2) \\ x & (2 \le x) \end{cases}$

(3)　拡張目的関数の設計変数 x による偏微分 $\partial F(x,r)/\partial x$ は，以下のようになる．

$$\frac{\partial F(x,r)}{\partial x} = \begin{cases} 1 - 2r(2-x) & (x < 2) \\ 1 & (2 \le x) \end{cases}$$

これより，$\partial F(x,r)/\partial x = 0$ を与える点は，次のように計算できる．

$$x < 2 \quad \longrightarrow \quad x = 2 - \frac{1}{2r} = \begin{cases} \dfrac{3}{2} & (r = 1) \\ \dfrac{39}{2} & (r = 10) \end{cases}$$

$$2 \le x \quad \longrightarrow \quad \text{存在しない}$$

【補足】　目的関数 $f(x)$ と拡張目的関数 $F(x, r = 1)$, $F(x, r = 10)$ の様子と，最適解と拡張目的関数の最小点を，解図 16 に示す．解表 8 は，x を 0.01 刻みで更新した計算結果である．$r = 1$ と $r = 10$ の場合，$x = 1.50 = 3/2$ と $x = 1.95 = 39/2$ で拡張目的関数が最小を得ている．r を大きくすることにより，拡張目的関数の変化が激しくなり，その最小点が最適解に近づいている．

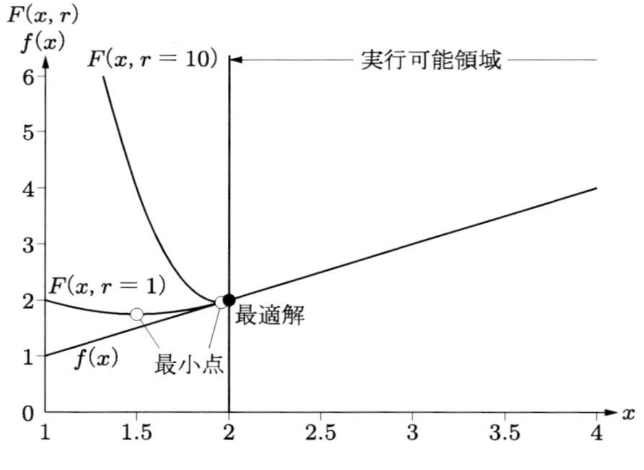

解図 16　外点ペナルティー関数による拡張目的関数 $F(x, r = 1)$ と $F(x, r = 10)$

解表 8

x	$f(x)$	$p(x, r = 1)$	$F(x, r = 1)$
1.48	1.48	0.2704	1.7504
1.49	1.49	0.2601	1.7501
1.50	1.50	0.2500	1.7500
1.51	1.51	0.2401	1.7501
1.52	1.52	0.2304	1.7504

x	$f(x)$	$p(x, r = 10)$	$F(x, r = 10)$
1.93	1.93	0.049	1.9790
1.94	1.94	0.036	1.9760
1.95	1.95	0.025	1.9750
1.96	1.96	0.016	1.9760
1.97	1.97	0.009	1.9790

4.4

(1)　$p(x,r) = \begin{cases} \text{使用不可} & (x \leq 2) \\ \dfrac{-r}{2-x} & (2 < x) \end{cases}$

(2)　$F(x,r) = f(x) + p(x,r) = x + \dfrac{-r}{2-x} \quad (2 < x)$

(3)　$2 < x$ において，拡張目的関数の設計変数 x による偏微分 $\partial F(x,r)/\partial x = 0$ を与える点を，次のように計算できる．

$$1 - \frac{r}{(2-x)^2} = 0 \quad \longrightarrow \quad x = 2 + \sqrt{r} = \begin{cases} 2+\sqrt{10} & (r=10) \\ 3 & (r=1) \end{cases}$$

【補足】 目的関数 $f(x)$ と拡張目的関数 $f(x, r=10)$，$f(x, r=1)$ の様子と，最適解と拡張目的関数の最小点を，解図 17 に示す．解表 9 は，x を 0.01 刻みで更新した計算結果である．$r = 10$ と $r = 1$ の場合，$x = 5.16 \approx 2 + \sqrt{10}$ と $x = 3.00$ で拡張目的関数が最小を得ている．r を小さくすることにより，拡張目的関数の変化が激しくなり，その最小点が最適解に近づいている．

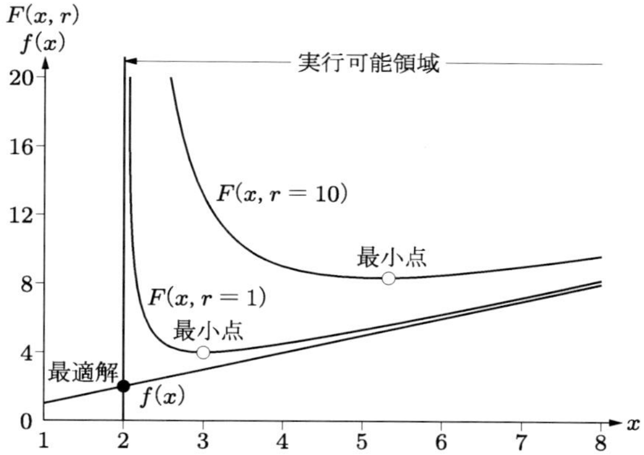

解図 17　内点ペナルティー関数による拡張目的関数 $F(x, r=1)$ と $F(x, r=10)$

解表 9

x	$f(x)$	$p(x, r=10)$	$F(x, r=10)$
5.14	5.14	3.18471	8.32471
5.15	5.15	3.17460	8.32460
5.16	5.16	3.16456	8.32456
5.17	5.17	3.15457	8.32457
5.18	5.18	3.14465	8.32465

x	$f(x)$	$p(x, r=1)$	$F(x, r=1)$
2.98	2.98	1.0204	4.0004
2.99	2.99	1.0101	4.0001
3.00	3.00	1.0000	4.0000
3.01	3.01	0.9901	4.0001
3.02	3.02	0.9804	4.0004

4.5

(1)
$$p(x,r,\varepsilon)=\begin{cases}\dfrac{-1}{2-x} & (2-x\leq\varepsilon<0)\\[2mm] \dfrac{-1}{\varepsilon}\left\{\left(\dfrac{2-x}{\varepsilon}\right)^2-3\left(\dfrac{2-x}{\varepsilon}\right)+3\right\} & (\varepsilon<2-x)\end{cases}$$

(2)
$$F(x,r,\varepsilon)=\begin{cases}x+\dfrac{-r}{2-x} & (2-x\leq\varepsilon<0)\\[2mm] x+\dfrac{-r}{\varepsilon}\left\{\left(\dfrac{2-x}{\varepsilon}\right)^2-3\left(\dfrac{2-x}{\varepsilon}\right)+3\right\} & (\varepsilon<2-x)\end{cases}$$

(3)　拡張目的関数の設計変数 x による偏微分 $\partial F(x,r)/\partial x$ は，以下のようになる．

$$\frac{\partial F(x,r,\varepsilon)}{\partial x}=\begin{cases}1+\dfrac{-r}{(2-x)^2} & (2-x\leq\varepsilon<0)\\[2mm] 1+\dfrac{-r}{\varepsilon}\left\{-2\left(\dfrac{2-x}{\varepsilon^2}\right)+\dfrac{3}{\varepsilon}\right\} & (\varepsilon<2-x)\end{cases}$$

これより，$\partial F(x,r)/\partial x=0$ を与える点を，次のように計算できる（$r=1$ とする）．

(i)　$\varepsilon=-1.5$ の場合

$2-x\leq\varepsilon$ の範囲は，$3.5\leq x$ になる．

$$1-\frac{r}{(2-x)^2}=0 \quad\rightarrow\quad x=2+\sqrt{r}=3 \quad \text{範囲外のため不採用}$$

$\varepsilon<2-x$ の範囲は，$x\leq 3.5$ になる．

$$1-\frac{r}{\varepsilon}\left\{-2\left(\frac{2-x}{\varepsilon^2}\right)+\frac{3}{\varepsilon}\right\}=0 \quad\rightarrow\quad x=\frac{1}{2r}(\varepsilon^3-3r\varepsilon+4r)=2.5625$$

範囲内のため採用

(ii)　$\varepsilon=-0.7$ の場合

$2-x\leq\varepsilon$ の範囲は，$2.7\leq x$ になる．

$$1-\frac{r}{(2-x)^2}=0 \quad\rightarrow\quad x=2+\sqrt{r}=3 \quad \text{範囲内のため採用}$$

$\varepsilon<2-x$ の範囲は，$x\leq 2.7$ になる．

$$1-\frac{r}{\varepsilon}\left\{-2\left(\frac{2-x}{\varepsilon^2}\right)+\frac{3}{\varepsilon}\right\}=0 \quad\rightarrow\quad x=\frac{1}{2r}(\varepsilon^3-3r\varepsilon+4r)=2.8785$$

範囲外のため不採用

【補足】　目的関数 $f(x)$ と拡張目的関数 $F(x,r=1,\varepsilon=-1.5)$，$F(x,r=1,\varepsilon=-0.7)$ の様子と，最適解と拡張目的関数の最小点を，解図 18 に示す．内点ペナルティー関数と異なり，拡張ペナルティー関数法は，実行可能領域外でも使用できる．解表 10 は，x を 0.01 刻みで更新した計算結果である．$\varepsilon=-1.5$ と $\varepsilon=-0.7$ の場合，それぞれ $x=2.56$ と $x=3.00$ で拡張目的関数が最小になる．

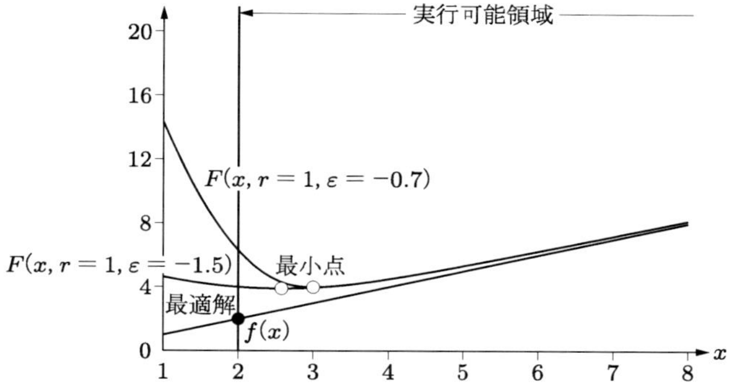

解図 18　拡張ペナルティー関数による拡張目的関数 $F(x,\ r=1,\ \varepsilon=-1.5)$ と $F(x,\ r=1,\ \varepsilon=-0.7)$

解表 10

$\varepsilon=-1.5$

x	$f(x)$	$p(x,r,\varepsilon)$	$F(x,r,\varepsilon)$
2.54	2.54	1.36640	3.90640
2.55	2.55	1.35630	3.90630
2.56	2.56	1.34625	3.90625
2.57	2.57	1.33627	3.90627
2.58	2.58	1.32634	3.90634

$\varepsilon=-0.7$

x	$f(x)$	$p(x,r,\varepsilon)$	$F(x,r,\varepsilon)$
2.98	2.98	1.0204	4.0004
2.99	2.99	1.0101	4.0001
3.00	3.00	1.0000	4.0000
3.01	3.01	0.9901	4.0001
3.02	3.02	0.9804	4.0004

4.6　各ランナーの走る距離を設計変数とする．

設計変数　x_1：ランナー A が走る距離，　x_2：ランナー B が走る距離

(1)　二人の合計タイムが最小になることを目的とするので，目的関数は以下になる．

$$f(x_1, x_2) = \frac{1}{4}x_1 + \frac{1}{6}x_2 + \frac{1}{60000}x_2^2 \quad \longrightarrow \quad \text{最小}$$

(2)　二人で 10000 m を走る必要があるので，制約条件は以下になる．

$$h(x_1, x_2) = x_1 + x_2 - 10000 = 0$$

(3)　上記の最適化問題に対するラグランジュ関数 L は，以下になる．

$$L(x_1, x_2, \lambda) = \frac{1}{4}x_1 + \frac{1}{6}x_2 + \frac{1}{60000}x_2^2 + \lambda\,(x_1 + x_2 - 10000)$$

(4)　各変数とラグランジュ未定乗数による上記関数の停留を採ると，ラグランジュ方程式を得る．

$$\frac{\partial L}{\partial x_1} = \frac{1}{4} + \lambda = 0$$

$$\frac{\partial L}{\partial x_2} = \frac{1}{6} + \frac{1}{30000}x_2 + \lambda = 0$$

$$\frac{\partial L}{\partial \lambda} = x_1 + x_2 - 10000 = 0$$

(5)　設問 (4) の式を解き，以下を得る．

$$x_1^* = 7500\,\mathrm{m}, \quad x_2^* = 2500\,\mathrm{m}, \quad \lambda^* = -\frac{1}{4}, \quad t_1 = 1875\,秒, \quad t_2 = 520.8\,秒$$

$$f(x_1^*, x_2^*) = 1875 + 520.8 = 2395.8\,秒$$

4.7

◎ ステップ 1

初期点 $\boldsymbol{x}^{(1)} = (x_1^{(1)}, x_2^{(1)}, \lambda^{(1)}) = (3, 3, 0)$ を式 (4.83) に代入すると，以下を得る．

$$\begin{bmatrix} 2 & 0 & -2 \\ 0 & 2 & -2 \\ -2 & -2 & 0 \end{bmatrix} \begin{bmatrix} \delta x_1^{(1)} \\ \delta x_2^{(1)} \\ \delta \lambda^{(1)} \end{bmatrix} = - \begin{bmatrix} 6 \\ 2 \\ -5 \end{bmatrix}$$

これを解くと，以下のようにステップ 1 の増分量と最適解を得る．

$$\delta x_1^{(1)} = -2.25, \quad \delta x_2^{(1)} = -0.25, \quad \delta \lambda^{(1)} = 0.75$$

$$x_1^{(1)*} = x_1^{(1)} + \delta x_1^{(1)} = 0.75, \quad x_2^{(1)*} = x_2^{(1)} + \delta x_2^{(1)} = 2.75$$

$$\lambda^{(1)*} = \lambda^{(1)} + \delta \lambda^{(1)} = 0.75$$

◎ ステップ 2

基準点 $\boldsymbol{x}^{(2)} = (x_1^{(2)}, x_2^{(2)}, \lambda^{(2)}) = (0.75, 2.75, 0.75)$ を式 (4.83) に代入すると，以下を得る．

$$\begin{bmatrix} 3.5 & 0 & -6.5 \\ 0 & 2 & -2 \\ -6.5 & -2 & 0 \end{bmatrix} \begin{bmatrix} \delta x_1^{(1)} \\ \delta x_2^{(1)} \\ \delta \lambda^{(1)} \end{bmatrix} = - \begin{bmatrix} -3.375 \\ 0 \\ 5.0625 \end{bmatrix}$$

これを解くと，以下のようにステップ 2 の増分量と最適解を得る．

$$\delta x_1^{(2)} = 0.8052, \quad \delta x_2^{(2)} = -0.0857, \quad \delta \lambda^{(2)} = -0.0857$$

$$x_1^{(2)*} = x_1^{(2)} + \delta x_1^{(2)} = 1.5552, \quad x_2^{(2)*} = x_2^{(2)} + \delta x_2^{(2)} = 2.6643$$

$$\lambda^{(2)*} = \lambda^{(2)} + \delta \lambda^{(2)} = 0.6643$$

【補足】　以降のステップ計算を続けると，以下のように増分量と最適解を得る．

$$\delta x_1^{(3)} = 0.1127, \quad \delta x_2^{(3)} = 0.0485, \quad \delta \lambda^{(3)} = 0.0485$$

$$x_1^{(3)*} = 1.6679, \quad x_2^{(3)*} = 2.7129, \quad \lambda^{(3)*} = 0.7129$$

$$\delta x_1^{(4)} = 0.0013, \quad \delta x_2^{(4)} = 0.0033, \quad \delta \lambda^{(4)} = 0.0033$$

$$x_1^{(4)*} = 1.6693, \quad x_2^{(4)*} = 2.7162, \quad \lambda^{(4)*} = 0.7162$$

4.8

(1)　この最適化問題に対するラグランジュ関数 $L(\boldsymbol{x}^{(k)}, \boldsymbol{x}^{(k)}, \boldsymbol{x}^{(k)})$ は，

$$
\begin{aligned}
L(\boldsymbol{x}^{(k)}, \boldsymbol{x}^{(k)}, \boldsymbol{x}^{(k)}) &= f(x_1, x_2) + \lambda_1\{g_1(x_1, x_2) + s_1\} + \lambda_2\{g_2(x_1, x_2) + s_2\} \\
&= 3(x_1 - 6)^2 + 4(x_2 - 6)^2 + 2(x_1 - 6)(x_2 - 6) \\
&\quad + \lambda_1\{(x_1 - 5)^2 - 4x_2 + 28 + s_1\} + \lambda_2(x_1 + 2x_2 - 30 + s_2)
\end{aligned}
$$

となり，これを式 (4.89) に代入すると，ステップ k のラグランジュ方程式を得る．

$$
\begin{bmatrix} 6 + 2\lambda_1^{(k)} & 2 & 2(x_1^{(k)} - 5) & 1 \\ 2 & 8 & -4 & 2 \\ 2(x_1^{(k)} - 5) & -4 & 0 & 0 \\ 1 & 2 & 0 & 0 \end{bmatrix}
\begin{bmatrix} \delta x_1^{(k)} \\ \delta x_2^{(k)} \\ \delta \lambda_1^{(k)} \\ \delta \lambda_2^{(k)} \end{bmatrix}
$$

$$
= - \begin{bmatrix} 6(x_1^{(k)} - 6) + 2(x_2^{(k)} - 6) + 2\lambda_1^{(k)}(x_1^{(k)} - 5) + \lambda_2^{(k)} \\ 6(x_1^{(k)} - 6) + 8(x_2^{(k)} - 6) - 4\lambda_1^{(k)} + 2\lambda_2^{(k)} \\ (x_1^{(k)} - 5)^2 - 4x_2^{(k)} + 28 + s_1^{(k)} \\ x_1^{(k)} + 2x_2^{(k)} - 30 + s_2^{(k)} \end{bmatrix} \tag{A.1}
$$

(2)　制約条件 $g_1(\boldsymbol{x}) \leq 0$ がアクティブであるため，$s_1 = 0$ とする．制約条件 $g_2(\boldsymbol{x}) \leq 0$ が非アクティブであるため，式 (A.1) の第 4 式を削除し，$\delta\lambda_2 = 0$ とする．さらに，初期値 $x_1^{(1)} = 3$, $x_2^{(1)} = 4$, $\lambda_1^{(1)} = 0$, $\lambda_2^{(1)} = 0$ を代入すると，ラグランジュ方程式は次のようになる．

$$
\begin{bmatrix} 6 & 2 & -4 \\ 2 & 8 & -4 \\ -4 & -4 & 0 \end{bmatrix}
\begin{bmatrix} \delta x_1^{(k)} \\ \delta x_2^{(k)} \\ \delta \lambda_1^{(k)} \end{bmatrix}
= \begin{bmatrix} 22 \\ 22 \\ -16 \end{bmatrix} \tag{A.2}
$$

(3)　式 (A.2) を解くと，以下を得る．

$$
\delta x_1^{(1)} = 2.4, \quad \delta x_2^{(1)} = 1.6, \quad \delta \lambda_1^{(1)} = -1.1
$$

これより，ステップ 1 の解

$$
x_1^{(1)*} = 3 + 2.4 = 5.4, \quad x_2^{(1)*} = 4 + 1.6 = 5.6, \quad \lambda_1^{(1)*} = 0 - 1.1 - 1.1
$$

を得る．また，条件より，$\lambda_2^{(1)*} = 0.0$ である．

なお，ステップを更新すると，

$$
x_1^{(2)*} = 5.4 + 0.020 = 5.420, \quad x_2^{(2)*} = 5.6 + 1.444 = 7.044
$$

$$
\lambda_1^{(2)*} = -1.1 + 2.898 = 1.798
$$

$$
x_1^{(3)*} = 5.420 - 0.113 = 5.409, \quad x_2^{(3)*} = 7.044 - 0.002 = 7.042
$$

$$\lambda_1^{(3)*} = 1.798 - 0.009 = 1.788$$

となり，ステップ 3 で収束した．$s_2^{(3)*} = 10.507$ であるため，制約条件 $g_2(\boldsymbol{x}) \leq 0$ を満たし，$\lambda_1^{(3)*} \geq 0$ の KKT 条件を満足しているステップ 3 の収束解 $\boldsymbol{x}^{(3)*}$ は最適解である．

【補足】 この目的関数の等高線を実線で，制約条件の境界線を破線で解図 19 に示す．実行可能領域は，二つの制約条件の境界線に挟まれた内部である．点 $\boldsymbol{x}^{(1)}$, $\boldsymbol{x}^{(1)*}$, $\boldsymbol{x}^{(3)*}$ も図示する．$\boldsymbol{x}^{(3)*}$ において，目的関数の等高線と $g_1(\boldsymbol{x}) = 0$ の曲線が接していることから，$\boldsymbol{x}^{(3)*}$ は最適解であることが，解図からも判断できる．

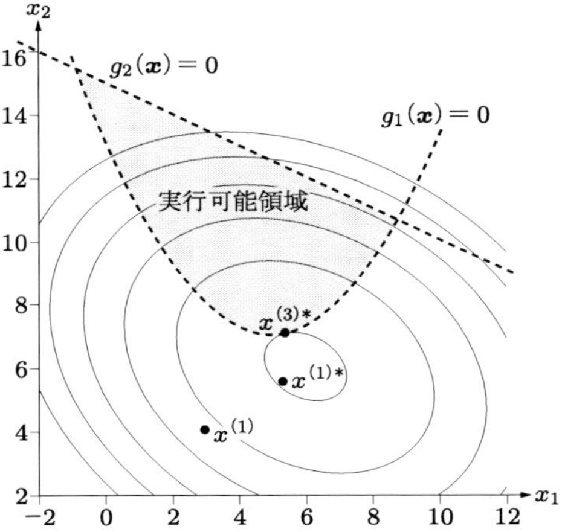

解図 19　目的関数の等高線と実行可能領域，解の更新の様子

参考文献

全体

[1] Jorge Nocedal and Stephen J. Wright: Numerical Optimization Second Edition, Springer, 2006.

[2] P. Venkataraman: Applied Optimization with MATLAB Programming, 2nd Edition, WILEY, 2009.

[3] David G. Luenberger and Yinyu Ye: Linear and Nonlinear Programming, Third Edition, Springer, 2008.

第 3 章

黄金分割法

[4] Kiefer, J.: Sequential minimax search for a maximum, Proceedings of the American Mathematical Society 4 (3)(1953), pp.502–506.

DFP

[5] Davidon, W.C.: Variable metric method for minimization, A.E.C. Reaserch and Development Report, ANL-5990, 1959.

[6] Fletcher, R and Powell, M.J.D.: A Rapidly convergent descent method for minimization, Comput. J., 6 (1963), pp.163–168.

BFGS

[7] C. G. Broyden: The convergence of a class of double rank minimization algorithms, 2. The new algorithm, J. Inst. Math. Appl., 6 (1970), pp.222–231.

[8] R. Fletcher: A new approach to variable metric algorithms, Computer J., 13 (1970), pp.317–322.

[9] D. Goldfarb: A family of variable metric methods derived by variational means, Math. Comp., 24 (1970), pp.23–26.

[10] D. F. Shanno: Conditioning of quasi-Newton methods for function minimization, Math. Comp., 24 (1970), pp. 647–650.

共役勾配法

[11] Magnus R. Hestenes and Eduard Stiefel: Methods of conjugate gradients for solving linear systems. J. Research Nat. Bur. Standards, 49 (1953), pp.409–436.

[12] R. Fletcher, C. Reeves: Function minimization by conjugate gradients, J. Comput.,

7 (1964), 149–154.

[13] E. Polak, G. Ribiere: Note sur la convergence de méthodes de directions conjugees, Rev Francaise Informat Recher che Opertionelle, 16 (1969), 35–43.

[14] B.T. Polyak: The conjugate gradient method in extreme problems, USSR Comp. Math. and Math. Phys., 9 (1969), 94–112.

黄金分割法

[15] Kiefer, J: Sequential minimax search for a maximum, Journal of the Society for Industrial and Applied Mathematics, 4(1953), 502–506.

最急降下法

[16] Morse, P. M. and Feshbach, H.: Asymptotic Series; Method of Steepest Descent, §4.6 in Methods of Theoretical Physics, Part I. New York: McGraw-Hill, pp.434–443, 1953.

第 4 章

SUMT

[17] A. V. Fiacco and G. P. McCormick: The sequential unconstrained minimization technique for nonlinear programming, A primal dual method, Management Science t. l0(2), (1964).

外点ペナルティー関数法

[18] Butler, T. and Martin, A.: On a method of courant for minimizing functionals, J. math. and phys. 41, 1962, pp.291–299.

内点ペナルティー関数法

[19] Lasdon, L.S., Waren, A.D. and Rice, R.: An interior penalty method for inequality constrained optimal control problems, IEEE Transactions on (Volume:12, Issue: 4) 1967.

拡張ペナルティー関数法

[20] R. T. Haftka and J. H. Starnes: Application of a quadratic extended interior penalty function for structural optimization, AIAA I. 14(6),718–724 (1976).

ラグランジュの未定乗数法

[21] Slater, m.: Laglange multipliers revisited, A contribution to non-linear programing, cowles commision discussion paper, Math 403, 1950.

索　引

著　者　略　歴
北村　充（きたむら・みつる）
1980 年　東京都立大学卒業
1982 年　The Ohio State University, M.S. Program 修了
1983 年　石川島播磨重工業（現 IHI）入社
1987 年　The Ohio State University, Ph.D. Program 修了
1987 年　東京大学助手
1991 年　広島大学助教授
2000 年　広島大学教授
現在に至る
Doctor of Philosophy

編集担当　太田陽喬（森北出版）
編集責任　富井　晃（森北出版）
組　　版　ウルス
印　　刷　ワコー
製　　本　同

数理計画法による最適化
実際の問題に活かすための考え方と手法
© 北村　充　*2015*

2015 年 2 月 26 日　第 1 版第 1 刷発行
2024 年 8 月 20 日　第 1 版第 3 刷発行
【本書の無断転載を禁ず】

著　　者　北村　充
発 行 者　森北博巳
発 行 所　**森北出版株式会社**
東京都千代田区富士見 1–4–11（〒102–0071）
電話 03–3265–8341 ／ FAX 03–3264–8709
http://www.morikita.co.jp/
日本書籍出版協会・自然科学書協会　会員
JCOPY ＜(社)出版者著作権管理機構 委託出版物＞

落丁・乱丁本はお取替えいたします.

Printed in Japan／ISBN978–4–627–92171–9